Franz M. Wuketits

Der Affe in uns

Franz M. Wuketits

Der Affe in uns

Warum die Kultur an unserer Natur zu scheitern droht

S. HIRZEL VERLAG
STUTTGART · LEIPZIG 2002

Die Deutsche Bibliothek - CIP Einheitsaufnahme

Wuketits, Franz M.:

Der Affe in uns : warum die Kultur an unserer Natur zu scheitern droht / Franz M. Wuketits. -

Stuttgart ; Leipzig : Hirzel, 2002

ISBN 3-7776-1117-4

Birkenwaldstraße 44, 70191 Stuttgart

Printed in Germany

Einbandgestaltung: de'blik, berlin

Satz: Mitterweger & Partner, Plankstadt

Druck: Gulde, Tübingen

Inhalt

Vorwort: Wozu dieses Buch?

Ja, wozu wieder ein Buch über Evolution? Wenn meine Beobachtung richtig ist, ist die Evolutionstheorie den meisten Menschen gleichgültig; manche halten sie für ein modernes Märchen und einige sehen sich genötigt, sie militant zu bekämpfen. Keine andere naturwissenschaftliche Theorie wird nach wie vor so oft und so gründlich missverstanden. Eine Umfrage in den Vereinigten Staaten von Amerika hat ergeben, dass über sechzig Prozent der Bevölkerung glauben, Menschen hätten gleichzeitig mit Dinosauriern gelebt. Ob europäische Länder bei einer solchen Befragung wesentlich besser abschneiden würden, bliebe zu prüfen.

Im deutschen Sprachraum stößt der Evolutionsgedanke bei nicht wenigen Intellektuellen nach wie vor auf große Skepsis. Viele Philosophen, Sozialwissenschaftler und Pädagogen verbinden damit auch heute noch eine gefährliche Idee, der sie daher gerne ausweichen. „Gefährlich" ist diese Idee zweifellos, weil sie den Menschen in ein ganz anderes Licht rückt als traditionelle Denksysteme wie zum Beispiel der Idealismus. Ein weiteres Buch über Evolution erscheint also nicht nur legitim, sondern auch notwendig, und zwar vor allem deshalb, weil die tatsächlichen Konsequenzen des Evolutionsdenkens selbst von vielen jener Personen, die mit Evolution grundsätzlich kein Problem haben, noch immer nicht wahrgenommen werden. Und genau darum geht es in diesem Buch.

Will man die Evolutionstheorie in kürzester Form charakterisieren, so kann man sagen, dass sie versucht, die ungeheure Vielfalt der heute lebenden Organismenarten *einschließlich des Menschen* in „historischer Perspektive" zu erklären (die Gegenwart aus der Vergangenheit zu verstehen) und Mechanismen anzugeben, die den Wandel in der Organismenwelt bewirken. Damit scheinen viele unserer Zeitgenossen immer noch große Schwierigkeiten zu haben. Darwins fundamentales Werk über die Entstehung der Arten wird zwar noch in diesem Jahrzehnt bereits seinen hundertfünfzigsten Geburtstag feiern, aber die darin niedergelegten Gedanken sind vielen Menschen heute ebenso fremd wie sie ihren Ur-Ur-Großeltern im 19. Jahrhundert fremd waren. In unserer schnelllebigen Zeit, in der für jedes nur denkbare Ereignis *unmittelbare* Erklärungen aus dem Ärmel geschüttelt werden, geht die „Tiefenperspektive" der Evolutionstheorie leicht verloren. In den letzten Jahren hatte ich wiederholt Gelegenheit, bei diversen Vorträgen, Symposien und Diskussionsveranstaltungen zu beobachten, was ich hier meine: eine geradezu sträfliche Vernachlässigung der *Naturgeschichte*.

Politiker, Wirtschaftsbosse, Juristen und andere Vertreter unserer Spezies, von deren Entscheidungen das Wohl vieler Menschen abhängt, wissen im Allgemeinen nicht, dass die Grundmuster unseres Verhaltens in Jahrmillionen entstanden sind und nicht per Dekret oder aufgrund momentaner politischer beziehungsweise wirtschaftlicher Erfordernisse grundlegend verändert werden können. Und wenn sie das wissen, dann ändert sich für sie dadurch im Allgemeinen auch nichts.

Anlässlich eines Vortrags, den ich im letzten Jahr vor Spitzenmanagern aus dem Bereich der Telekommunikation hielt, konnte ich besonders klar erkennen, dass es in diesem Zweig (und allen anderen Bereichen) der Wirtschaft in der Tat ausschließlich um die Umsatzsteigerung eines Betriebs innerhalb weniger Wochen oder Monate geht. Den ungeheuren zeitlichen Dimensionen der Evolution – und insbesondere der Tatsache, dass auch wir Menschen in langen Zeiträumen entstanden sind – schenkt dabei niemand auch nur die geringste Beachtung. Inwieweit der

Mensch mit den gerade durch die rasante Entwicklung der Informations- und Kommunikationstechnologie an ihn gestellten Ansprüchen und Anforderungen und mit dem ihm damit abverlangten Tempo Schritt halten kann, scheint die dafür Verantwortlichen nicht im geringsten zu interessieren (auch wenn sie sich selbst „gestresst“ fühlen).

Man mag einwenden, dass wir ja unser Leben, da es eben viel kürzer währt, nicht nach Jahrmillionen ausrichten und dass Politiker und Ökonomen ihr Handeln nicht auf solche Zeiträume projizieren können. Natürlich, aber alles, was uns heute als Gattung ausmacht, die Grundmuster unseres sozialen Verhaltens, unseres Erkennens und Denkens, haben sich nicht in wenigen Jahren oder Jahrzehnten ausgebildet, sondern in vielen Millionen Jahren. Überall, in unserer Kultur, in unseren sozialen Beziehungen, in unserer Politik und Wirtschaft, tragen wir unsere Naturgeschichte mit uns herum; unsere Aktivitäten sind Resultate eines Gehirns, das in prähistorischer Zeit „angelegt“ wurde – und sich im Dienste des Überlebens seines „Trägers“ zu bewähren hatte. Unsere Gegenwart wird also immer von unserer Vergangenheit mitentschieden.

Die Evolutionstheorie hat somit eine viel größere Bedeutung und Tragweite als es uns im Allgemeinen bewusst ist. Sie ist nicht einfach nur ein interessantes Gebiet, auf dem wir allerlei Kurioses über Dinosaurier und andere bizarre Wesen der Vorzeit erfahren, sondern ein Denkgebäude von unmittelbarer Relevanz für unser Leben. Wer die Evolution wirklich ernst nimmt, muss daher damit rechnen, dass viele unserer liebgewonnenen Vorstellungen über den Menschen und seine Möglichkeiten in dieser Welt grundsätzlich falsch sind. Die Wissenschaften vom Menschen, insbesondere die Sozialwissenschaften, leiden an einem „evolutionstheoretischen Defizit“, das die meisten ihrer Vertreter freilich nicht als solches empfinden, weil sie Evolution eben als bedeutungslos abtun. Sie suchen nach unmittelbaren Erklärungen für soziale Strukturen und Prozesse in den heutigen Gesellschaften, ohne anzuerkennen, dass die viel breitere Basis der Evolutionstheorie unverzichtbare allgemeinere Erklärungen liefert. Meinungs- und Trendforscher versuchen jeweils die momentane Stimmungslage zu analysieren, ohne sehen zu müssen, dass der Augenblick, dem sie verhaftet sind, für unsere mittel- bis langfristige Entwicklung unbedeutend bleibt.

Theologen sind verständlicherweise viel eher für größere Zeitdimensionen zu begeistern und finden sich heute verstärkt im Dialog mit Evolutionstheoretikern, aber an einige ihrer althergebrachten Dogmen, die aus evolutionstheoretischer Perspektive unhaltbar sind, klammern sie sich freilich nach wie vor. Religiöse Fanatiker – deren Zahl, in weltweitem Maßstab gemessen, in jüngster Zeit eher zu- als abgenommen zu haben scheint – sehen im Evolutionsgedanken sowieso nur eine Verirrung des menschlichen Geistes und sind bereit, diesen Gedanken mit allen Mitteln zu bekämpfen.

Nun sind Evolutionstheoretiker nicht so radikal wie religiöse Fundamentalisten und treten auch nicht an, die Religion abzuschaffen, so wie die Religionsfanatiker die Evolutionstheorie verbieten wollen. Aber sie können plausible Erklärungen dafür liefern, warum der Mensch überhaupt Religionen entwickelt hat und viele Menschen an Gott glauben. Konsequent zu Ende gedacht, führt der Evolutionsgedanke also zu einer (stammesgeschichtlichen) Relativierung jeder Art des religiösen Glaubens. Vielleicht zeigt sich gerade darin die „ungeheure“(!) Tragweite dieses Gedankens.

Das vorliegende Buch ist eine Einladung, die Evolutionstheorie *zu Ende* zu denken, zu überlegen, was Evolution *in letzter*

Konsequenz tatsächlich bedeutet. Darwin ist zwar seit weit über hundert Jahren tot, die volle Bedeutung seiner Lehre wurde bisher aber in breiten Kreisen geflissentlich übersehen. Nimmt man Darwin und die Evolution *wirklich* ernst, dann erkennt man nicht nur, dass die Sozialwissenschaften an einem (theoretischen) Defizit leiden oder dass die „Frage nach Gott" stammesgeschichtliche Wurzeln hat. Man erkennt auch, dass weite Landschaften der *Philosophie* – von der Naturphilosophie über die Erkenntnistheorie bis zur Ethik – gründlich umgestaltet werden müssen. Und man erkennt nicht zuletzt, dass Konzepte in jenen Bereichen, die auf unser Leben direkt einwirken (Erziehung, Wirtschaft, Politik, Justiz) zum Teil völlig falsch sind und einer grundlegenden Veränderung bedürfen. Vielleicht werden diese Konsequenzen ja von vielen denkenden Menschen ohnedies längst erahnt und diese ignorieren daher – gerade deshalb! – die Evolution lieber. Schließlich schrecken selbst manche Biologen davor zurück, Evolution *in letzter Konsequenz* zu durchdenken. Wenn ich im vorliegenden Buch dieses Wagnis dennoch auf mich nehme, dann nicht zuletzt aus dem Grund, dass mit der konsequenten Ausdehnung des Evolutionsdenkens nicht einfach nur Weltbilder zerstört werden, sondern ein neues Weltbild aufgebaut werden kann, das uns auch in die Lage versetzt, unsere Gegenwart und Zukunft ohne traditionelle Hindernisse neu zu bedenken.

Dabei nehme ich viele Anleihen von Darwin, dessen Werk inzwischen zwar in der Fachwelt sehr gründlich studiert wurde, aber merkwürdigerweise, wie gesagt, immer noch nicht ins Bewusstsein einer breiteren Öffentlichkeit gedrungen ist. Es ist erschreckend, in welchem Maße dieses Werk oft auch heute noch missverstanden wird. Das vorliegende Buch ist kein „Darwin-Buch", da aber Darwins Werk nach wie vor der

Angelpunkt evolutionstheoretischer Diskussionen ist, schien es mir zweckmäßig – nach einer Einleitung, in der ich die Hauptthesen des Buches skizziere – im ersten Kapitel die „wahre Bedeutung“ dieses Werkes darzulegen. Die Konsequenzen seiner Theorie aber haben Darwin selbst etwas beunruhigt, sodass er sie – wie ich im zweiten Kapitel zeige – nicht wirklich auszusprechen wagte. Insbesondere war er hinsichtlich der „Affenfrage“ zu vorsichtig. Wir wollen ihm das nicht verübeln, kommen jedoch heute, eingedenk neuerer Erkenntnisse über das Verhalten unserer nächsten Verwandten, nicht um die Einsicht herum, dass uns der „Affe“ sehr fest im Nacken sitzt. Davon handelt das dritte Kapitel.

Im vierten Kapitel wird anhand einiger Beispiele aufgezeigt, wie stark wir heute nach wie vor von unserer Naturgeschichte geprägt sind. Dieses Kapitel wird manche Leserinnen und Leser amüsieren, andere aber wohl etwas verärgern. Schließlich können sich nicht alle darüber freuen, wenn sie in ihrem Spiegelbild einen Neandertaler erkennen. Das fünfte und sechste Kapitel widmen sich jenen Konsequenzen, die heute endlich aus dem Evolutionsgedanken gezogen werden müssten und Fragen der Moral und der Erziehung ebenso betreffen wie allgemeine Probleme unserer sozialen und kulturellen Entwicklung. Ein kurzes Nachwort soll noch einmal klar machen, dass unsere Zukunft wesentlich vom Verständnis unserer Vergangenheit abhängen wird.

Ich bin mir natürlich dessen bewusst, dass ich hier sehr komplexe und heikle Probleme auf relativ knappem Raum behandle. Um klare Aussagen werde ich mich allerdings nicht herumdrücken. Dieses Buch ist in mancher Hinsicht die Fortsetzung meiner in den letzten Jahren erschienenen Bücher *Naturkatastrophe Mensch* (1998), *Die Selbstzerstörung der*

Natur (1999) und *Warum uns das Böse fasziniert* (1999), geht aber in seinem Anspruch noch weit über diese hinaus: Es ist der Versuch, ein kompromissloses evolutionäres Menschenbild und seine Konsequenzen zu entwickeln und zu zeigen, dass das „Projekt Mensch" ohne Berücksichtigung der evolutionstheoretischen Perspektive zum Scheitern verurteilt ist. Von allen meinen Büchern ist dieses für mich persönlich vielleicht das wichtigste. Ich trage es sozusagen seit längerer Zeit mit mir herum, und bin nun sehr froh, es „loszuwerden".

Franz M. Wuketits *Wien, im Juli 2001*

Einleitung: Das Wagnis des aufrechten Ganges und der (vorläufige) Triumph des nackten Affen

Ob sich der Mensch als Geschöpf Gottes versteht oder als arrivierten Affen, wird einen deutlichen Unterschied in seinem Verhalten zu wirklichen Tatsachen ausmachen.

ARNOLD GEHLEN

Die „Affenverwandtschaft" des Menschen wird heute noch von vielen – Menschen – als peinlich empfunden. Andererseits wurde schon in früheren Jahrhunderten der „Affe" mit deutlich menschlichen Zügen gezeichnet (Abbildung 1). Die Ähnlichkeiten sind ja, wovon man sich bei jedem Zoobesuch überzeugen kann, in der Tat verblüffend. Ein Unterschied fällt jedoch selbst dem oberflächlichsten – menschlichen – Betrachter sofort auf: Verglichen mit jedem Affen erscheint der Mensch „nackt", seine Körperbehaarung ist stark reduziert. Dieser Umstand gab immer wieder Anlass zu weitreichenden Deutungen der menschlichen Natur.

Unter dem Titel *Der nackte Affe* veröffentlichte der englische Kunstmaler, Tierfilmer und Zoologe Desmond Morris in den 60er-Jahren ein provokantes Buch, in dem er über unsere Spezies, *Homo sapiens*, unter anderem folgendes feststellte:

Die Haut ist de facto nackt, völlig unbehaart mit Ausnahme einiger auffallend behaarter Stellen auf dem Kopf, in den Achselhöhlen und in der Genitalgegend. Beim Vergleich mit den anderen Primaten-Arten ist dieser Unterschied geradezu dramatisch. Gewiß – manche Tieraffen und Menschenaffen-Arten haben kleine nackte Hautflächen am Körper, im Gesicht, auf der Brust. Aber bei keiner der ... Arten finden wir in dieser Hinsicht etwas den Verhältnissen beim Menschen auch nur annähernd

Vergleichbares. [Es ist] *vollauf berechtigt, dieser neuen Art den Namen „Nackter Affe" zu geben – einen einfachen, eindeutig beschreibenden Namen, der auf einfacher Beobachtung beruht und sonst nichts vorwegnimmt (*Morris 1968, *S. 23).*

Über die Ursachen der schwachen Körperbehaarung des Menschen ist viel diskutiert und spekuliert worden. Anthropologen sehen dieses Merkmal heute im Zusammenhang mit einem anderen spezifischen Merkmal unserer Gattung, nämlich dem *aufrechten Gang* (siehe etwa Foley 2000, Harris 1997). Ständiges Gehen und Laufen erfordert ein Kühlsystem auf Verdunstungsbasis. Ein üppiges, dichtes Haarkleid, wie es für

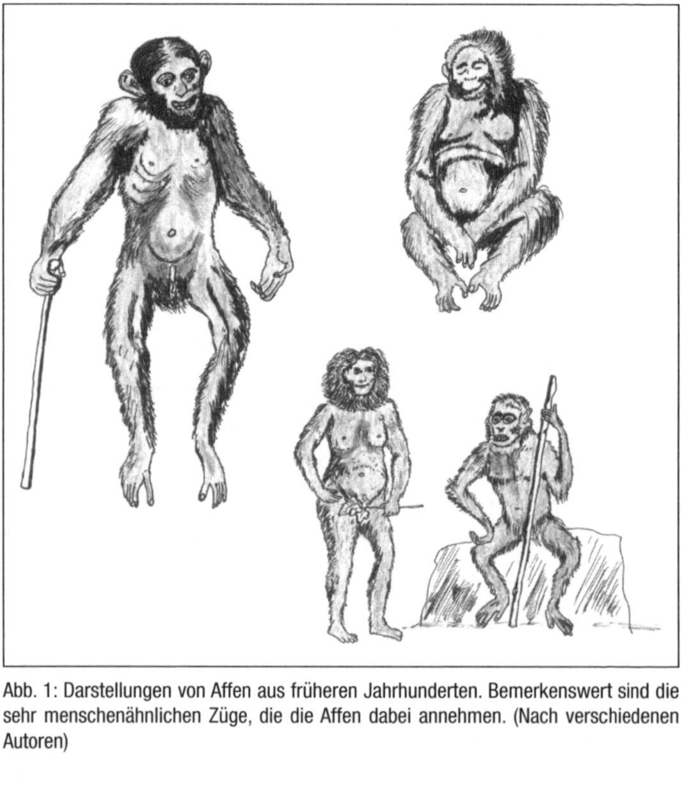

Abb. 1: Darstellungen von Affen aus früheren Jahrhunderten. Bemerkenswert sind die sehr menschenähnlichen Züge, die die Affen dabei annehmen. (Nach verschiedenen Autoren)

urwaldbewohnende Menschenaffen charakteristisch ist, wäre für einen zweibeinigen Primaten in offener Landschaft ein großes Hindernis. Da trifft es sich gut, dass der Körper eines Aufrechtgehers den Sonnenstrahlen ohnehin kein direktes Ziel bietet – abgesehen von der Oberfläche des Kopfes, wo die Behaarung allerdings beibehalten wurde.

Die Zweibeinigkeit oder *Bipedie* des Menschen bedeutet, dass sich die Hinterextremitäten zu Standfüßen entwickelten und so ihre Greiffähigkeit verloren. Dieser „Verlust“ wurde aber wettgemacht durch ein anderes Merkmal, das in vieler Hinsicht von ganz entscheidender Bedeutung ist: der Ausbildung von *Händen*. Unsere Hände sind sozusagen Präzisionsinstrumente, die uns dazu befähigen, komplizierte Werkzeuge herzustellen. Durch den aufrechten Gang wurden unsere Hinterextremitäten zwar ausschließlich zu Fortbewegungsorganen umfunktioniert, die Vorderextremitäten aber von der Aufgabe der Fortbewegung befreit. Sie leisten uns daher andere, hervorragende Dienste.

Wo wären wir ohne unsere Hände! Kein anderes Säugetier kann so elegant wie der Mensch die Feder führen, auf der Schreibmaschine oder dem Computer schreiben, Klavier spielen oder den Korkenzieher zum Öffnen einer Weinflasche betätigen. Schimpansen haben zum Beispiel die Fertigkeit entwickelt, mit Stöcken Termiten aus deren Nest zu holen – aber das ist eine vergleichsweise doch geringe Leistung. Selbst wenn ein Schimpanse seine Vorderextremitäten besonders geschickt einsetzt und einen Bleistift „in die Hand“ nimmt oder auf die Tasten einer Schreibmaschine klopft, weiß er doch nicht, was er schreiben soll. Ihm fehlt das dazu erforderliche *Gehirn*. Nur unsere Gattung hat die Evolution mit einem Gehirn ausgestattet, welches seinen Trägern nunmehr erlaubt, sich schriftlich mitzuteilen, Musikstücke zu komponieren, Computer zu bauen und Wein anzupflanzen. Wie schon Darwin (1871) bemerkte, müsste ein Menschenaffe zugeben, dass er nicht in der Lage sei, mathematische Probleme zu lösen, metaphysische Vorstellungen nachzudenken oder die Größe von Naturvorgängen zu bewundern. Er verfügt einfach nicht über die entsprechende Hirnkapazität. Wie wir in Kapitel 3 noch sehen werden, sind die Gehirnleistungen der Schimpansen bemerkenswert genug, jedoch reichen sie nicht an unsere heran (was allerdings häufig dazu veranlasst, eine viel zu tiefe Kluft zwischen dem Menschen und seinen nächsten Verwandten anzunehmen).

Auf der Stufe des *Homo sapiens* ermöglichte das Gehirn auch beispiellos zerstörerische Aktivitäten, die sich vor allem in unzähligen Kriegen und einer systematischen Naturzerstörung äußern. Es ist keineswegs eine Übertreibung, den Menschen als Naturkatastrophe zu bezeichnen (Wuketits 1998a). Nur diejenigen unserer Zeitgenossen, die die unserer Art eigene – anthropozentrische – Überheblichkeit nicht ablegen können, haben damit Schwierigkeiten.

Das insgesamt katastrophale Verhalten des *Homo sapiens* regt seit langem Diskussionen darüber an, ob diese Spezies vielleicht ein evolutiver Irrtum war und daher grundsätzlich zum Scheitern verurteilt ist. Einschätzungen wie „Irrläufer der Evolution" (Koestler 1978) oder „fehlentwickelter Affe" (Szent-Györgyi 1971) sind nicht selten. Sie verschleiern allerdings die simple Tatsache, dass sich *jede* Spezies mittel- bis langfristig als „Irrläufer" erweist, weil die Evolution ein ziemlich planlos verlaufender Vorgang ist und keine „perfekten" Arten erzeugen kann. Das Aussterben von Arten ist nicht die Ausnahme, sondern die Regel im Evolutionsgeschehen. Jede neue Spezies ist von vornherein mit dem Risiko behaftet, sich früher oder später als Fehlkonstruktion zu erweisen.

Beim Menschen war der aufrechte Gang allein in anatomischer Hinsicht ein Wagnis. Die typische Säugetierkonstruktion, eine „Brücke", richtete sich zu einem „Turm" auf, was natürlich viele, teils drastische, mechanische Veränderungen bewirkte. Dass das für unsere Gattung insgesamt überhaupt gut gehen konnte, mag uns im nachhinein in Erstaunen versetzen. Unsere Körperkonstruktion zeigt eine Reihe problematischer Merkmale (vgl. z. B. Price 1996). Als Zweibeiner sind wir, wie jeder von uns aus eigener Erfahrung weiß, der besonderen Gefahr ausgesetzt, *umzufallen*, etwa über einen Stein zu stolpern, und uns dabei gefährliche oder jedenfalls schmerzhafte Verletzungen zuzuziehen: Knochenbrüche, Kopfverletzungen, Blutergüsse, Hautabschürfungen und so weiter. In mancher Situation, etwa beim schnellen Aufstehen nach langem Sitzen, können uns Schwindelgefühle überkommen, ein balanciertes Gehen verhindern und wieder Verletzungen hervorrufen. Igel, Hasen, Mäuse, Marder, Leoparden, Bären und andere Säugetiere (unter ihnen die Menschenaffen) sind aufgrund ihrer Körperkonstruktion vor derartigen Zwischenfällen gefeit. (Wie sollte denn ein Igel oder eine Maus auch „umfallen" können?!) Die spezifische Belastung der Wirbelsäule sozusagen von oben nach unten verursacht, insbesondere bei der Lebensweise des zivilisierten Menschen, auch schmerzhafte Bandscheibenschäden.

Es gibt noch eine weitere (indirekte) Folge der „Turmkonstruktion", über die bei gesellschaftlichen Anlässen offen zu sprechen allerdings den meisten von uns schließlich der Anstand verbietet: *Hämorrhoiden*, knotenförmig auftretende Mastdarmkrampfadern, die sehr schmerzhaft sein können und den Betroffenen großes Unbehagen bereiten. Das Auftreten von Hämorrhoiden wird durch die sitzende Lebensweise begünstigt, die ihrerseits eine Konsequenz des aufrechten Ganges ist.

Niemand kann ununterbrochen gehen und stehen, und in den jüngsten Etappen unserer Evolutionsgeschichte sitzen wir immer häufiger und immer mehr. Zu guter Letzt muss jedes Menschenkind das Wagnis der Bipedie stets aufs Neue auf sich nehmen, da es nicht als Aufrechtgeher zur Welt kommt, sondern nur die Anlage dazu besitzt. Entsprechend holprig und gewagt sind daher seine ersten Gehversuche, und manche schmerzliche Erfahrung begleitet diese Phase seines Lebens.

Warum haben ursprünglich waldbewohnende Primaten, deren *vier* Extremitäten in den Dienst der Fortbewegung (auf den Bäumen, aber auch auf dem Boden) gestellt waren, das Risiko der Zweibeinigkeit auf sich genommen? Wie heute immer deutlicher wird, müssen ökologische Zwänge dafür die Ursache gewesen sein. Auf dem afrikanischen Kontinent – wo unsere Wiege stand – fand vor etwa fünf Jahrmillionen ein Landschaftswandel statt, ein durch klimatische Änderungen erfolgter Schwund des Regenwalds zugunsten der Ausbreitung von Savannen, der die Anpassung an die zweibeinige Fortbewegungsweise begünstigen oder erzwingen sollte (Rothe und Henke 1999).

In offenen Savannen hatten Zweibeiner natürlich einen entscheidenden Vorteil, der die erwähnten Nachteile überwog. Sie hatten einen weiteren Horizont als die sich im hohen Gras herumtummelnden Vierbeiner und konnten Feind- und Beutetiere besser erkennen. Dazu kam bald der bereits angesprochene Vorteil, dass sie ihre Vorderextremitäten frei nutzen konnten, um etwa eine Beute festzuhalten oder sich gegen einen Feind besser verteidigen zu können. Wenn man die Hände frei hat, kann man, im wahrsten Sinne des Wortes, *zuschlagen*. Ein Löwe kann das zwar auch, und seine Pranken erlauben ihm das Festhalten seiner Beute, allerdings kann er nicht mit einem Stein nach einem Beutetier werfen. Mit Händen kann man auch Gegenstände als Werkzeuge benutzen (eine Fähigkeit, die freilich keineswegs auf den Menschen beschränkt, sondern im Tierreich weit verbreitet ist) und Werkzeuge *herstellen* (wozu in gewissem Ausmaß auch andere Primaten fähig sind).

Sehr weit wäre der Mensch aber mit seiner Werkzeugbenutzung und -herstellung allerdings nicht gekommen, hätte ihn die Evolution nicht mit einem Gehirn ausgerüstet, das hinsichtlich seiner relativen Größe und Differenzierung die Gehirne aller anderen Säugetierarten maßgeblich übertrifft. Seinen bisherigen Triumph in der Evolution verdankt der nackte Affe jenem Umstand, dass sein Gehirn etwa das dreifache Gewicht und Volumen des Gehirns eines Schimpansen aufweist. Mit etwa 1400 bis 1500 Kubikzentimetern Volumen ist das Gehirn des heutigen Menschen auch dreimal so groß wie das seiner frühen Vorfahren, der Australopithecinen (siehe Kapitel 3).

Eine beschleunigte Gehirnentwicklung hat offenbar erst auf der Stufe der Gattung *Homo* in den letzten zwei Millionen Jahren stattgefunden. Vor dem Hintergrund der unvorstellbar langen Zeiträume der Evolution ist dies eine verschwindend kleine Zeitspanne. Wenn ein einzelnes Organ eine derartig dramatische Entwicklung erfährt wie das menschliche Gehirn (und das in so kurzer Zeit), dann verdient es die in der Evolutionsbiologie geläufige Bezeichnung *Exzessivbildung*. Andere Beispiele dafür sind die exzessive Entwicklung des oberen Eckzahns beim Säbelzahntiger und anderen fossil überlieferten Raubtieren und das mit über dreieinhalb Metern Spannweite sehr auffällige Geweih des eiszeitlichen Riesenhirschen. Da diese Tiere ausnahmslos ausgestorben sind, drängt sich die Frage auf, ob nicht auch eine Spezies mit einem exzessiv ausgebildeten Gehirn zum Aussterben verurteilt sei. So wies etwa Rensch

(1970) darauf hin, dass die exzessive Vergrößerung seines Gehirns – das ihm nicht zuletzt auch den Bau von Atomwaffen erlaubt – den Menschen in die Lage versetzt, seine eigene Art auszulöschen. Das ist sicher richtig, aber in der Erdgeschichte sind auch unzählige Arten ohne exzessive Ausbildung bestimmter Organe ausgestorben, sodass jene Frage nicht wirklich zielführend erscheint.

Vorläufig bleibt als Tatsache, dass der Mensch kraft seines Gehirns mit atemberaubendem Tempo eine äußerst erfolgreiche Spezies wurde. Als Erfolgskriterien können seine weltweite Verbreitung und die Fähigkeit, komplizierte Werkzeuge herzustellen, dienen. Ohne die Intelligenzleistungen anderer Säugetiere (vor allem der Affen) zu schmälern, müssen wir erkennen, dass diese hinter dem Menschen zurückgeblieben sind. Die menschliche Intelligenz hat Hochgeschwindigkeitszüge, Düsenflugzeuge und Schnellfeuerwaffen hervorgebracht, den Computer erfunden, Methoden zur wirkungsvollen Diagnose und Behandlung von Krankheiten entwickelt und mittels raffinierter astronomischer Geräte Vorstellungen von Planeten und Sternen gewonnen, die viele Millionen Lichtjahre von der Erde entfernt sind.

Das Auffallende dabei ist, dass alle diese Leistungen in dem gemessen mit evolutionären Maßstäben vernachlässigbaren Zeitraum von wenigen Jahrhunderten vollbracht wurden. Rufen wir uns die gewaltigen zeitlichen Dimensionen der Geschichte der Erde und des Lebens in Erinnerung: Das Alter der Erde beträgt etwa fünf Milliarden Jahre, das Leben auf ihr entstand vor knapp vier Jahrmilliarden; Wirbeltiere gibt es seit etwa fünfhundert, Säugetiere seit rund zweihundert Millionen Jahren; die Primaten, unsere eigene Säugetierordnung, sind seit ungefähr sechzig Millionen Jahren fossil nachgewiesen, wogegen sich die fünf Jahrmillionen, die seit der Entstehung der Hominiden verstrichen sind, schon sehr bescheiden ausnehmen (sie sind bloß ein Tausendstel der Zeit, die seit der Entstehung der Erde vergangen ist!). Die sein Leben heute beherrschende Technologie – vom Telefon über die Waschmaschine bis zum Computer – hat sich der Mensch, sieht man von wichtigen „Vorarbeiten“ in früheren Jahrhunderten ab, allerdings in nur einem Jahrhundert geschaffen. Damit triumphiert er jetzt über alle anderen Organismenarten. Aber schon regen sich ernsthafte Zweifel daran, dass dieser Triumph ein langfristiger sein wird.

Homo sapiens ist – jedenfalls auf der Erde (über außerirdische Lebewesen haben wir nach wie vor keinerlei Kenntnisse) – die einzige Spezies, die über ihre eigene Herkunft und Entwicklung (bewusst) nachdenken kann. Zumindest besitzen wir keinen einzigen Hinweis darauf, dass einen Schimpansen oder einen Gorilla je die Frage nach seiner stammesgeschichtlichen Herkunft beschäftigt hat. Aber die allermeisten Vertreter dieser Spezies scheinen nicht zu begreifen, was diese Herkunft und Entwicklung bedeutet. Schlimmer noch, den meisten unserer Zeitgenossen ist die Entstehungs- und Entwicklungsgeschichte ihrer Spezies überhaupt nicht bekannt oder gleichgültig. Durch diese Ignoranz liefern sie unfreiwillig klare Hinweise auf die Entwicklung ihrer eigenen Spezies aus Wesen, denen eben auch jede „historische Perspektive“ fremd war.

Man mag einwenden, dass das alles nicht so schlimm ist. Schließlich hat die Menschheit die längste Zeit in dem Irrglauben gelebt, dass die Erde eine Scheibe sei. Und heute spielt das Wissen um die Kugelgestalt der Erde in unserem täglichen Leben keine besondere Rolle. Bei einem Einkaufsbummel oder einer Fahrradtour brauchen wir uns der Tatsache, dass wir auf einer Kugel leben, nicht bewusst zu sein; wir kommen auch so ans Ziel. Menschen nutzen zwar heute alle möglichen technischen Errungenschaften, aber über die physikalischen Gesetzmäßigkeiten und Theorien, die diesen Errungenschaften vorausgegangen sind, haben die wenigsten auch nur einen blassen Schimmer.

Mit der Evolutionstheorie verhält es sich jedoch anders (Mayr 2000). Sie widerspricht nicht nur grundsätzlich dem Denken vieler Menschen, sondern ist für unsere Spezies lebens- und überlebensrelevant. Ja, wieso denn? Leben Menschen im Allgemeinen nicht auch ganz gut, wenn sie nichts über die mutmaßlichen Vorläufer der Säugetiere wissen, über die anatomischen und physiologischen Voraussetzungen des Übergangs von Wasser- zu Landtieren oder über die stammesgeschichtlichen Beziehungen zwischen den Gattungen *Australopithecus* und *Homo*? Sicher, aber in vielen Bereichen unseres Lebens macht es einen großen Unterschied, ob wir um die in unserer Stammesgeschichte „angelegten" Verhaltensdispositionen wissen oder diese ignorieren. Das Wissen um diese Dispositionen ist zum Beispiel von großer Relevanz in der Erziehung (siehe Kapitel 5). Wie ich bereits im Vorwort (auf S. 9) andeutete, steht auch das Lebenstempo, das uns heute in den Industriegesellschaften abverlangt wird, im Widerspruch zu unserer biologischen Grundausstattung. Zugleich verleitet uns die von unseren stammesgeschichtlichen Vorfahren ererbte Kurzzeitperspektive zu einer Fehleinschätzung unserer Fähigkeiten und Möglichkeiten.

Wir Menschen leben im Allgemeinen vor einem sehr begrenzten Zeithorizont, und in der „Zeit der Erde" ist unser Leben (nicht nur das individuelle, sondern auch das unserer Gattung) unbedeutend (Wuketits 2000c), oder jedenfalls nicht bedeutender als das Leben anderer Organismen. Kurzfristiges Planen und

Handeln sind aber selbst eine Folge unserer Stammesgeschichte. Für unsere prähistorischen Ahnen spielten lange Zeiträume keine Rolle; es galt, eine Beute *hier* und *jetzt* zu finden, die *nächste Nacht* zu überleben, sich vor einer *unmittelbaren* Gefahr zu schützen und so weiter. Heute mahnt uns zwar die Vernunft zu mittel- und langfristigem Planen, aber wir richten uns kaum danach. „Größere Zeiträume können wir nicht überblicken, das Übermorgen verschwindet vor dem Morgen" (Vollmer 2000, S. 881). Daher sind auch unsere Meinungs- und Trendforscher, ähnlich ihren stammesgeschichtlichen Ahnen, bloß am Augenblick interessiert. Sie unterscheiden sich von diesen nur dadurch, dass sie glauben, einen wichtigen „Trend" zu erkennen – worauf zum Beispiel ein Neandertaler freilich nie gekommen wäre; der hatte in der Tat noch andere Probleme.

Durch die neuzeitlichen Naturwissenschaften – die eine herausragende intellektuelle Leistung darstellen! – kamen wir jedoch in die Lage, mit langen und sehr langen Zeiträumen zu operieren. Kosmologie, Geologie und Paläontologie haben uns mit Jahrmillionen und Jahrmilliarden vertraut gemacht – wirklich „vertraut" gemacht? Sicher, wir wissen, wie viele Nullen wir nach dem Komma zu schreiben haben, wenn wir *eine Million* oder *eine Milliarde* schreiben wollen, aber diese Zahlen intuitiv zu begreifen, ist unsere Sache nicht, sodass wir die „Tiefenzeit" nach wie vor am ehesten als Metapher verstehen (Gould 1988). Seinen bisherigen Triumph verdankt der nackte Affe nicht zuletzt ja gerade auch dem Umstand, dass er sich nie um die langfristigen Folgen seines Tuns wirklich gekümmert und die „Tiefe" seiner Geschichte geflissentlich ignoriert hat. Er breitete sich schnell über den ganzen Globus aus und zerstörte alles, was sich ihm in den Weg stellte. Er entwickelte in kürzester Zeit eine komplexe Technologie und vermehrte sich immens. Aber sein (kurzfristiger!) Erfolg verleitet die meisten seiner Art zu dem Glauben, dass er den richtigen Kurs eingeschlagen habe. Sein Kurzzeitdenken hilft ihm dabei, es entbindet ihn von der Befürchtung, dass ihm *übermorgen* sein Untergang bevorstehen könnte.

Strategien, die sich kurzfristig bewähren, geben dem Menschen schnell den Eindruck, dass sie die einzig richtigen sind. Sie nähren auch seine Überzeugung, dass es mit ihm immer aufwärts geht, und verführen ihn zu dem Irrglauben, dass seine eigene Entwicklung grundsätzlich einen *fortschrittlichen* Verlauf zeige und die Evolution insgesamt als „progressive" Entwicklung zu verstehen sei (vgl. Gould 1996, Wuketits 1998a). In diesem Zusammenhang steht auch ein anderer Irrglaube, nämlich dass seine *Kultur* den Menschen aus der Natur sozusagen heraushebt. Die Überzeugung, dass unsere Kultur *über* unserer Natur steht, ist unter Intellektuellen (und solchen, die sich dafür halten) so weit verbreitet, dass oft schon ein vorsichtiger Hinweis auf die Bedeutung unserer *Natur*geschichte für unser Leben als kruder Biologismus oder Sozialdarwinismus gesehen und bekämpft wird.

Es ist höchste Zeit zu erkennen, dass die Menschheitsgeschichte (als Kulturgeschichte) nicht einfach die Fortsetzung der Naturgeschichte darstellt, sondern in diese eingeschlossen ist (Oeser 1987). Was auch immer der Mensch in seiner Kultur (und durch sie) geleistet hat – es ist die Leistung eines funktionierenden Gehirns und damit die Leistung eines in seiner Naturgeschichte entstandenen Organs. Allein dieses Organ hat – in Verbindung mit anderen anatomischen Veränderungen – kulturelle Aktivitäten ermöglicht. Insoweit sind alle Erzeugnisse unserer Kulturgeschichte – von den Pyramiden des Alten Ägypten zum CN-Tower in Toronto, von der Deckenbemalung der Sixtinischen Kapelle zur Pop-Art, vom Alten Testament zum Internet – zugleich Produkte unserer Naturgeschichte. Die Zeit ist reif, sich von stereotypen Vorstellungen wie der, dass der Mensch ein Kulturwesen sei und seine Natur überwinden könne, zu verabschieden. Er ist „Kulturwesen" nur in dem Maße, in dem ihn seine Natur dazu befähigt, Kultur zu schaffen. Es ist daher ohne weiteres möglich, dass seine Kultur an seiner Natur scheitern wird.

Keine andere naturwissenschaftliche Theorie leistet einen so grundlegenden und umfassenden Beitrag zu unserem Selbstverständnis wie die Theorie Darwins. Richtig verstanden und zu Ende gedacht, liefert sie uns nicht bloß ein sehr tiefes Naturverständnis, sondern auch unverzichtbare Haltegriffe für die Einschätzung unserer Gegenwart und möglichen Zukunft. Daher lohnt es sich unbedingt, dieser Theorie größte Aufmerksamkeit zu schenken, sie noch viel mehr als bisher in anthropologische Überlegungen einzubeziehen. Nicht, dass es an entsprechenden Bemühungen fehlte; aber der „letzte Schritt" wird eben doch nur sehr selten gewagt.

So würdigte beispielsweise der Philosoph Helmut Plessner (1892–1985) die Erkenntnisse der Biologie über die menschliche Natur, wies ausdrücklich auf die Bedeutung der Evolutionstheorie hin, kontrastierte aber die „Weltoffenheit" des Menschen mit der „Umweltgebundenheit" der Tiere. Der Mensch bleibe, so Plessner (1976, S. 144), ein *homo absconditus*, verborgen „für sich selbst wie für seine Mitmenschen", und er könne „sich nie *ganz* in seinen Taten erkennen". Eine solche gewissermaßen erzwungene Verschleierung des Menschen haben wir heute – gerade in Hinsicht auf die Erkenntnisse der Evolutionsbiologie, Verhaltensforschung, Soziobiologie und Primatologie – nicht mehr nötig. Wären Plessner die neueren und neuesten Einsichten in das Leben der nichtmenschlichen Primaten bekannt gewesen, dann hätte er „weltoffenes Verhalten“ nicht auf den Menschen beschränken dürfen. Seine Weltoffenheit nämlich hat der Mensch nicht neu erfunden, sie findet sich, zumindest in sehr bemerkenswerten Ansätzen, schon bei den Schimpansen und anderen Menschenaffen. Je besser wir die verstehen lernen, je besser wir unsere eigene Evolution nachvollziehen können, umso weniger wird vom *homo absconditus* übrigbleiben.

1. Darwin beim Wort genommen

[Darwin] hat nie einen Essay oder gar ein Buch veröffentlicht, die ausdrücklich einer Darlegung seiner philosophischen Ideen gewidmet gewesen wären, aber in seiner wissenschaftlichen Arbeit hat er die grundlegenden philosophischen Vorstellungen seiner Zeit eine nach der anderen systematisch zunichte gemacht und durch revolutionäre neue Konzepte ersetzt.

ERNST MAYR

Charles Darwins 1859 veröffentlichtes Buch *On the Origin of Species (Über die Entstehung der Arten)* schlug bei seinen Zeitgenossen wie eine Bombe ein und gibt nach wie vor genug Zündstoff für Diskussionen. Nicht etwa, weil darin die „niedere Abstammung" des Menschen behauptet wird. Davon ist in diesem Buch nicht die Rede; lediglich eine kurze Bemerkung in seinem letzten Kapitel deutet verschlüsselt darauf hin (Licht werde fallen auf den Menschen und seine Geschichte ...). Viel wichtiger in diesem Buch ist der Umstand, dass Darwin für den stammesgeschichtlichen Artenwandel einen fundamentalen Mechanismus anzugeben wusste, der jeden Glauben an eine Zweckmäßigkeit in der Natur erschüttert. Nach seiner Theorie der *natürlichen Auslese* oder *Selektion* vollzieht sich evolutiver Wandel auf der Grundlage der Erzeugung genetischer Variation in jeder Generation. Nur relativ wenige Individuen überleben aufgrund einer besonders günstigen Kombination vererbbarer Merkmale und bringen die jeweils nachfolgende Generation hervor (Mayr 1994). Umgekehrt bedeutet dies, dass die meisten Individuen einer Generation von der natürlichen Auslese eliminiert werden oder jedenfalls nicht das Alter der Fortpflanzungsfähigkeit erreichen. In der Natur herrschen also keine paradiesischen Zustände, die Natur lässt sich als ein Prozess fortgesetzter Selbstzerstörung beschreiben (Wuketits 1999a).

Auch heute haben viele Menschen mit einer solchen Auffassung große Schwierigkeiten. Nicht nur, weil sie jeder romantischen Konzeption von Natur widerspricht, sondern auch, weil sie scheinbar an dem Umstand vorbeigeht, dass in der Natur *Ordnung* herrscht, dass jeder einzelne Organismus ein kleines Wunderwerk mit minuziös aufeinander abgestimmten Teilen darstellt. Aber können tatsächlich, wie Darwin behauptete, allein aus dem „Kampf der Natur“, aus „Hunger und Tod“ immer kompliziertere, „höhere“ Lebewesen hervorgehen?

Wir wollen uns an dieser Stelle die Kernpunkte von Darwins Selektionstheorie etwas näher ansehen. Diese Theorie liefert in der Tat eine stichhaltige Erklärung für die Entwicklungsgeschichte des Lebens auf der Erde und seiner beeindruckenden Vielfalt.[1] Sie hat, wie Dawkins (1998, S. 9 f.) mit Begeisterung feststellt, „nicht nur eine enorme Aussagekraft; ihre Bündigkeit ist von einer geschmeidigen Eleganz, von einer poetischen Schönheit, die auch die wohlklingendsten Schöpfungsmythen der Welt in den Schatten stellt.“ Dass sie liebgewonnenen Vorstellungen von der Natur widerspricht, ist ein – für viele freilich sehr unangenehmer – Nebenaspekt, der uns in diesem Buch allerdings noch oft beschäftigen wird. Gerade was ihre Bedeutung für den Menschen betrifft, wurde diese Theorie aber auch in erschreckender Weise missverstanden. Davon wird ebenfalls noch kurz zu sprechen sein.

---

[1] Für die eilige Leserin und den eiligen Leser darf ich in diesem Zusammenhang auf mein Bändchen *Evolution* (Wuketits 2000a) verweisen. So knapp wie möglich habe ich dort die Grundlagen und Probleme der modernen Evolutionsbiologie dargestellt.

Die Allmacht der natürlichen Auslese

Wie ist natürliche Auslese oder Selektion zu verstehen? Auf keinen Fall als eine spezifische Naturkraft oder ein für sich allein wirkender beziehungsweise wirksamer Faktor. Darwin erkannte die Bedeutung der differentiellen Reproduktion, das heißt des unterschiedlichen Fortpflanzungserfolgs der Individuen jeder Art. Dieser entscheidet schon einmal darüber, wie viele Gene sich von einer in die jeweils nächste Generation hinüberretten und ob ein bestimmtes Individuum überhaupt genetisch überlebt. Von Genen konnte Darwin noch nichts wissen; umso erstaunlicher ist daher sein Weitblick. Was einem biologisch gebildeten Menschen heute vielleicht nicht sehr aufregend erscheint, war zu Darwins Zeiten eine sehr wichtige, ja geradezu revolutionierende Entdeckung: die (zum Teil erhebliche) *Variation* der Individuen jeder Art. Darwin selbst schrieb dazu Folgendes:

Die Wirksamkeit der Zuchtwahl [Selektion], *mag dieselbe vom Menschen ausgeübt oder im Naturzustande durch den Kampf ums Dasein und das davon abhängige Überleben des Passendsten ins Spiel gebracht werden, hängt absolut von der Variabilität der organischen Wesen ab. Ohne Variabilität kann nichts erreicht werden (Darwin 1868 [1906, S. 220).*

Und im Hinblick auf die Evolution des Menschen weist er nachdrücklich auf folgende Tatsache hin: „Nicht zwei Individuen derselben Rasse sind völlig gleich. Wir mögen Millionen von Gesichtern vergleichen, und jedes wird verschieden sein" (Darwin 1871 [1966, S. 28]). Allerdings neigen wir Menschen dazu, die Dinge und Vorgänge um uns herum zu klassifizieren, *Typen* zu abstrahieren, und übersehen dabei gern, dass sich vieles nicht einfach in ein bestimmtes (Klassifikations-)Schema pressen lässt. Das *typologische Denken* und mit ihm ein *statisches Weltbild* waren seit der Antike mächtige Faktoren der abendländischen Geistesgeschichte, die den Blick auf die *Dynamik* der Natur und des menschlichen Lebens für lange Zeit getrübt haben.

Die Neigung zu typologischem Denken ist uns allerdings erhalten geblieben. Sie findet ihren Niederschlag heute nicht zuletzt darin, dass wir über alles und jedes Statistiken erstellen, die uns dazu verleiten, den Durchschnitt gewissermaßen als absolute Realität anzuerkennen. Dabei ist für mittel- bis langfristige Entwicklungsprozesse beispielsweise in der Wirtschaft keineswegs der statistische Mittelwert von Bedeutung. Nicht die große Zahl „durchschnittlicher" Unternehmer kurbelt die Wirtschaft an und führt zu entscheidenden Innovationen, sondern die kleine Zahl kreativer, risikobereiter Leute, die in einer Statistik gar nicht erkennbar sind. In anderen Bereichen unseres Lebens verhält es sich ebenso. Die durchschnittliche Sterblichkeitsrate etwa von Krebspatienten bei weit fortgeschrittenem Krankheitsverlauf mag ja ganz interessant sein (und ist für Betroffene alles andere als ermutigend), aber viel interessanter sind diejenigen „Fälle", die jeder Statistik spotten: Patienten, die wider Erwarten gesund werden.

In der Evolution der Lebewesen zählt mittel- bis langfristig auch nicht der statistische Durchschnitt, sondern die vielfältige Variation. Variation, individuelle Vielfalt, ist eine universelle Realität in der Natur (Gould 1996). Nur auf ihrer Grundlage können die natürliche Auslese wirken und evolutiver Wandel stattfinden. Tier- und Pflanzenzüchter, die *künstliche* Auslese betreiben, haben die Variation immer (und lange vor der Begründung der Evolutionstheorie) zu nutzen gewusst; aus einem genetischen Einheitsbrei lassen sich nun einmal keine neuen

Pflanzen- und Tierrassen züchten. Aber niemand erkannte so deutlich wie Darwin, welche Bedeutung die Variation für eine umfassende Erklärung des Lebens auf der Erde hat. Deshalb war seine Entdeckung wahrhaft revolutionierend und sollte weittragende Konsequenzen für unser Weltbild haben.

Darwin selbst beschäftigte sich viele Jahre seines Lebens intensiv mit Tier- und Pflanzenzucht, züchtete zum Beispiel Tauben und stand mit anderen Züchtern in regem Kontakt. Die Bedeutung dieses Bereichs für das Heranreifen seiner Selektionstheorie ist wiederholt hervorgehoben und aus unterschiedlicher Perspektive diskutiert worden (so etwa von Huxley und Kettlewell 1965, Mayr 1994, Oldroyd 1986, Richards 1998, Schmitz 1983 und anderen). Es ist anzunehmen, dass die Ideen von Züchtern Darwin in seiner Beurteilung der Rolle der individuellen Variation beeinflusst und darauf vorbereitet haben, die Bedeutung des von seinem Landsmann Malthus aufgestellten Prinzips zu erkennen. Der Ökonom Thomas R. Malthus (1766–1834) vertrat nämlich eine pessimistische Theorie, der zufolge sich die Bevölkerung in geometrischer (1, 2, 4, 8 ...), die Nahrungsmittel aber nur in arithmetischer (1, 2, 3, 4 ...) Progression vermehren. Darauf führte er das Elend vieler Menschen, vor allem der Arbeiter, zurück und empfahl späte Eheschließungen und Geburtenkontrolle. Es ist heute unbestritten, dass Malthus für Darwin ein wichtiger Bezugsautor war, auf den er aber während seiner Ausarbeitung der Selektionstheorie – wie er selbst bemerkte – eher zufällig stieß:

Im Oktober 1838, also fünfzehn Monate, nachdem ich meine Untersuchungen systematisch angefangen hatte, las ich beiläufig, zur Unterhaltung Malthus ..., und da ich gut darauf vorbereitet war, den überall stattfindenden Kampf ums Dasein zu würdigen, nämlich durch lang anhaltende Beobachtung über die

Lebensweise von Tieren und Pflanzen, schoß es mir sofort durch den Kopf, daß unter solchen Umständen günstige Variationen zur Erhaltung neigen und ungünstige zerstört werden. Das Ergebnis davon wäre die Bildung neuer Arten. Da hatte ich nun endlich eine Theorie, mit der ich arbeiten konnte (Darwin 1888, Band 1, S. 83).[2]

Die Theorie, die Darwin dann selbst entwickelte und die jetzt das Grundgerüst jeder Erklärung der Vielfalt des Lebens darstellt, die Selektionstheorie, erschütterte ein seit der Antike gehegtes Weltbild, und das so gründlich, dass dieser Theorie auch heute noch viele mit Skepsis oder gar Abneigung begegnen. Die wahrhaft revolutionäre Bedeutung dieser Theorie bestand (und besteht noch) darin, dass sie – wie jüngst wieder Mayr (2000) betonte – die Annahme jeder teleologisch (auf bestimmte Ziele hin) wirkenden Kraft unnötig erscheinen lässt. Anders gesagt: Die Evolution verfolgt keine Absichten; die natürliche Auslese eliminiert jeweils untaugliche Individuen und fördert die tauglichen, ohne in irgendeine (vorgegebene) Richtung zu weisen oder einer bestimmten Richtung zu folgen.

Die Macht der natürliche Auslese ist größer als uns bloße Intuition zu erwarten erlaubt. Williams (1996) führt dazu das folgende Gedankenexperiment vor. Denken Sie an eine Herde

---

[2] Der Originaltext in der von seinem Sohn Francis Darwin herausgegebenen Autobiographie liest sich wie folgt: „In October 1838, that is, fifteen months after I had begun my systematic enquiry, I happened to read for amusement Malthus ..., and being well prepared to appreciate the struggle for existence which everywhere goes on from long-continued observation of the habits of animals and plants, it at once struck me that under these circumstances favourable variations would tend to be preserved, and unfavourable ones to be destroyed. The result of this would be the formation of new species. Here then I had at last got a theory by which to work.“

von tausend grauen Pferden und darunter ein paar Individuen mit leicht abweichenden Grautönen sowie Mutationen, die dieses Merkmal beeinflussen können. Besuchen Sie die Herde alle hundert Jahre einmal und entfernen Sie die Variante mit der jeweils hellsten Farbe. Einfache Berechnungen können zeigen, dass diese Vorgehensweise innerhalb von einer Million Jahren in einer Herde einheitlich schwarzer Pferde resultieren könnte. Mit anderen Worten: Zufallsbedingte Variation und eine sogar sehr „mild“ wirkende Selektion können Erstaunliches hervorbringen.

Konsequenterweise müssen wir annehmen, dass auch der Mensch – mit dessen stammesgeschichtlicher Herkunft sich Darwin erst in einem späteren seiner Werke gründlich auseinandersetzen sollte (siehe S. 51) – ein Zufallstreffer der Evolution war, eine Spezies, deren Auftreten, so wie das Auftreten jeder anderen der unzähligen Arten, keinem Plan, keiner Absicht folgte. *Homo sapiens*, der selbsternannte kleine Halbgott, stellt also in dieser – wie auch in anderer – Hinsicht (siehe S. 52) keine Ausnahme in der Evolution dar. Wodurch er sich allerdings von allen anderen Arten deutlich unterscheidet, ist sein (mitunter krampfhaftes) Bemühen, für sich eine Sonderstellung in der Natur zu reklamieren und sich von den anderen Lebewesen abzuheben. Seine Medizin und Technik nähren freilich die Hoffnung, dass er sich der Allmacht der natürlichen Auslese entziehen könne. Diese Hoffnung ist trügerisch.

Zum einen fördert unsere Zivilisation heute viele Krankheiten und erzeugt „Stressfaktoren“, die der Selektion sozusagen in die Hände arbeiten; zum zweiten fallen viele, auch junge und sehr junge, Menschen beispielsweise Verkehrsunfällen zum Opfer, sterben oder sind zu lebenslanger Invalidität verurteilt. Wenn eine Horde prähistorischer Menschen zur Jagd aufbrach, war es nie sicher, ob alle wieder lebend in ihre Höhle zurückkommen würden. Gelegentlich blieb der eine oder andere von ihnen auf der Strecke. Von den Autofahrern, die sich heute täglich zu ihren Arbeitsplätzen oder in den Urlaub auf den Weg machen, kehren manche auch nie mehr zurück. Wo also besteht hier der Unterschied? Nicht nur können wir uns der natürlichen Auslese nie ganz entziehen, sondern wir liefern ihr sogar immer neue „Angriffsmöglichkeiten".

Eine ziellose Verschwendung

Ein Kabeljau legt über sechs Millionen, ein Karpfen immerhin bis zu 700 000 Eier pro Jahr. Die Fortpflanzungsraten der Säugetiere nehmen sich dagegen äußerst bescheiden aus: Die Anzahl der Nachkommen pro Geburt beträgt beispielsweise bei Ratten sieben bis neun, bei Schweinen (Hausschwein) sechs bis zwölf und bei Igeln bis zu zehn. Unvorstellbar, was geschähe, würde *jedem* Kabeljau- und Karpfenei ein lebensfähiger Fisch mit der gleichen Fortpflanzungskapazität entschlüpfen. Die Gewässer würden sehr bald über die Ufer treten und es käme zu einer gewaltigen Katastrophe. Würde *jeder* Igel das Fortpflanzungsalter erreichen und wieder bis zu zehn Artgenossen produzieren, die sich dann ihrerseits genauso erfolgreich fortpflanzten und so weiter, dann würden diese niedlichen stacheligen Gesellen mittel- bis langfristig große Landstriche buchstäblich bedecken.

Wir wissen freilich, dass es in der Natur ganz anders läuft, dass viele, ja, die meisten Nachkommen insbesondere bei Arten mit hohen oder sehr hohen Reproduktionsraten früh dahinscheiden und selbst nie die Fortpflanzungsreife erreichen. Nur ganz wenigen Kabeljau- und Karpfeneiern entschlüpfen lebensfähige Individuen, von denen wiederum nur sehr wenige in die Lage kommen, selbst Eier zu legen. Aber auch viele Igel, die das Licht der Welt erblicken, sterben früh und kommen daher nicht in die Situation, Nachwuchs zu produzieren. Igel sind uns im Allgemeinen sympathisch und wir mögen ihren frühen Tod bedauern. Ein Hundewelpe, der ums Leben kommt, mag seinem Besitzer die Tränen in die Augen treiben. Aber die Natur unterscheidet nicht zwischen „sympathischen“ und „unsympathischen“ Tieren, sie freut sich nicht über jene, die am Leben bleiben, und trauert nicht um die, die auf unterschiedlichste Weise dahingerafft werden.

Darwin hatte richtig beobachtet, dass die Lebewesen dazu neigen, mehr Nachkommen zu produzieren, als überleben können. Er wusste um die verschwenderische Fülle von Varianten, die jede Art erzeugt. Sicher, bei manchen Arten ist die Reproduktionsrate sehr niedrig. So bringt eine Elefantenkuh nach einer Tragzeit von fast zwei Jahren nur ein Junges zur Welt, das seinerseits erst nach etwa zehn Jahren das fortpflanzungsfähige Alter erreicht. Elefanten können dreißig bis vierzig Jahre alt werden, sodass eine Elefantenkuh im Laufe ihres Lebens nur ein paar Junge zur Welt bringen kann. Von einer verschwenderischen Produktion von Nachkommen kann in diesem Fall also offenbar die Rede nicht sein. Aber Darwin (1859) rechnete vor, was geschähe, wenn bei dieser so langsam sich fortpflanzenden Gattung jeder einzelne Nachkomme am Leben bliebe und selbst das fortpflanzungsfähige Alter erreichte. Er kam dabei zu dem Ergebnis, dass die Zahl der Nachkommen eines einzigen Elefantenpaares nach etwa 750 Jahren fast neunzehn Millionen betragen würde. Ich will das hier gar nicht genau nachrechnen, aber die kritische Leserin und der kritische Leser sind aufgerufen, entsprechende Berechnungen anzustellen, und zwar unter folgenden (hypothetischen) Vorgaben: Es gibt zwei Elefantenpaare, und jedes davon zeugt vier Nachkommen, von denen jedes mit einem von einem jeweils anderen Paar gezeugten Individuum vier weitere Individuen zeugt und so weiter – und nie stirbt ein Elefant, bevor er sich reproduziert hat ...

Selbstverständlich verfolgen verschiedene Tierarten unterschiedliche Strategien der Fortpflanzung. Die einen folgen dem Prinzip „Die Menge macht es“ und setzen eine wahrhaft verschwenderische Fülle von Nachkommen, um die sie sich nicht kümmern, in die Welt; die anderen gehen viel sparsamer vor, zeugen nur wenige Nachkommen und wenden das Prinzip an „Jeder Nachkomme ist ein kostbares Gut, das es zu schützen gilt“ (Wuketits 1997a). Wir können dabei an das eine Ende des Spektrums den Kabeljau stellen (die Auster mit bis zu 500 Millionen Eiern pro Jahr wäre allerdings ein noch viel besserer Kandidat), und an das andere Ende den Elefanten mit je einem Nachkommen in Abständen von mehreren Jahren. In keinem der beiden Fälle aber gibt es irgendeine Garantie, dass *alle* Nachkommen am Leben bleiben, das heißt genetisch überleben werden. Wenn die natürliche Auslese *einen* kleinen Elefanten eliminiert, dann ist das genauso „schlimm“ wie wenn ihr *Millionen* von Kabeljau-Eiern zum Opfern fallen. Aber, wie gesagt, die Selektion eliminiert nicht bloß, sie fördert auch bestimmte Varianten. Wichtig ist nur, dass – je nach ökologischer Situation – in jeder Generation genug davon erzeugt werden. Das können Millionen sein oder nur vier oder fünf oder noch weniger.

Bei den sich sexuell fortpflanzenden Organismen – und das ist die überwiegende Mehrzahl der Arten – werden ständig neue Varianten zufällig produziert. Durch die *Sexualität* wird der Genbestand *(gene pool)* einer Art nach dem Zufallsprinzip (neu) durchmischt, „so daß in jeder Generation neu das Bukett der genetischen Möglichkeiten zur Selektion angeboten wird“ (Sitte 1993, S. 39). Natürlich gilt das auch für uns Menschen, und eigentlich sollte es uns bei unserer eigenen Spezies besonders auffallen. Wir alle sind uns sehr ähnlich, unterscheiden uns aber voneinander doch in unzähligen Merkmalen (siehe Darwin weiter oben, S. 32). Man denke dabei nur an die Fingerabdrücke, die für jeden von uns so spezifisch sind, dass sie die Kriminalpolizei als ziemlich sicheren Indikator für die

Anwesenheit eines mutmaßlichen Täters am Tatort heranziehen kann. (Inzwischen sind „genetische Fingerabdrücke" sogar noch hilfreicher bei der Polizeiarbeit.)

Diese Unterschiede sind zufallsbedingt – und entscheidend. Es steht nie von vornherein fest, welche der vielen Tausend genetisch unterschiedlichen Eizellen einer Frau durch den so genannten Follikelsprung frei wird und welche der über 100 Millionen – genetisch ebenfalls verschiedenen (!) – männlichen Samenzellen auf eine fruchtbare Eizelle trifft. „Und das wiederum heißt, daß sich (in Grenzen ausgenommen nur eineiige Mehrlinge) keine zwei Menschen auf dieser Erde genetisch völlig gleichen noch geglichen haben" (Sitte 1993, S. 39). Das gilt allerdings genauso zum Beispiel für Schimpansen, Elefanten, Wölfe oder Buntspechte. In der Tat werden durch die Sexualität unzählige Varianten produziert, die der natürlichen Auslese sozusagen eine Angriffsfläche bieten. Die „Erfindung" der Sexualität zählt daher zu den bedeutendsten Ereignissen in der Geschichte des Lebens auf der Erde. Ohne individuelle Variation wäre die Selektion nicht wirksam – und es gäbe keine Evolution.

So gesehen könnte man zu dem Glauben neigen, dass die verschwenderische Erzeugung von Individuen – ob nur ein paar davon oder viele Millionen – letztlich einen Sinn hat: Individuen werden produziert, *damit* die Selektion wirken kann. Dieser Glaube wäre aber ein Irrglaube. Kein Lebewesen (einschließlich des Menschen) vollzieht den Sexualakt, *um die Selektion zu unterstützen.* Es vollzieht diesen Akt, weil es dazu gleichsam programmiert ist – seit der Entstehung des Lebens auf der Erde neigen alle Lebewesen dazu, sich zu vermehren. Die Selbstreproduktion ist ein Wesensmerkmal des Lebenden –, und beim Menschen und einigen anderen Arten (vor allem beim Zwergschimpansen oder Bonobo) wird der Geschlechtsakt sogar von besonderen Lustgefühlen begleitet. (Auch unabhängig davon, ob er zu Nachkommen führt oder nicht.)

Die natürliche Auslese als ein Auswahlprozess verleiht der Evolution eine bestimmte Richtung, aber diese Richtung ist, wie bereits gesagt wurde, nicht vorgegeben. Die Selektion ist sozusagen ein Opportunist, sie fördert nur diejenigen Varianten, die unter bestimmten Bedingungen die relativ tauglichsten sind, und eliminiert jene, die nicht ins jeweilige „Bühnenbild“ passen, das heißt den ökologischen Erfordernissen nicht gerecht werden. Da sich aber das Bühnenbild selbst ebenfalls ändert, können die Gewinner von Heute die Verlierer von Morgen sein. Die Schwierigkeiten, die viele Menschen nach wie vor mit Darwins Theorie haben, liegen darin, dass dieser Theorie zufolge in der Natur bloß Zufall und Opportunismus regieren und *keiner* Organismenart auf Dauer Bestand gewährt ist. Und schon gar nicht wollen wir uns vorstellen oder auch nur daran denken, dass auch unsere Spezies nur eine vorübergehende Erscheinung ist, die, so wie sie einst gekommen, dereinst wieder verschwinden und von anderen Arten abgelöst werden wird.

Die Sinnlosigkeit der Evolution

Vielen Menschen ist der Gedanke, dass die Evolution insgesamt sinnlos sei, schwer oder überhaupt nicht zugänglich. Das ist durchaus verständlich, weil die Suche nach dem *Sinn* zu den grundlegenden Merkmalen unserer Spezies zählt. So wie wir verschiedene unserer Handlungen als sinnvoll betrachten – ich hätte ja auch dieses Buch nicht geschrieben, wenn ich der Meinung gewesen wäre, dass diese Arbeit sinnlos sei –, so projizieren wir Sinn auch in die Natur und ihre Geschichte. Der Glaube, dass in der Evolution ein Sinn verborgen ist, ist so stark, dass auch manche Evolutionstheoretiker vor ihm nicht ganz gefeit waren (oder sind). Zugegeben, die Vorstellung, dass die Natur um uns herum, dass die unzähligen von der Evolution hervorgebrachten Arten keinen Sinn haben und dass wir überhaupt in einem sinnlosen Universum leben, ist auch nicht so einfach zu ertragen. Welchen Sinn soll dann unser eigenes Leben haben? Wozu plagen wir uns mit Arbeit? Wozu sorgen wir um unsere Kinder? Wozu bauen wir ein Haus oder schreiben ein Buch? Ja, wozu das und vieles mehr, wenn am Ende doch nichts einen Sinn hat?

Nun hat uns die Evolution mit einem Gehirn ausgestattet, das uns erlaubt, *Freude* zu empfinden und das viele unserer Anstrengungen mit dem Gefühl der Befriedigung belohnt. Dieses Gehirn erzeugt auch den unerfreulichen Gedanken an die eigene Sterblichkeit, steuert aber im Allgemeinen recht wirkungsvoll jeder Verzweiflung entgegen, die dieser Gedanke für sich genommen verursachen könnte. In der Tat sterben die allerwenigsten Menschen bloß deshalb, weil sie an ihren eigenen Tod denken – und darob so in Verzweiflung geraten, dass sie sich selbst umbringen. Überhaupt ist der Selbstmord oder *Suizid* biologisch „kontraproduktiv“, eine Anomalie, die sich – so tragisch jeder einzelne Fall auch sein mag – aus naheliegenden Gründen in keiner Population stark ausgebreitet hat, beim Menschen nur relativ selten und bei anderen Arten praktisch nie vorkommt (Wuketits 1997a).

Der Drang zu leben und zu überleben ist nun einmal – glücklicherweise – besonders stark. Um zu leben und uns unseres Daseins zu erfreuen, bedürfen wir im Grunde keines kosmischen Sinns. Ich kann eine Tasse Kaffee oder ein Glas Wein auch in einem sinnlosen Universum genießen, und Sex ist schön, auch wenn die Evolution keinen Sinn hat. Wir können also die Frage nach dem Sinn unseres individuellen Daseins unabhängig von der Frage nach einem universellen Sinn beantworten. Wie ich an anderer Stelle (Wuketits 2000b) betonte, kann der Mensch auch ohne eine „sinnhafte Evolution“ einen subjektiven Lebenssinn (für sich) finden. Dabei können ihm die Betrachtung und das Studium der Natur, der Pflanzen und Tiere, ihrer Entstehung und Entwicklung, zu großer Befriedigung verhelfen, selbst wenn er weiß, dass kein Lebewesen irgendeinem kosmischen Zweck untergeordnet ist oder einer „höheren Absicht“ dient. Darwin (1859 [1967, S. 678]) schrieb folgendes:

Wie anziehend ist es, ein mit verschiedenen Pflanzen bedecktes Stückchen Land zu betrachten, mit singenden Vögeln in den Büschen, mit zahlreichen Insekten, die durch die Lüfte schwirren, mit Würmern, die über den feuchten Erdboden kriechen, und sich dabei zu überlegen, daß alle diese so kunstvoll gebauten, so sehr verschiedenen und doch in so verzwickter Weise voneinander abhängigen Geschöpfe durch Gesetze erzeugt worden sind, die noch rings um uns wirken.

Mit den „Gesetzen“ meinte Darwin die Prinzipien der Fortpflanzung und Vererbung, die Einwirkungen der Umwelt auf die Lebewesen und deren rasche Vermehrung, die zum Wettbewerb ums Dasein und schließlich zur natürlichen Auslese führt, welche die Verschiedenheit und das Aussterben minder tauglicher Formen bewirkt. Von einem Sinn in der Evolution war dabei allerdings nicht die Rede.

Freilich lassen wir Menschen uns in vielen Situationen von dem Glauben leiten, dass ein bestimmtes Ereignis die Folge einer „höheren Absicht" war. Wir hadern gern mit dem Schicksal, weil es leichter ist, die Ursachen eines Ereignisses einer unbekannten Absicht in die Schuhe zu schieben als sie in uns selbst zu suchen. Manche Vorkommnisse sind uns so unheimlich, manches, was uns (oder anderen) zustößt, empfinden wir als dermaßen ungerecht, dass wir an eine Verschwörung unbekannter Mächte denken.

Vor einigen Jahren geschah in Österreich ein Unglück, das in seiner Einzigartigkeit und Tragik der „Verschwörungstheorie", jedenfalls bei leichtgläubigen Menschen, eine gute Stütze liefern könnte. Ausgerechnet am Heiligen Abend wurde ein achtjähriger Bub, der mit seinen Eltern das Grab seiner kurz zuvor verstorbenen Großmutter besuchte, vom Grabstein erschlagen, gerade als er Blumen auf die letzte Ruhestätte seiner Großmutter legen wollte. Ein wirklich tragisches – und äußerst seltenes Ereignis. Die Zahl achtjähriger Buben, die von Grabsteinen erschlagen werden – noch dazu am 24. Dezember! –, ist weltweit äußerst gering, vielleicht war das überhaupt das bisher einzige Ereignis seiner Art. Man könnte es den Eltern dieses Kindes gar nicht verübeln, wenn sie an eine Verschwörung böser Mächte glaubten. Physikalisch gesehen war diese tragische Begebenheit allerdings nicht ungewöhnlich. Wenn ein Mensch mit einem bestimmten Körpergewicht auf einem relativ frischen Grab auf den Sockel eines Grabsteins steigt, der im – durch Tauwetter aufgeweichten – Erdreich nicht sehr fest „steht“, dann wird der Grabstein mit hoher Wahrscheinlichkeit umfallen und eben den Menschen treffen, der auf seinen Sockel gestiegen war. Hat der Grabstein ein bestimmtes Gewicht, dann wird er den betreffenden Menschen erschlagen.

Ich weiß nicht, ob die Eltern jenes achtjährigen Buben religiöse Menschen sind, aber ich kann mir vorstellen, dass sie sich verzweifelt die Frage gestellt haben, *warum* dieses Unglück passieren musste, ausgerechnet ihnen, ihrem Sohn, am Heiligen Abend ... Kaum werden sie nüchtern die Frage diskutiert haben, welche (zufällig wirkenden!) physikalischen Kräfte zum Tod ihres Kindes geführt hatten. Solche Einzelschicksale mögen unser Gemüt erschüttern, sind aber in einer Welt, die von keinen Absichten und Zwecken bestimmt wird, leider jederzeit zu erwarten, wenn nur gewisse Konstellationen zusammentreffen. Man weiß, was alles passieren kann, wenn man sich zur falschen Zeit am falschen Ort befindet. Also kann man nur hoffen, dass man selbst von schlimmen Schicksalsschlägen verschont bleiben wird. Vieles hängt vom bloßen Zufall ab – der zwar ein glücklicher, aber eben auch ein sehr unglücklicher sein kann.

In einem Universum mit blinden physikalischen Kräften und genetischer Verdoppelung werden manche Menschen verletzt, andere haben Glück, und man wird darin weder Sinn und Verstand noch irgendeine Gerechtigkeit finden. Das Universum, das wir beobachten, hat genau die Eigenschaften, mit denen man rechnet, wenn dahinter kein Plan, keine Absicht, kein Gut oder Böse steht, nichts außer blinder, erbarmungsloser Gleichgültigkeit (Dawkins 1998, S. 151).

Der Ausdruck „erbarmungslose Gleichgültigkeit“ ist aber nicht so gut gewählt, weil er letztlich wieder (böse) Absichten suggerieren kann. Die Natur, die Evolution ist nicht einmal gleichgültig, sie geschieht einfach. Nun ist, so mag man kritisch einwenden, jedes einzelne Lebewesen doch ein hochgradig organisiertes, geordnetes System, in dem alle Einzelteile sehr genau aufeinander abgestimmt sind, da es anders gar nicht lebensfähig wäre. Wie kann der bloße Zufall im Verband mit einer opportunistisch und kurzsichtig wirkenden Selektion diese Ordnung hervorbringen? Wie können auf diese Weise die Symmetrie einer Blüte, die Muster eines Schmetterlingsflügels oder die logarithmische Spirale eines Schneckengehäuses entstanden sein? Hieraus ergibt sich, was man als „Standardargument" gegen den Zufall bezeichnen kann. In diesem Zusammenhang steht der beliebte Vergleich, dass keines der Werke der Weltliteratur zufällig herauskäme, würde man einen Sack voll mit Buchstaben auf den Fußboden leeren. Sicher, aber nicht einmal ein billiges Schundblatt könnte auf diese Weise entstehen. Hier ist jedoch auf ein Missverständnis hinzuweisen. Weder Darwin noch irgendein anderer Evolutionstheoretiker haben je behauptet, dass sich Evolution sozusagen völlig gesetzlos abspielt. Naturgesetze sind allerdings nicht mit Absichten zu verwechseln und enthalten keinen Sinn. Vielleicht ist das folgende Beispiel hilfreich.

Man denke an einen heftigen Schneesturm, der zwei Tage lang dauert. Wenn sich dann der Himmel wieder lichtet, sieht man, wie sich, Sanddünen ähnlich, unterschiedlich hohe Schneewächten gebildet haben. Während manche Plätze praktisch schneefrei geblieben sind, wurde der Schnee an anderen Plätzen haushoch aufgetürmt. Welche Absicht mag hier wohl dahinterstecken? Nur jemand, der einer animistischen Religion (wonach die ganze Welt von Geistern beseelt ist) angehört, wird ernsthaft denken, dass Götter des Windes den Schnee mit großer oder geringer Intensität in bestimmte Richtungen geblasen und damit bestimmte Absichten verfolgt haben. Aber sehr einfache physikalische Überlegungen bringen uns zur Antwort auf die Frage, warum der Schnee sanddünenförmig angeordnet ist und warum sich in einer windgeschützten Ecke keine Schneewächten gebildet haben. Niemand brauchte dabei irgendeine Absicht zu verfolgen.

In der Evolution des Lebens entstehen die genetischen Varianten zufällig und werden mittels der Selektion absichtslos organisiert, aber das Überleben bestimmter Varianten ist kein Zufall. Die Bedingungen, unter denen die Organismen jeweils leben, sind stets Wettbewerbsbedingungen und schaffen von vornherein einigermaßen klare Verhältnisse. Eine Karpfenvariante ohne Flossen ist ebenso lebensuntauglich wie ein Igel, der sein Stachelkleid bei Gefahr nicht aufstellen kann oder ein Greifvogel, der mit nur einem Flügel zur Welt kam. Es ist auch kein Zufall, dass es keine würfelförmigen Fische gibt und keine kugelförmigen Säugetiere, die nicht laufen, sondern sich rollend fortbewegen. Elementaren physikalische Gesetzmäßigkeiten wie Gravitation oder Gesetzen der Luftbewegung, Wasserströmung und so weiter kann sich kein Lebewesen entziehen. Dazu kommen noch die den Lebewesen eigenen Gesetzmäßigkeiten ihrer Konstruktion. Ein Flusspferd beispielsweise wurde in der Evolution so konstruiert, dass es nicht fliegen kann. Gleichzeitig kann ein so gewichtiges Tier an Land nur existieren, wenn es sehr kräftige Extremitäten besitzt. Beispiele dieser Art ließen sich unzählige anführen. (Dabei folge ich mit dem Ausdruck „Konstruktion“ nur dem üblichen Sprachgebrauch und will damit keinerlei Absicht die Hintertür öffnen.)

Wir können festhalten: Außenweltfaktoren (zum Beispiel klimatische Bedingungen) und die den Lebewesen jeweils eigenen Konstruktions- und Funktionsbedingungen (zum Beispiel ein massiger Körperbau oder fliegende Fortbewegung) engen die Möglichkeiten einer sozusagen zügellosen Produktion von Varianten ein. In der Evolution ist zwar vieles, aber eben doch nicht *alles* möglich. Die Wirkungen des Zufalls und die „Freiheitsgrade" der Entwicklung werden von elementaren Naturgesetzen ebenso eingeschränkt wie vom jeweiligen Ergebnis der Evolution (siehe auch Wuketits 1979, 1992). Wie gesagt, ein Flusspferd kann keine Flügel entwickeln, selbst wenn ihm große, elegante Schwingen unter bestimmten Umweltbedingungen Vorteile brächten.

Ein „objektiver Sinn" ist in der Evolution jedenfalls nicht anzunehmen. Eine intensive Beschäftigung mit Natur, so wie sie wirklich ist – und nicht, wie wir sie haben *wollen* –, wird unseren Blick schärfen für die Tatsache, dass es überall nur um das bloße Überleben geht, um erfolgreiche Reproduktion ohne jede langfristige Planung. In der Natur fressen Lebewesen andere Lebewesen und werden selbst von wieder anderen gefressen. Sie setzen Stacheln, Hörner, Krallen, Zähne, Geweihe, Pranken und Giftdrüsen ein, um sich voreinander zu schützen, um sich Raum und Nahrung zu sichern und die eigenen Gene wenigstens in die nächste Generation hinüberzuretten. Mehr ist da nicht ... Aber ich gebe zu: Der „Einfallsreichtum" der Natur ist gewaltig, und es ist nicht unverständlich, wenn vielen Menschen der Gedanke an einen möglichen Sinn der Evolution nicht aus dem Kopf will.

Allerdings spiegelt sich die opportunistische Kurzsichtigkeit der Selektion in unserem eigenen Verhalten wider. Oder denkt einer von uns wirklich ernsthaft und besorgt über die Menschen nach, die in, ich sage nicht, zwei Millionen, sondern nur in zweihundert Jahren leben werden? Nein, wir sorgen uns um unsere eigene Zukunft, die unserer Kinder und Enkelkinder – und nicht um noch ungeborene Menschen, die irgendwann einmal leben werden, falls es das „Irgendwann“ überhaupt noch für Menschen geben wird. Es ist doch paradox, nicht wahr? Wir erwarten von einer Natur, in der – und das geben ja die meisten von uns doch zu – kein *Bewusstsein* am Werk ist, eine planvolle Entwicklung, und gehen, als Wesen *mit* Bewusstsein und der Fähigkeit, Absichten zu verwirklichen, selbst ziemlich planlos vor, stets nur auf die unmittelbar nächste Zukunft bedacht ... Dabei dünkt uns, dass wir über die Natur, über alle anderen Lebewesen erhaben sind.

Des Menschen „niedere Abkunft"

Der Paläontologe und Naturphilosoph Edgar Dacqué (1878–1945) vertrat die Auffassung, dass der Mensch Urbild und Ziel der Evolution sei. „Folgerichtig" sah er zwischen der Entwicklung des Menschengeschlechts und der der anderen Lebewesen große Unterschiede:

In der Tierwelt enden die Entwicklungsreihen mit dem Aussterben, es kommen neue Gattungen, der Mensch jedoch bleibt physisch im wesentlichen dieselbe Gattung. Er wird nicht ersetzt durch neue organische Gestalten, sondern er erscheint, kann man sagen, in neuen seelisch-geistigen Typen, er erneuert sich aus seiner Innenwelt. Seine Geschichte ist darum nicht Tiergeschichte, sondern Schicksal, Drama, Tragödie (Dacqué 1948, S. 161).

Da mag schon was dran sein. Der Mensch ist – jedenfalls bisher – nicht ausgestorben und wurde auch nicht durch neue Arten ersetzt; und es ist nicht anzunehmen, dass er eine oder gar mehrere neue Arten hervorbringen wird (siehe unten, S. 73). Aber Dacqué irrte, wenn er – wie so viele andere Naturhistoriker und Philosophen – die Evolution des Menschen von der „Tiergeschichte" abgekoppelt sah. Und natürlich war der Mensch nicht Ziel und ist nicht „Urbild" der Evolution. Solche Auffassungen verdeutlichen allerdings die beliebte Illusion, dass der Mensch der Gipfelpunkt der Evolution sei und kraft seines Geistes sozusagen über die Evolution hinausweist. Darwin (1871 [1966, S. 263]) wusste besser,

dass der Mensch [zwar] *beständig individuelle Verschiedenheiten in allen Teilen seines Körpers wie in seinen geistigen Fähigkeiten aufweist. Diese Verschiedenheiten oder Variationen scheinen* [aber] *auf denselben allgemeinen Ursachen zu beruhen und denselben Gesetzen zu gehorchen, wie bei den tiefer stehenden Tieren. Bei beiden herrschen die gleichen Gesetze der Vererbung.*

Dass der Status von Menschen und Tieren auf die gleichen Ursachen zurückzuführen sei, ist eine Behauptung, die noch heute vielen ein Ärgernis ist. Da hilft es auch kaum, darauf hinzuweisen, wie wenig uns Menschen genetisch von den Menschenaffen trennt. Der „Sonderweg" des Menschen in der Evolution erscheint vielen als unumstößliche Wahrheit. Natürlich hat die Evolution der Hominiden einen höchst eigentümlichen Verlauf genommen – aber ist die Evolution der Erdferkel oder der Bambusbären, wenn man auf ihre jetzt lebenden Resultate blickt, etwa weniger eigentümlich? Sicher, das Erdferkel und der Bambusbär sind keine „Kulturwesen", aber verdankt das „Kulturwesen Mensch" seinen Status anderen Mechanismen als denen, die uns seit Darwin für die Evolution im Allgemeinen bekannt sind? Wir befinden uns heute, weit über hundert Jahre nach Darwins Tod, in einer geradezu schizophrenen Situation (Paul 1999): Einerseits werden Biologen, die menschliches Verhalten aus der Evolution erklären, oft pauschal als Sozialdarwinisten abgestempelt, andererseits ist man in breiten Kreisen der Öffentlichkeit davon überzeugt, dass ein geklonter Helmut Kohl derselbe wäre, den wir haben. Sind nun die Gesetze der Vererbung allgemein gültig oder nicht?

Sie sind allgemein gültig, daran kann kein Zweifel bestehen. Warum ist es vielen Menschen aber immer noch ein großes Ärgernis, auf die „niedere Abkunft" ihrer Spezies hingewiesen zu werden? Warum leugnen viele schlichtweg unsere Abstammung?

Sicher spielen dabei religiöse Motive eine große Rolle, aber auch aus anderen Gründen fürchten viele Leute um die so häufig beschworene „Sonderstellung“ des Menschen. Ich habe bereits in der Einleitung auf das evolutionstheoretische Defizit der Sozialwissenschaften hingewiesen und möchte bei dieser Gelegenheit noch einmal betonen, dass dieses Defizit nicht zuletzt deshalb entstanden ist, weil viele Wissenschaftler, die sich mit dem Menschen beschäftigen, diesen von vornherein als etwas Besonderes ansehen: als einen Forschungsgegenstand, dessen Untersuchung eigener Ansätze und Methoden bedarf. Biologische Theorien unseres Verhaltens waren vielen immer „verdächtig“ und werden auch heute gern mit *Biologismus* gleichgesetzt und in die Nähe jener gefährlichen Ideologie gerückt, die als *Sozialdarwinismus* Schule gemacht hat. Darwin selbst hatte mit dieser Ideologie zwar nichts am Hut, aber sein Name wurde unfairerweise dazu strapaziert. Dabei war es sein Landsmann, der Philosoph Herbert Spencer (1820–1903), der mit seinem Konzept einer *universellen* Evolution den Evolutionsgedanken mit politischen Ideen in Verbindung brachte (vgl. z. B. Gay 1999).

Aber auch Spencer wird oft und gern falsch verstanden, als Vertreter eines kruden „Dschungeldarwinismus“, der bloß Ellbogentechnik fördert und nur den „Stärksten“ zu überleben erlaubt. Nach Spencers Auffassung bedeutet die Industriegesellschaft einen Fortschritt, da sie Wettbewerbsbedingungen schafft, unter denen Menschen ihr Glück maximieren könnten, ohne anderen Schaden zuzufügen. Es würde im vorliegenden Rahmen zu weit führen, Spencers Ideen genauer darzustellen und zu kommentieren. Richtig ist, dass Darwin keine „Gesellschaftstheorie“ im Sinne von Spencer entwickelt hat und dass manchen Ideen, die seinen Namen tragen, seine Theorie, wird sie richtig verstanden, nicht gut vorgeordnet werden kann. Diese Theorie wurde mit Hilfe von Spencers sozialwissenschaftlichem System im nachhinein „zurechtgebogen“, sodass „Darwinismus“ meist „Spencerismus“ bedeutet und Darwin zum Darwinisten wider Willen wurde (Hettlage 1982). Wesentlich ist hier auch die Feststellung, dass sich viele noch heute aus ideologischen Gründen gegen eine Ausweitung der Evolutionstheorie auf den Menschen sträuben. In späteren Kapiteln des Buches wird darauf noch zurückzukommen sein.

Nicht minder bedeutsam aber ist es, dass sich viele Menschen aus psychologischen (oder doch wieder ideologischen?) Gründen gegen ihre „Affenabstammung“ heute wie ehedem recht heftig zur Wehr setzen. Wenn wir in einem Schullehrbuch für Biologie etwa lesen, dass sich „menschliche Eigenart nicht aus tierischen Vorformen erklären [lässt]“ (zit. in Paul 1999, S. 4), dann spricht das für sich. Dabei war das enge Verhältnis zwischen Affen und Menschen schon im 19. Jahrhundert keineswegs ein so großes Tabu, wie man vielleicht anzunehmen geneigt ist. Einige Jahre vor dem Erscheinen von Darwins Buch *On the Origin of Species* schrieb Arthur Schopenhauer (1788–1860), „dass wir ... die ersten Menschen uns zu denken hätten als in Asien vom Pongo (dessen Junges Orang-Utan heißt) und in Afrika vom Schimpansen geboren, wiewohl nicht als Affen, sondern sogleich als Menschen“ (Schopenhauer 1851 [1968, S. 182 f.]). Eine interessante Bemerkung aus der Feder eines Philosophen, der üblicherweise dem Idealismus zugeordnet wird – vor allem, wenn man sich vor Augen führt, dass Darwin sein Buch über die Evolution des Menschen erst zwanzig Jahre später veröffentlichen sollte! Wir dürfen es Schopenhauer nicht verübeln, dass er die Terminologie – aus heutiger Sicht – etwas durcheinander brachte (Orang-Utan ist heute natürlich nicht bloß die Bezeichnung des Jungtieres seiner Spezies) und der Meinung huldigte, dass der Mensch im Schoß zweier Affenarten urplötzlich heranreifte. Viel wichtiger ist die Idee als solche – *der Mensch ging aus Affen hervor*. Nur wenige Konzepte waren ideengeschichtlich von so gewaltiger Tragweite. Herbert Wendt hat mit seinem wissenschaftlichen Tatsachenroman *Ich suchte Adam* (1965) dazu ein nach wie vor spannend zu lesendes Werk vorgelegt und eine Fundgrube für alle, die sich für die Geschichte dieser Idee interessieren.

Was aber stört so viele Menschen immer noch daran, dass ihre Art äffischen Ursprungs ist? Es sollte freilich keiner besonderen Erwähnung bedürfen, dass der Mensch nicht von den *heutigen* Menschenaffen abstammt, sondern mit diesen gemeinsame Vorfahren hat. Aber diese Vorfahren waren natürlich Affen (siehe Kapitel 3), und so lässt sich ein Mensch, der mit Affen grundsätzlich ein Problem hat, nicht beschwichtigen. Es ist ja einerlei, ob er von heute lebenden oder von fossilen Affen abstammt – die Schande bleibt. Auch wenn sie noch so oft nacherzählt wurde, möchte ich hier die denkwürdige Kontroverse vom 30. Juni 1860 zwischen Thomas H. Huxley (1825–1895) und Bischof Samuel Wilberforce (1805–1873) erwähnen.

An jenem Tag kam es in Oxford anlässlich einer Sitzung der *British Association for the Advancement of Science* zu einem handfesten Skandal, als der Bischof Huxley fragte, ob er denn lieber großväterlicher- oder großmütterlicherseits vom Affen abstammen wolle. Huxley, „Darwins Bulldogge“, erklärte mit spitzer Zunge, dass ihm ein Affe als Vorfahre lieber sei als ein einflussreicher Mann, der seine Fähigkeiten und seinen Einfluss lediglich dazu benutzt, eine wissenschaftliche Diskussion lächerlich zu machen. Im Klartext: Es ist besser, von einem Affen als von einem Bischof abzustammen. Eine Dame aus dem

Auditorium soll daraufhin in Ohnmacht gefallen und Kapitän Robert Fitzroy (1805–1865), den Darwin viele Jahre zuvor auf seiner Weltreise mit der „Beagle“ begleitet hatte, soll (seine Bibel über dem Kopf haltend) fassungslos im Raum umhergeirrt sein.

Dieses Szenario ist durchaus realistisch und gut nachvollziehbar. Sicher geriet die Sitzung damals aus den Fugen. Man kann sich heute ein ähnliches Szenario vorstellen: Der amerikanische Präsident hält eine flammende Rede und beruft sich dabei – was niemandem fremd vorkommen wird – auf Gott und die moralische Überlegenheit seines Volkes. Daraufhin erhebt sich ein Evolutionsbiologe und weist den Präsidenten und seine Landsleute auf ihre Affenabstammung hin. Ich weiß nicht, ob dieser Evolutionsbiologe ungestraft den Saal verlassen könnte. Der amerikanische Geheimdienst würde ihm fortan jedenfalls auf den Fersen bleiben. In keinem anderen westlichen Land fällt der Kreationismus auf so fruchtbaren Boden wie in den Vereinigten Staaten von Amerika. In diesem Land treibt – was auch aus vielen seiner Gesetze ersichtlich ist – eine puritanische Lebensauffassung nach wie vor sehr bizarre Blüten. (Ein amerikanischer Präsident, der sich auf Darwin statt auf Gott beruft, ist nur als bösartige Karikatur denkbar.)

Doch zurück nach Oxford, ins Jahr 1860. Warum fehlte Charles Darwin bei jener denkwürdigen Sitzung? Warum beteiligte er sich nicht an der Diskussion über eine Frage, über die er doch schon die längste Zeit nachgedacht hatte (auch wenn er es in seinem Buch *On the Origin of Species* bei einer kryptischen Andeutung bewenden ließ)? Er musste sich nicht mehr vor der Heiligen Inquisition (und noch nicht vor dem CIA) fürchten. Die Antwort ist einfach. Er scheute jede öffentliche Auseinandersetzung und nahm grundsätzlich nie an offiziellen Veranstaltungen teil. Er war ein „stiller Revolutionär“

(Wuketits 1987), der zwar ein gewaltiges Werk schuf, dasselbe jedoch nie öffentlich verteidigte.

Dieser sein Charakterzug ist nicht unwichtig, wenn wir im nächsten Kapitel verstehen wollen, warum er mit seiner Theorie nicht ganz konsequent war. Der Gedanke, er könnte mit seinen blasphemischen Auffassungen andere Menschen verletzen, muss sein sensibles Gemüt sehr belastet haben. Darüber hinaus hat er gewusst, dass im Viktorianischen England kaum eine Idee so widerwärtig war wie die einer Abstammung des Menschen von affenartigen Wesen. Dennoch hat er schließlich ein umfangreiches Buch über die Abstammung des Menschen veröffentlicht und – wie das seine umsichtige Art nicht anders erwarten ließ – eine akribisch zusammengetragene Fülle von Indizien für unsere „niedere Herkunft" vorgelegt. Seine wohl bedeutendste Schlussfolgerung dabei war, dass auch alle „höheren" Eigenschaften des Menschen, seine geistigen und moralischen Fähigkeiten, ebenfalls nur Resultate der Evolution sind und sich aus „niederen" Vorstufen herleiten lassen.

Spätestens an diesem Punkt folgten sogar viele Befürworter des Evolutionsgedankens Darwin nicht mehr, da sie im Menschen eine Ausnahme erblickten und bestritten, dass man unsere Spezies genauso wie andere Arten betrachten könne. Hier ist nur an Alfred R. Wallace (1823–1913) zu erinnern, der durch seine Forschungen unter anderem im Malaiischen Archipel zu ganz ähnlichen Schlussfolgerungen wie Darwin gelangt war (vgl. z. B. Rieß 1993). Wallace hat als Mitbegründer der Theorie der Evolution durch natürliche Auslese zu gelten, wenngleich seine Nachwelt wenig Notiz von seiner überragenden Forscherkapazität nahm (doch das wäre eine andere Geschichte). Aber während Darwin die Selektionstheorie bald auch auf die Evolution des Menschen ausdehnte, wehrte sich

Wallace strikt gegen die Anwendung der Theorie auf den Menschen, wozu der Umstand, dass er sich mit übernatürlichen Phänomenen beschäftigte und Spiritist wurde, beigetragen hat. Dazu kommt, dass er aufgrund seiner sozialistischen Gesinnung die „gesellschaftlichen Fähigkeiten" gegenüber dem Wirken von Naturkräften beim Menschen deutlich in den Vordergrund rückte.[3] Damit nahm er jene stereotype Haltung ein, die sich über viele weitere Jahrzehnte hartnäckig am Leben hielt und auch für viele heutige Sozialwissenschaftler charakteristisch ist: Hier „Naturkräfte", dort „soziale Fähigkeiten" – wobei diese jene wenn schon nicht außer Kraft setzen, so doch ganz entscheidend zurückdrängen können. Als ob das soziale Leben des Menschen etwas Un- oder Übernatürliches sei! Ich komme in den Kapiteln 4 bis 6 wiederholt darauf zu sprechen.

Wurde Darwins Werk über die Abstammung des Menschen von vielen als eine peinliche Entgleisung eingestuft, erkannten andere sehr deutlich seine überragende Bedeutung. So schrieb beispielsweise der deutsche Anthropologe Gustav Schwalbe (1844–1916) Folgendes:

Je mehr man sich in das Studium der Formverwandtschaften der Affen und Menschen vertieft, umso mehr wird unser Weg erleuchtet durch das von Darwin ausstrahlende helle Licht,

---

[3] Die Behauptung von Rieß (1993), der „Eigenbrötler Darwin" hätte – im Gegensatz zum „weltgewandten Wallace" – sein Selektionsprinzip naiv auf den Menschen übertragen und so den Kolonialismus entschuldigt, kann allerdings so nicht hingenommen werden. Darwin kann man eine „Weltklugheit" keineswegs absprechen, und es muss immer wieder betont werden, dass er sich gegen die Sklaverei ausgesprochen und ein insgesamt humanistisches Welt- und Menschenbild vertreten hat. Die Lektüre der Times, deren Herausgeber im amerikanischen Bürgerkrieg auf der Seite des Südens standen, konnte ihn wütend machen. Und wie ja bereits betont wurde, war der Sozialdarwinismus nicht seine Erfindung!

durch Darwins ruhige besonnene Forschung, aufgebaut auf ein gewaltiges Material, in dessen Aufspeicherung niemand es ihm gleich getan hat. Darwins Ruhm wird für alle Zeiten mit der vorurteilslosen Erforschung der Frage aller Fragen, der Abstammung des Menschengeschlechts verbunden sein! (Schwalbe 1910, S. 32).

Solche Worte klingen in unserer Zeit wohl zu pathetisch, aber sie drücken unmissverständlich aus, was heute nach wie vor die Gemüter erhitzt: die Bedeutung der Frage nach der Herkunft unserer Spezies. Nimmt man Darwin und seine Gesinnungsgenossen im 19. Jahrhundert beim Wort, dann stammen wir Menschen nicht nur von affenartigen Lebewesen ab, sondern tragen diese Wesen nach wie vor in uns. Die neuere und neueste Forschung liefert dafür viele Bestätigungen. Darwin und seine „Bulldogge", Huxley, konnten die stürmische Entwicklung der Genetik in den letzten Jahren und Jahrzehnten nicht vorhersehen. Sicher, ihnen und anderen „Evolutionisten" der Zeit standen etwa skelettmorphologische Befunde zur Verfügung, aber dass molekularbiologische Daten uns dereinst so nahe zu den Affen rücken würden, konnten sie nicht in ihren kühnsten Träumen erahnen.

Inzwischen ist das menschliche Genom kartiert, aber schon einige Jahre bevor dies der Fall war, durfte man vermuten, dass unser äffischer Vorfahre nicht allein aus der Anatomie (des Menschen und der rezenten Affen) und aus Fossilien rekonstruiert werden kann, sondern vor allem auch aus der von außen unsichtbaren Welt der Gene (Lowenstein und Zihlman 1988). Das kann keineswegs bedeuten, dass nun Anatomie und Paläontologie an Bedeutung verloren haben, aber Genetik und Molekularbiologie liefern diesen „klassischen" Disziplinen eine wichtige und unentbehrliche Stütze. Im

„Evolutions-Puzzle Mensch" lassen sich also immer mehr Steine zusammenfügen.

Wir müssen spätestens jetzt also Darwin beim Wort nehmen: Der Mensch ist in allen Aspekten seines Lebens auf „niedere" Vorformen zurückzuführen. Und mehr noch: Er hat – in der relativ kurzen Zeit seiner Evolution war auch nichts anderes zu erwarten – seinen „niederen Status" durchaus bewahrt und demonstriert seine „äffische Natur" in den Grundmustern seines Denkens, Verhaltens und Handelns.

Während Psychologen den menschlichen Verstand lange Zeit als eine Art Universalcomputer betrachtet und von ihm erwartet haben, er würde alle Probleme auf die gleiche (abstrakte) Weise behandeln, belehrt uns die Evolutionstheorie eines Besseren (Allman 1999): Unser Verstand wurde in der Evolution darauf vorbereitet, sich bei der Bewältigung einiger Probleme geschickter zu verhalten als bei der Behandlung anderer. Das gilt insbesondere für die Lösung solcher Probleme, die auf der Stufe unserer frühen Vorfahren entscheidend waren, beispielsweise das Finden eines Geschlechtspartners, die Orientierung im Gelände und das rechtzeitige und richtige Reagieren auf Gefahr. Aber warum wohl zucken wir noch heute blitzartig zusammen, wenn wir plötzlich ein lautes, „gefährliches" Geräusch vernehmen? Warum bleiben wir nicht ruhig stehen, um rational zu überlegen, woher das Geräusch stammt und ob es wirklich eine Gefahr bedeutet? Die Antwort liegt auf der Hand. Wir sind darauf programmiert, im Dienste unseres Überlebens auf jede Gefahr schnell zu reagieren und nicht darauf, logische Analysen über mögliche Ursachen einer Gefahr anzustellen. (Das können wir im nachhinein natürlich immer tun, aber zunächst heißt es, die Gefahr *unmittelbar* abzuwenden, ihr *unmittelbar* zu entrinnen.)

Was heute unter der Bezeichnung „Evolutionspsychologie“ firmiert und in den Medien ab und an als sensationell neuer Ansatz zur Erklärung des menschlichen Verhaltens dargestellt wird, setzt sich aus Konzepten zusammen, die seit längerem zu den festen Bestandteilen der Verhaltensforschung und Soziobiologie gehören und sich schon bei Darwin in klaren Konturen vorgezeichnet finden. Am Schluss seines Werkes über den Ausdruck von Gemütsbewegungen schrieb Darwin (1872 [1986, S. 375]): „So weit als es möglich ist die Quelle und den Ursprung der verschiedenen Ausdrucksformen, welche stündlich auf den Gesichtern der Menschen um uns herum zu sehen sind ..., verstehen zu lernen, sollte ein großes Interesse für uns besitzen.“ Mit anderen Worten: Verstehe deinen Nachbarn als Urmenschen und lerne dich selbst als solchen kennen! Es bedürfte also nicht der Begründung einer neuen wissenschaftlichen Disziplin, sondern es genügte, bereits bestehende – aber lang ignorierte! – Ideen konsequent weiterzudenken, um die aus der Tiefe der Stammesgeschichte kommenden Antriebe unseres Verhaltens besser zu verstehen.

Darwin war ein außergewöhnlich weitblickender Denker, aber seine Gedanken so zu Ende zu denken, wie es eigentlich angezeigt gewesen wäre, war ihm dann doch nicht ganz möglich. Nun ja, wir können heute leicht reden; wir leben nicht im England des 19. Jahrhunderts. Sehr leicht haben wir's aber auch nicht. Anlässlich eines Vortrags, den ich kürzlich in Deutschland hielt, begann in der anschließenden Diskussion eine Frau (eine Psychologin, wie sich herausstellte) wild gestikulierend darzulegen, dass wir den „ganzen biologischen Unterbau“ bei der Erklärung unseres Verhaltens überhaupt nicht brauchen, dass die Biologie entweder nur Dinge ans Tageslicht befördert, die ohnehin bekannt sind, oder eine gefährliche sozialdarwinistische Ideologie unterstützt. Ein in der Zeitschrift *ÖkoLinX* vor einigen Jahren erschienener Artikel beginnt mit der lapidaren Feststellung:

In Teildisziplinen der etablierten Biologie wie Verhaltensforschung, Soziobiologie und Verhaltensgenetik ist das Bestreben, soziales Verhalten und soziale Verhältnisse biologisch zu erklären, unübersehbar. Die Biologie, die mit dem Anspruch einer „exakten" Naturwissenschaft auftritt, erweist sich als wichtiges Instrument zur Begründung von Herrschaftsideologie und zugleich zu ihrer Verbreitung (Menninger 1994, S. 58).

Wenn in einem Artikel über die moderne Biologie nichts anderes als das berichtet wird – und mehr kommt auf den drei folgenden Seiten auch nicht –, dann spricht das für sich. Der Autor – oder die Autorin? (ich weiß es nicht, der Vorname „Toni" gibt darüber keine verlässliche Auskunft) – weiß über die heutige Biologie wahrscheinlich auch nicht viel mehr als das, was er/sie auf drei Seiten komprimieren kann. (Natürlich, Zeitschriften stellen ihren Autoren und Autorinnen nur einen begrenzten Raum zur Verfügung. Was sich hier aber als Glücksfall erwiesen hat – nicht auszudenken, was uns dieser Autor oder diese Autorin auf 200 Seiten über die moderne Biologie präsentiert hätte!) Inwieweit die Biologie mit dem Anspruch auftritt, eine „exakte" Wissenschaft zu sein und was überhaupt „exakte" Wissenschaft bedeuten soll, sei hier dahingestellt. Wer sich mit Wissenschaftstheorie befasst, weiß jedenfalls, dass „exakte Wissenschaft" ein Begriff ist, der inzwischen doch ziemlich obsolet geworden ist. Aber sei's drum.

Immerhin zeigen uns solche Beispiele doch eines: Leute, die nie im Leben auf die verwegene Idee kämen, eine physikalische Theorie zu kritisieren oder einen komplizierten mathematischen Beweis in Zweifel zu ziehen, weil sie davon eben nichts verstehen, fühlen sich berufen, biologische Theorien herunter zumachen – von denen sie zwar genauso wenig verstehen, die bei ihnen aber Betroffenheit auslösen. Ist das nicht auch ein deutlicher Hinweis darauf, dass Biologie beziehungsweise Evolutionstheorie stärker als andere naturwissenschaftliche Theorien in unser Leben eingreifen?

2. Wo Darwin nicht ganz konsequent war

Als moralisches Wesen bezeichnet man ein solches, welches fähig ist, seine früheren Handlungen und deren Motive zu überlegen, dabei die einen gutheißend, die anderen verwerfend; und die Tatsache, daß der Mensch ein Wesen ist, welches Anspruch auf diese Bezeichnung hat, ist der größte Unterschied zwischen ihm und den unter ihm stehenden Tieren.

CHARLES DARWIN

Über die Tragweite seiner Ideen war Darwin, wie bereits angedeutet wurde, selbst sehr beunruhigt. Im Jahr 1844, als er von der Wandelbarkeit der Organismenarten schon überzeugt war und ihm seine Theorie dazu deutlich vorschwebte (obwohl noch fünfzehn Jahre bis zu ihrer Veröffentlichung verstreichen sollten), meinte er, er fühle sich, als würde er einen Mord gestehen.[4] Tatsächlich kann man sich bei der Lektüre von Darwins Werk nicht ganz des Eindrucks erwehren, dass er sich ab und an dafür entschuldigen wollte, was er der Menschheit mit seiner Blasphemie antun würde. Schon die Reaktionen auf sein Buch *On the Origin of Species* gaben ihm darin recht. Er habe, schrieb beispielsweise sein alter Lehrer, der Geologe Adam Sedgwick (1785–1873), das Buch „mit mehr Schmerz als Vergnügen gelesen" und halte manche Teile „in einem schmerzlichen Grade unheilstiftend" (zitiert nach Querner 1973, S. 25).

Indem er in der Natur keine Absichten und Ziele erkannte und den Menschen, den selbsternannten Halbgott, von seinem Thron stürzte, zerstörte Darwin schöne und lang gehegte Idealbilder von der Natur und vom Menschen. Ein wenig konnte (wollte?) er aber doch der menschlichen Eitelkeit schmeicheln, da er die Moralfähigkeit unserer Spezies deutlich hervorhob und meinte, dass wir durch unsere Kultur stetig zu moralisch vollkommeneren Wesen fortschreiten würden. So düster seine Theorie auch insgesamt erscheinen musste, so konnte Darwin mit einem solchen Ausblick ein wenig zur Beruhigung zumindest jener seiner Zeitgenossen beitragen, die zwar grundsätzlich mit der Evolutionstheorie einverstanden, aber um den Status des Menschen und dessen Zukunft besorgt waren.

---

4 „...I am almost convinced (quite contrary to the opinion I started with) that species are not (it is like confessing a murder) immutable" (Darwin 1888, S. 23).

Der Glaube an den Fortschritt

Ludwig Büchner (1824–1899), deutscher Arzt und Schriftsteller, war einer der populärsten Vertreter des Materialismus seiner Zeit. In verschiedenen seiner Schriften bemühte er sich um eine Einordnung der Theorie Darwins in ein materialistisches Weltbild. Seine kleine Schrift *Der Fortschritt in Natur und Geschichte* macht deutlich, wie eng der Materialismus des 19. Jahrhundert mit dem Fortschrittsgedanken verbunden war, mit der Idee der Verbesserungsfähigkeit unserer Welt, die mit der *Aufklärung* ihre erste Blüte erfahren hatte. Darwin lieferte dieser Idee im nachhinein eine wichtige Stütze:

So eröffnet sich in der That für die Freunde und Anhänger des Fortschritts eine großartige Aussicht in die Zukunft, welche nur den Fehler hat, daß wir sie nicht selbst erleben werden. Immerhin mag ein gewisser Trost oder eine gewisse Erhebung in dem Gedanken liegen, daß die Menschheit nicht zum Stillstand, sondern zum steten Voranschreiten im Erkennen und Handeln berufen ist, und daß wir selbst bestimmt sind, durch unser Leben und Schaffen an der Erreichung jener großen Ziele helfend und fördernd mitzuarbeiten (Büchner 1884, S. 36).

Auffällig ist die Inkonsequenz dieses Materialismus. Die Menschheit soll zu etwas „berufen“, wir sollen „bestimmt“ sein, das oder jenes zu tun ... Wer oder was sollte uns denn zu irgendetwas „berufen“? Wenn in der Evolution keine Absichten und Ziele auszumachen sind, wenn der Mensch nicht der, von vornherein beabsichtigte, Gipfelpunkt der Evolution ist, dann ist er auch zu nichts berufen. Büchners Botschaft ist kaum zu unterscheiden von der eines jeden beliebigen Vertreters der idealistischen Philosophie seiner Zeit, der davon überzeugt war, dass wir durch Gott – oder sonst ein höheres Wesen – eine

„Bestimmung“ eingepflanzt bekommen haben, der wir nun Folge leisten müssten. Aber wir brauchen uns darüber gar nicht zu wundern, stand doch auch eine der bekanntesten Formen des Materialismus, der *Marxismus*, auf dem Boden der Überzeugung, dass der Geschichte ein Gesetz des Fortschritts innewohnt.

Glaubte Darwin selbst an einen Fortschritt in der Evolution? Der Fortschrittsgedanke spielte in evolutionstheoretischen Überlegungen lange Zeit eine bedeutende Rolle, und noch heute wird „Evolution“ gern mit Fortschritt und Höherentwicklung assoziiert oder damit gleichgesetzt (siehe hierzu Wuketits 1998a). Nach dem in Kapitel 1 Gesagten hätte sich Darwin eigentlich damit abfinden müssen, dass es *keinen* Fortschritt in der Evolution gibt, dass die Evolution jedenfalls nirgendwohin geht und kein der Evolution innewohnender Plan existiert, dem zufolge immer „höhere“ oder gar „bessere“ Arten entstehen. Allerdings bemerkte er (1859 [1967, S. 677]) folgendes: „Da die natürliche Zuchtwahl nur durch und für den Vorteil der Geschöpfe wirkt, so werden alle körperlichen Fähigkeiten und geistigen Gaben immer mehr nach Vervollkommnung streben.“ Und an gleicher Stelle [S. 678] lesen wir auch: „Aus dem Kampf der Natur, aus Hunger und Tod geht ... unmittelbar das Höchste hervor, das wir uns vorstellen können: die Erzeugung immer *höherer* und *vollkommener* Wesen“ (meine Hervorhebung). Das erscheint uns wie ein klares Bekenntnis zum evolutiven Fortschritt.

Im 19. Jahrhundert waren Evolutionstheoretiker im Allgemeinen vom Fortschritt in der Entwicklung des Lebens auf der Erde überzeugt; diese Überzeugung passte sehr gut zu dem in vielen Bereichen anzutreffenden Fortschrittsoptimismus und lieferte diesem umgekehrt eine wichtige wissenschaftliche Stütze (siehe auch Wuketits 1998b). Die im Sinne der Aufklärung vertretene Idee von der Höherentwicklung und „Verbesserungsfähigkeit" des Menschen wurde auf die ganze Natur ausgeweitet – und wenn die Naturgeschichte insgesamt einen fortschrittlichen Verlauf zeigt und der Mensch Teil dieser Geschichte ist, dann muss es mit ihm auch gleichsam naturgemäß aufwärts gehen!

Natürlich war, überflüssig zu bemerken, auch Darwin ein Kind seiner Zeit. Als die Idee der Evolution in ihm heranreifte, konnte er sich daher vom geistigen Fluidum des 19. Jahrhunderts nicht ganz loslösen. Die Überlegungen anderer Naturforscher, die eine Veränderung der Arten angedacht oder – wie vor allem der Franzose Jean B. de Lamarck (1744–1829) – bereits klar gesehen hatten, liefen alle mehr oder weniger deutlich auf die Idee einer progressiven Evolution hinaus. Darwin blieb diese Idee selbstverständlich nicht verborgen – und er war davon nicht unbeeinflusst. Mit seiner (Selektions-)Theorie eliminierte er zwar jeden teleologischen Faktor aus der Natur und befreite den Naturhistoriker von der Suche nach dem Sinn (der Evolution). Aber letztlich war seine Theorie so konzipiert, dass sie gewissermaßen einen Kompromiss bedeuten konnte: In seiner Vorstellung von der Veränderung der Arten ist der Fortschritt zwar überflüssig, aber eben nicht ausgeschlossen, und die Umwelt der Lebewesen ist gleichsam die Richtschnur für allmähliche Verbesserungen (Richards 1992). Die Selektion wirkt „für den Vorteil der Geschöpfe"! Dazu passt Darwins Auffassung, dass sich die Evolution allmählich, kontinuierlich, in unzähligen kleinen Schritten abspielt *(Gradualismus)*, womit – genauso wie bei Lamarck – eine alte naturphilosophische Überzeugung in die Evolutionstheorie ihren Eingang fand: *Natura non facit saltus* –

„die Natur macht keine Sprünge". (Schopenhauer sah die Sache anders, wenn er meinte, ein Affe könne einen Menschen gebären; aber diese Auffassung war unter den „Evolutionisten" des 19. Jahrhunderts nicht besonders beliebt.)

Die Überzeugung, dass Evolution sehr langsam und kontinuierlich verläuft, sollte auch im 20. Jahrhundert noch zu manchen Kontroversen führen. Zwar glaubt inzwischen kein ernsthafter Evolutionstheoretiker an die Möglichkeit eines sprunghaften evolutiven Wandels, etwa durch einzelne Mutationen, und Spinnen oder Insekten, die buchstäblich über Nacht zu monströsen Bestien von zwei oder drei Metern Körpergröße mutieren, gehören selbstverständlich in den Bereich der Sciencefiction (keiner besonders guten!). Andererseits ist die Vorstellung einer gleichmäßig langsamen – und kontinuierlich fortschreitenden – Evolution auch nicht mehr haltbar. Die Vertreter des *Punktualismus*, der Lehre von den „unterbrochenen Gleichgewichten" in der Evolution, behaupten mit Recht, dass in der Entwicklungsgeschichte des Lebens auf der Erde Phasen der Stagnation und relativ rascher Wandel einander ablösen. (Eine Übersicht dazu gibt Gould 1989.) Natürlich ist seit langem bekannt, dass sich Evolution mit unterschiedlichem Tempo abspielt. Wie schnell sie unter bestimmten ökologischen Gegebenheiten ablaufen kann, ist allerdings erst in neuerer und jüngster Zeit deutlich geworden. Dazu zwei Beispiele.

Das erste sind die Buntbarsche in den Seen Ostafrikas (vgl. Sturmbauer 2000). Die großen afrikanischen Seen, etwa der Victoria- und der Tanganjikasee, sind äußerst komplexe und artenreiche Binnengewässer, die der Evolutionsforschung sozusagen als Laboratorien dienen können. So wird das Alter des Victoriasees auf maximal 750 000 Jahre geschätzt (das ist kein beeindruckender geologischer Zeitraum), und seine zahlreichen Buntbarsch-Arten sind in dem (noch weniger beeindruckenden) Zeitraum von knapp 200 000 Jahren entstanden. Es ist inzwischen klar, dass der See ursprünglich von nur einer oder einigen wenigen Pionierarten besiedelt wurde. Die Geschwindigkeit der Artentstehung bei seinen Buntbarschen ist enorm: sie dürfte bei einer neuen Art *pro fünfzig Jahre* liegen!

Das zweite Beispiel sind jene Vögel, die Darwin zu grundlegenden Erkenntnissen inspirierten und entscheidend an der Entstehung seiner Theorie „mitwirkten", umgekehrt aber ihrem Entdecker ihren Namen verdanken. Gemeint sind natürlich die Darwin-Finken auf den Galápagosinseln. Ihre dreizehn Arten stammen von einer einzelnen Art ab, die vor etwa zehn Millionen Jahren vom Festland auf die Inseln verschlagen wurde. Dort fand sie eine neue ökologische Nische und spaltete sich in über ein Dutzend Arten auf, die unterschiedliche Nahrungsquellen nutzen. Sie sind Insekten- oder Körnerfresser, leben auf Bäumen oder suchen Nahrung am Boden, sodass sie unterschiedliche Schnabelformen entwickelt haben. Dass diese hinsichtlich ihrer Länge und Dicke unter entsprechenden Umweltbedingungen, zum Beispiel Dürreperioden, auch heute mit großer Geschwindigkeit variieren, ist das Resultat von intensiven Beobachtungen, die das amerikanische Forscherehepaar Peter und Rosemary Grant in einem Zeitraum von über zwanzig Jahren auf der kleinen Insel Daphne Major durchführte. Die Grants beobachteten unter anderem, wie bei großer Dürre und Nahrungsknappheit die Finken auf harte und große Samen ausweichen mussten. Immer waren die Auswirkungen dieselben: Viele der Vögel starben und die Schnäbel der Überlebenden waren durchschnittlich etwas höher und kräftiger als vor der Dürre. Hier spielte sich Evolution zwar nur in kleinem Maßstab ab, allerdings mit sehr hoher Geschwindigkeit. (Einen ausführlichen Bericht dazu gibt Weiner 1996.)

Evolution kann gewiss sehr langsam und kontinuierlich verlaufen, aber das ist nicht ihr universelles Merkmal. Sie lässt sich in keine gegebene Ablaufform pressen, sondern verläuft bei einzelnen Arten, Gattungen und so weiter mit höchst unterschiedlicher Geschwindigkeit. Darwin konnte noch an eine schrittweise Veränderung der Arten glauben – ein Glaube, der vom Fortschrittsoptimismus seiner Zeit gestützt wurde und umgekehrt diesen stützte. Mittlerweile aber beginnt sich die Ansicht durchzusetzen, dass Evolution ein äußerst vielfältiger Vorgang ist, der eben sehr verschiedene Abläufe zulässt. Vor allem aber schreitet sie nirgendhin, stets geht es bloß um das (vorübergehende) Überleben der Individuen und Arten. Darwin wusste, dass die Evolution kein Ziel kennt; daher hätte er auch keinen Gedanken an den evolutiven Fortschritt verschwenden müssen.

Ich will nicht verabsäumen, hier gleich darauf hinzuweisen, welche falschen (!) Konsequenzen aus der Möglichkeit einer sehr hohen Evolutionsgeschwindigkeit gezogen werden können. Jenen Leuten, die das Tempo *unserer* Zeit bestimmen und uns zum Beispiel zwingen wollen, in immer kürzeren Abständen auf neue Technologien umzusteigen, ist der Evolutionsgedanke im Allgemeinen fremd. Andererseits kann jede beliebige Theorie – die Wissenschaftsgeschichte lehrt es – sehr schnell sozusagen Fuß fassen, wenn sie nur an den entscheidenden Stellen durchsickert und Leuten, die nach einer wissenschaftlichen Rechtfertigung ihrer Ideologie suchen, Haltegriffe liefert. So sollte es uns nicht wundern, falls wir jemanden mit der Überzeugung finden, dass auch die Buntbarsche im Victoriasee dem Ideal des raschen Wirtschaftswachstums entsprechen oder – besser gesagt – dieses „wissenschaftlich“ unterstützen können. „Wissenschaftliche Stützen“ sind ja nach wie vor, eigentlich mehr denn je, sehr gefragt. So kann man sich in der heute allmählich – nein, schnell (!) – verrückt spielenden Medienwelt eine Werbeeinschaltung wie diese vorstellen: „Wollen Sie sich langsamer entwickeln als ein Buntbarsch? Nein, wollen Sie nicht. Dann aber müssen Sie auf BXY umsteigen, damit Sie jedem Trend ein wenig voraus sind.“

Unsere Spezies ist sicher sehr flexibel; ihren bisherigen Evolutionserfolg verdankt sie nicht zuletzt diesem Umstand. Allerdings sind Hominiden nicht in der Lage, so wie die Buntbarsche im Victoriasee alle fünfzig Jahre eine neue Art hervorzubringen. Ernst Mayr wies vor einigen Jahren in einem Interview[5] auf die Unmöglichkeit einer neuen Artbildung beim Menschen hin: *Homo sapiens* hat bereits alle Lebensräume auf der Erde besetzt, alle ökologischen Nischen okkupiert; es ist daher ausgeschlossen, dass sich eine seiner Populationen isolieren und in der Folge eine neue Spezies bilden wird. (Siehe hierzu auch Luca Cavalli-Sforza 2001.) Wir werden also im Wesentlichen bleiben, was wir sind, und auch unser altes stammesgeschichtliches Erbe weiterhin mitschleppen. Darauf aber wird noch in späteren Kapiteln zurückzukommen sein.

---

5 In *Natural History* 5/1997 anlässlich seines 93. Geburtstags.

Moralischer Darwinismus

Es ist keineswegs allgemein bekannt, dass für Darwins Vorstellungen zur Evolution des Menschen *ethische* beziehungsweise *moralphilosophische* Überlegungen von großer Bedeutung waren. In seinem Buch *The Descent of Man (Die Abstammung des Menschen)*, das er erst zwölf Jahre nach *On the Origin of Species* veröffentlichte, ging er auf die sozialen und moralischen Fähigkeiten des Menschen allerdings sehr ausführlich ein. Dabei ist es, nebenbei gesagt, durchaus bemerkenswert, dass er so viel Zeit verstreichen ließ, um sich zur Abstammung des Menschen umfassend zu äußern, wo doch eine Ausdehnung seiner Theorie auf die Entwicklungsgeschichte unserer eigenen Spezies nur konsequent und von vornherein naheliegend war.

Andere Naturforscher waren, zumindest was die Veröffentlichung ihrer Thesen betrifft, schneller als Darwin. Dass der Mensch von „affenartigen" Vorfahren abstammt, war 1871, als sein Werk *The Descent of Man* erschien, daher keine überraschende These mehr. Vor allem Huxley hatte sie bereits deutlich genug vertreten. Aber Darwin war eben stets vorsichtig, zurückhaltend, er wollte sozusagen niemandem auf die Füße treten. Andererseits gebot ihm seine intellektuelle Redlichkeit, letztlich auch Unangenehmes auszusprechen. So schrieb er im Schlusskapitel zu jenem Werk: „Das bedeutungsvollste Resultat dieses Buches, daß der Mensch von einer niedrig organisierten Form abstammt, wird für viele ein großes Ärgernis sein. Ich bedauere das" (Darwin 1871 [1966, S. 273]). Wohlgemerkt, er hat sein Bedauern darüber ausgesprochen.

Darwin wollte sich – man kann sich dieses Eindrucks nicht erwehren – für die „Ungeheuerlichkeit" rechtfertigen, dass er den Menschen in die Evolution der Tiere stellte. Es schien ihm nicht angenehm gewesen zu sein, des Menschen „niedere Abkunft" ansprechen zu müssen, den Menschen zu kränken (zu den Kränkungen siehe S. 122 f.). Da er es dann doch tat, tröstete er seine Zeitgenossen mit dem Hinweis, dass unsere Spezies in moralischer Hinsicht „verbesserungsfähig" sei: Diese Spezies war nicht von vornherein auf eine hohe Stufe der Evolution gestellt, sie hat die Stufenleiter der Evolution allmählich erstiegen und kann – aus eigenem Antrieb! – noch Höheres erreichen. So wäre die Hoffnung gegeben, dass sie in Zukunft noch weiter emporsteigt. *Fortschritt*, wenn schon nicht unbedingt in der Entwicklung der Tiere, wäre doch – durch seine kulturelle Evolution – dem Menschen garantiert. Und dieser Fortschritt bedeutete für Darwin in erster Linie eine „moralische Höherentwicklung" und begründete seine Utopie. Darauf komme ich weiter unten noch zu sprechen.

Darwin analysierte das Phänomen der Moral vor biologischem Hintergrund, und sein Ansatz ist selbst für heutige Maßstäbe durchaus radikal. Allerdings – und das ist hier entscheidend – sah er die Moralfähigkeit des Menschen nicht nur als Konsequenz der Evolution, sondern benutzte sie, um seine Theorie von der Abstammung des Menschen aus der Tierwelt zu untermauern (Pennock 1995). Das mag paradox anmuten, da gerade seine Moralfähigkeit die Einzigartigkeit des Menschen in der Organismenwelt zu unterstreichen scheint. Wie also soll das Vorhandensein dieser Fähigkeit die Herkunft des Menschen von anderen Lebewesen stützen? Lassen wir dazu Darwin selbst zu Wort kommen:

Es heißt eine erbärmlich niedrige Auffassung von der menschlichen Natur haben, wenn man annimmt, daß die Menschen ursprünglich zivilisiert waren und Stufe um Stufe herabgesunken sind. Es ist offenbar eine richtigere und tröstlichere Annahme, daß der Fortschritt bei weitem den Rückschritt überwiegt, daß der Mensch, wenn auch langsam und in Unterbrechungen, sich aus dem niedrigsten Zustand zur heutigen Höhe seines Wissens, seiner Sittlichkeit und Religion erhoben habe (Darwin 1871 [1966, S. 187 f.]).

Diese Zeilen lassen nicht nur Darwins Glauben an den Fortschritt nochmals deutlich hervortreten, sondern machen klar, warum Moral die These von der Abstammung des Menschen aus der Tierwelt stützen soll. Moral fiel nicht vom Himmel, sondern moralisches Verhalten hat sich nur allmählich entwickelt; unsere stammesgeschichtlichen Vorfahren standen bei weitem noch nicht auf der „Höhe unserer Sittlichkeit". Daraus könnte man schließen, dass sie aus Kreaturen hervorgingen, denen jede Sittlichkeit oder Moral noch grundsätzlich fremd war. Allerdings ist hier ein springender Punkt Darwins Annahme, dass moralische Fähigkeiten auf *sozialen Instinkten* basieren, die in der Evolution der Tierwelt weit zurückreichen, und auf spezifische Weise zum Ausdruck kommen, wenn bei einem Wesen – so wie beim Menschen – die intellektuelle Entwicklung ein bestimmtes Stadium erreicht. Unter den sozialen Instinkten versteht Darwin jene „Instinkte", die Tiere dazu bringen, sich an der Gegenwart von Artgenossen zu erfreuen und „Sympathie" füreinander zu entwickeln. Die Ausdrücke „Freude" und „Sympathie" verwendet er durchaus im Sinne unserer Alltagssprache und meint damit, was wir üblicherweise beim Menschen darunter verstehen. In abgeschwächter Form, so seine Behauptung, seien soziale Instinkte bei vielen Tieren ausgeprägt – sogar bei Ameisen: „Sicher ist, daß Ameisen einander Mitteilungen machen; oft vereinigen sich mehrere zu derselben Arbeit oder zu gemeinsamem Spiel. Sie erkennen ihre Gefährten nach monatelanger

Abwesenheit wieder und empfinden gegenseitige Zuneigung" (Darwin 1871 [1966, S. 190]). Ich muss gestehen, dass ich mich mit Ameisen nicht gut auskenne und es den Myrmekologen (Ameisenforschern) überlassen muss, ein Urteil über gegenseitige Zuneigung bei ihren Lieblingstieren zu fällen. Aber das ist hier nicht entscheidend. Viel wichtiger ist, was Darwin aus den sozialen Instinkten der Tiere hergeleitet hat – eben das moralische Verhalten des Menschen. Beim Vorliegen entsprechender geistiger Fähigkeiten, muss sich ein solches Verhalten seiner Meinung nach geradezu zwingend entwickeln:

Es scheint mir in hohem Grade wahrscheinlich zu sein, dass jedwedes Tier mit wohl ausgebildeten sozialen Instinkten (Eltern- und Kindesliebe eingeschlossen), unausbleiblich ein moralisches Gefühl oder Gewissen erlangen würde, sobald sich seine intellektuellen Kräfte so weit oder nahezu so weit wie beim Menschen entwickelt hätten (Darwin 1871 [1966, S. 122]).

Kurz gesagt: Soziale Instinkte plus intellektuelle Gaben ergeben Moral. Aus einem Tier kann so gesehen bald ein moralisches Wesen werden. Darwin hat auch hier seine Weitsicht bewiesen. Moral – besser: was wir jeweils so bezeichnen – ist im Grunde genommen nichts wesentlich Anderes als eine „Verlängerung" und „Verfeinerung" stammesgeschichtlich alter Verhaltensprinzipien (Wuketits 1993a,b, 1995a). Sie hat eine breite evolutive Basis. Wäre sie aber tatsächlich auch bei nichtmenschlichen Lebewesen möglich? Inzwischen haben wir die teils beachtlichen Intelligenzleistungen der Affen, insbesondere der Schimpansen, näher kennen gelernt, und mancher mag geneigt sein, diesen Tieren auch moralisches Verhalten zuzubilligen. Ich komme im nächsten Kapitel noch darauf zu sprechen. Warum aber soll Darwin in diesem Zusammenhang nicht ganz konsequent gewesen sein?

Zum einen kann die (menschliche) Moralfähigkeit nicht wirklich als *Beweis* für die Abstammung des Menschen dienen (Pennock 1995). Denn man könnte, wie angedeutet, das Argument auch umkehren: Da der Mensch das einzige Lebewesen mit Moral ist, die einzige Spezies, die *bewusst* zwischen Gut und Böse unterscheiden kann, komplexe Moralsysteme, ja, eine eigene Disziplin geschaffen hat, die sich mit Moral beschäftigt (Ethik oder Moralphilosophie), kann er nicht von Lebewesen *ohne* Moral abstammen. Eine solche Sicht stößt ja auch heute noch in vielen Kreisen auf Zustimmung. Dagegen kann sich der Evolutionstheoretiker allerdings wehren. In der Evolution entsteht ja aus einfacheren Vorstufen immer wieder etwas *Neues*; warum also soll auch die (menschliche) Moralfähigkeit nicht als evolutive Neuheit betrachtet werden dürfen?! Sie darf so betrachtet werden, selbstverständlich (der Evolutionsgedanke konsequent weitergedacht lässt eine gegenteilige Betrachtungsweise gar nicht zu), aber sie eignet sich nicht als Beweis für die Abstammung des Menschen von anderen Tieren, sondern ist vielmehr bloß ein *Spätprodukt* der Evolution. Allenfalls lassen bestimmte moralische Regeln auf unsere animalische Natur schließen (siehe Kapitel 4).

Zum zweiten ist Darwin zwar vollkommen beizupflichten, dass unsere unter moralischen Gesichtspunkten geschätzten Eigenschaften wie Treue, gegenseitige Hilfe, Mitleid, Sympathie und so weiter aus entsprechenden „Vorläufern“ in der Tierwelt abzuleiten sind, aber wir können nicht mehr (wie Darwin) Trost in dem Irrglauben finden, dass sich diese Eigenschaften zu einem guten Zweck und zum „Besten der Gesellschaft“ entwickelt haben. Sie sind nur Waffen, die für den täglichen Kampf zwischen Individuen entworfen wurden (Wright 1996). Auch wenn man sich dabei einer weniger radikalen Ausdrucksweise bedienen will, darf man nicht übersehen, dass viele unserer Eigenschaften, die wir als moralisch *gut* bezeichnen und schätzen, tatsächlich bloß dem Selbstschutz dienen und wir in unserer Moral gar viel an *Doppelmoral* finden (siehe auch Wuketits 1999b).

Es ist nicht zu übersehen, dass Darwin in der Tiefe seines Herzens ein Idealist war, der an das Gute im Menschen glaubte. Seine Überzeugung, dass der Mensch in seiner Evolution stetig zum Besseren fortschreite, lieferte ihm dafür eine (wissenschaftliche) Rechtfertigung. Zugleich meinte er, bestimmte „Tugenden" schon in der Tierwelt erkennen zu können, die aber die „wilden" unter unseren Artgenossen noch vermissen lassen. Hierzu ist folgende Passage sehr aufschlussreich:

Ich für meinen Teil möchte lieber von jenem heroischen kleinen Affen abstammen, der seinen schrecklichen Feind angriff, um das Leben seines Wärters zu retten, oder von jenem alten Pavian, der, von den Höhen herabsteigend, seinen jungen Kameraden im Triumph aus der Mitte einer Hundemeute hinwegtrug, als von einem Wilden, der sich an den Qualen seiner Feinde weidet, blutige Opfer darbringt, ohne Gewissensregung seine Kinder tötet, sein Weib als Sklavin behandelt, keinen Anstand kennt und von dem gräßlichsten Aberglauben gejagt wird" (Darwin 1871 [1966, S. 273 f.]).

Hier darf freilich nicht der Eindruck entstehen, dass Darwin die „wilden" und „unzivilisierten" Völker sozusagen unter die Stufe bestimmter Tierarten stellen wollte. Im 19. Jahrhundert war man zwar bei der Beurteilung außereuropäischer Völker im Allgemeinen gewiss noch alles andere als zimperlich, und auch vieles, was Darwin dazu äußerte, würde ihm aus heutiger Sicht den Vorwurf des Rassismus einbringen. Andererseits führte ihn seine Überzeugung von der Höherentwicklung des Menschen zu der – für einen Gentleman im England der Viktorianischen Zeit bemerkenswerten – Auffassung, die Wilden seien „fähig, selbstständig eine Stufe in die Zivilisation emporzusteigen und haben es tatsächlich getan“ (Darwin 1871 [1966, S. 185]). Schließlich betonte er auch, dass „der Unterschied zwischen der Seele des tiefststehenden Menschen und der des höchstentwickelten Tieres ganz ungeheuer groß [ist]“ (Darwin 1871 [1966, S. 160]). So wundert es nicht, dass er sich – wie bereits auf S. 58 (Fußnote) bemerkt wurde – wiederholt gegen die Sklaverei aussprach und mit manchem seiner Zeitgenossen darüber in Konflikt geriet. Seine tiefe humanistische Gesinnung führte ihn schließlich dazu, dass er unsere Natur und ihre weiteren Entwicklungsmöglichkeiten in zu hellen Farben zeichnete.

Darwins Utopie

Der protestantische Theologe, Arzt und Philosoph Albert Schweitzer (1875–1966) wurde nicht zuletzt für seine Ethik der „Ehrfurcht vor allem Leben" bekannt. Der „denkend gewordene Mensch", so schrieb er,

[erlebt] die Nötigung, allem Willen zum Leben die gleiche Ehrfurcht vor dem Leben entgegenzubringen wie dem eigenen. Er erlebt das andere Leben in dem seinen. Als gut gilt ihm: Leben erhalten, Leben fördern, entwickelbares Leben auf seinen höchsten Wert bringen; als böse: Leben vernichten, Leben schädigen, entwickelbares Leben niederhalten. Dies ist das denknotwendige, absolute Grundprinzip des Sittlichen (Schweitzer 1954, S. 134).

Ethisch sei der Mensch nur, so bemerkte er an gleicher Stelle, „wenn ihm das Leben als solches, das der Pflanze und des Tieres wie das des Menschen, heilig ist, und er sich dem Leben, das in Not ist, helfend hingibt." Das ist purer Idealismus, den kaum ein Mensch wirklich leben kann. Natürlich sind wir im Allgemeinen bereit, anderen Menschen und auch manchen Tieren zu helfen. Derjenige aber, der sich einer in Not geratenen Klapperschlange „helfend hingibt" oder sich gern mit Stechmücken umgibt und diesen Tieren seine hütende Hand reichen will, ist nicht lebensfähig. Nimmt man Darwins Selektionstheorie ernst, dann versteht man, warum sich eine derartige Neigung – so sie jemals, was bezweifelt werden darf, bei manchen Menschen wirklich vorhanden war – bei unserer Spezies niemals ausbreiten konnte. Genetisch überlebt haben jedenfalls diejenigen unserer Vorfahren, die sich vor solchen Tieren wirkungsvoll zu schützen wussten – und nicht Romantiker, die giftigen Reptilien ungeteilte Sympathien entgegenbrachten oder perverse Naturen, die durch Mückenstiche zum Orgasmus kamen.

Nun hat Darwin, was wenig bekannt ist, eine Denkhaltung entwickelt, die von der Albert Schweitzers nicht weit entfernt ist. Er meinte, dass der Mensch seine sozialen Instinkte und Sympathien allmählich auf alle Angehörigen seiner eigenen Spezies und schließlich auf die übrigen Kreaturen dieses Planeten ausdehnen würde. Von Anfang an, so dachte er, haben die sozialen Instinkte beim Menschen Hilfsbereitschaft und Sympathie erzeugt. Und

als ... der Mensch geistig Schritt um Schritt höher stieg und auch die fernsten Konsequenzen seiner Handlungen ziehen lernte, als sein Wissen bis zu einem Punkte vorgeschritten war, wo er die Verderblichkeit der abergläubischen Gebräuche erkannte, als er mehr und mehr nicht nur das Wohl, sondern auch das Glück seiner Mitmenschen berücksichtigen lernte, als sich sein Wohlwollen, durch wohltätige Erfahrung, durch Unterricht und Beispiel verfeinert und erweitert, schließlich auf die Angehörigen aller Rassen, ja selbst auf die nutzlosen Glieder der Menschheit, die Idioten und Krüppel, und endlich auch auf Tiere erstreckte, da wurde auch der Maßstab seiner Sittlichkeit größer und erhabener (Darwin 1871 [1966, S. 158 f.]).

Und ein Blick in unsere Zukunft muss, nach Darwin, keineswegs eine Abschwächung unserer sozialen Instinkte befürchten lassen, sondern wir dürfen hoffen, dass die „tugendhaften Gewohnheiten" zunehmen und vielleicht sogar durch Vererbung befestigt werden. Also wäre uns eine ziemlich rosige Zukunft beschieden – und auch die anderen Lebewesen könnten (wenn sie *könnten*) einigermaßen beruhigt in die Zukunft blicken, weil wir sie in unsere Sympathie einschließen und ihnen unsere Fürsorge angedeihen lassen würden.

Keine Frage, hier war Darwin wirklich nicht konsequent. Wie bereits Greene (1963) betonte, war entweder seine tiefe humanistische Gesinnung oder seine christliche Erziehung (oder beides) dafür verantwortlich, dass er sich (im Bereich der Moralphilosophie) in ernsthafte Widersprüche verstrickte. Wo bleibt der Wettbewerb ums Dasein und wo bleibt die Selektion, wenn der Mensch seine sozialen Instinkte und Sympathien gleichsam automatisch verstärkt? Hat sich der Mensch etwa dem *universellen* Prinzip der natürlichen Auslese entzogen?

Das 19. Jahrhundert war, wie angedeutet, eine Zeit des großen Aufbruchs. Im Sinne der Aufklärung glaubte man an die Verbesserung der Situation des Menschen, und Innovationen im Bereich der Technik und Industrie verstärkten diesen Glauben. Die ungeheure Armut und die insgesamt katastrophale Lebenslage der arbeitenden Bevölkerung vermochten diesen Glauben nicht zu erschüttern. Im Gegenteil, sie lieferten der unter dem Ausdruck *Marxismus* sattsam bekannten Ideologie, wonach der Mensch in der Geschichte – und durch diese – fortschreitet, die eigentlichen Impulse. Darwin und seine Zeitgenossen (unter ihnen die ersten „Marxisten") konnten freilich nichts ahnen von den beiden Weltkriegen und vom Vietnamkrieg, von nuklearen, chemischen und biologischen Waffen, von der rasanten Bevölkerungsexplosion und großflächigen Hungersnöten im 20. Jahrhundert. Anders wäre ihr Optimismus stark gedämpft worden.

Nun ist seit Darwin weit über ein Jahrhundert verstrichen und nichts war davon zu merken, dass die „tugendhaften Gewohnheiten" zunehmen. Vielmehr kann man sich des Eindrucks nicht erwehren, dass unsere Zivilisation einem „Dschungeldarwinismus" Tür und Tor geöffnet hat, in dem das

„Ausleseprinzip“ neue, brutale Formen annimmt (hatte Spencer doch recht?). Unsere Konsumgesellschaft unterstützt das Ellbogenprinzip und nicht die hoffnungstragenden sozialen Instinkte, macht Druck auf den einzelnen und fördert einen „pathologischen Egoismus“. Wäre Darwin in seinem Denken wirklich konsequent gewesen, hätte er zu dem Schluss kommen müssen, dass uns die Evolution einen Strich durch die Rechnung macht (Wuketits und Wuketits 2001). Aber welcher Denker ist schon dazu in der Lage, die Hoffnungen seines eigenen Zeitalters hinter sich zu lassen?! Man verstehe mich also bitte nicht falsch; ich werfe Darwin hier nichts vor, ich kritisiere seine Inkonsequenz nicht einmal. Ich meine aber, dass uns seine Theorie heute, anderthalb Jahrhunderte später, zu Schlussfolgerungen zwingt, die er selbst noch gar nicht ziehen konnte, die sich aber aus seiner Theorie ergeben.

So ist es eine utopische Vorstellung, dass wir Menschen sozusagen in globaler Eintracht leben können und jeder seine Sympathien auf *alle* anderen Menschen ausdehnen kann. Und *alle* anderen Kreaturen ins Herz zu schließen ist uns schon, wie angedeutet, aus Gründen unseres eigenen Überlebens nicht möglich. Es ist eine einfache Beobachtungstatsache, dass wir Menschen dazu neigen, verschiedene Tierarten auch sehr unterschiedlich zu bewerten. Die Vertreter der artenreichsten Tierklasse, der Insekten, kommen dabei im Allgemeinen sehr schlecht weg. Abgesehen von Bienen (die eine kulturhistorische und ökonomische Bedeutung haben) und Schmetterlingen mit ästhetisch ansprechenden Farbmustern, sind den meisten Menschen (Entomologen stellen selbstverständlich eine rühmliche Ausnahme dar) Insekten ziemlich unsympathisch. Fliegen, Mücken, Wanzen, Flöhe, Läuse, Küchenschaben und Ohrwürmer sind uns lästig und erwecken naturgemäß unseren

„Tötungsinstinkt". Wir wollen sie nicht um uns herum haben und verwenden giftige Sprühmittel, um sie loszuwerden. Marienkäfer und Libellen wiederum schneiden besser ab, aber sie können Hunderttausende Arten ihrer Klasse auch in kein besseres Licht stellen.

Darwins Theorie macht deutlich, dass die natürliche Auslese beinahe jede beliebige Form von Lebewesen möglich macht, sofern sie mit den jeweiligen Bedingungen gut zu Rande kommt. Hierbei geht es nicht um Ästhetik oder um die Frage, welche Arten uns Menschen sympathisch und angenehm sind. Jede Überlegung, die zu dem Schluss führt, dass wir Menschen unsere Sympathien gleichsam grenzenlos auf andere Arten ausdehnen können, geht an der einfachen Tatsache vorbei, dass auch unsere Spezies bloß zum Überleben „konzipiert" wurde und nicht dazu, andere Lebewesen zu hegen und zu pflegen. Wie jede andere Art, müssen auch wir in erster Linie ums bloße Überleben kämpfen, woran selbst die Tatsache nichts ändert, dass uns heute eine Technologie zur Verfügung steht, die jeder anderen Spezies fremd ist und unseren eigenen Vorfahren fremd war. Um zu überleben, benötigen wir Nahrungsressourcen, und es ist dabei ganz gleich, ob wir mit bloßen Händen essbare Wurzeln ausgraben oder mit einem Gewehr ein Wildschwein erlegen. Unsere Sympathien können wir nur so lang auf andere Arten ausdehnen, so lang wir satt sind und uns die jeweilige andere Art nicht bedroht oder belästigt.

Aber das gilt auch für unser Verhalten gegenüber den eigenen Artgenossen. Dass nicht zuletzt aus diesen Gründen unser „Projekt Zivilisation" letztlich zum Scheitern verurteilt sein kann, wird noch darzulegen sein (siehe Kapitel 6). *Globalisierung* – von wegen, es fällt den meisten von uns entsetzlich schwer, Menschen aus anderen Kulturkreisen zu akzeptieren und ihre religiösen Überzeugungen nachzuvollziehen. Bloß, weil jetzt ein (kleiner) Teil der Menschheit über Computer und Internet miteinander verbunden ist, wollen viele von uns schon ein *neues Zeitalter* ausrufen. Warten wir doch ab. Für eine Möglichkeit der Verwirklichung von Darwins Utopie gibt es jedenfalls nach wie vor keine ernsthaften Anzeichen

3. Sind Menschen denn auch Affen?

Sie stritten sich beim Wein herum,
Was das nun wieder wäre;
Das mit dem Darwin wär gar zu dumm
Und wider die menschliche Ehre.
Sie tranken manchen Humpen aus,
Sie stolperten aus den Türen,
Sie grunzten vernehmlich und kamen zu Haus
Gekrochen auf allen vieren.

WILHELM BUSCH

Ihre „Affenverwandtschaft“ ist vielen Menschen peinlich. Jemanden persönlich als „Affen“ zu bezeichnen gilt als Ehrenbeleidigung und kann juristische Konsequenzen für denjenigen haben, der sich erdreistet, etwa seinen Nachbarn oder Arbeitskollegen so zu titulieren. Und natürlich wissen sich die Vertreter unseres Rechtssystems (Richter, Staatsanwälte, Rechtsanwälte) im Allgemeinen dabei über jeden Verdacht erhaben (und können doch nicht auf die Idee kommen, dass ein Ehrenbeleidigungsprozess ein „Affenprozess“ sei, bei dem Affen über andere Affen ein Urteil fällen).

Dass wir Menschen (ohne Ausnahme!) Primaten, Affen *sind*, ist eine unwiderlegbare zoologische Erkenntnis – aber man mache das einmal Leuten klar, die davon überzeugt sind, dass der Mensch ein „höheres Wesen“ sei (obwohl manche seiner Exemplare ab und an tatsächlich auf allen vieren herumkriechen und unartikulierte Laute ausstoßen). „Affen“ – das sind im Empfinden der meisten Menschen „ganz andere“ Lebewesen: Schimpansen, Gorillas, Orang-Utans, Gibbons, Paviane, Makaken ... Ihre (abgestufte) Ähnlichkeit mit uns ist zwar verblüffend, stößt manchen von uns aber auch ab, und im Grunde genommen wollen die meisten Menschen nicht in ihre Nähe (ihre Verwandtschaft) gestellt werden. Wie schon Alfred Edmund Brehm (1829–1884), der Altmeister der populären Tierbeschreibung, treffend bemerkte: „Anstatt unserer nächsten Verwandten und vielleicht Vorgänger wollen auch wir kaum mehr in ihnen erkennen als Zerrbilder unserer selbst und schleudern das Urteil der Verdammnis über sie“ (Brehm 1926, S. 49). Gleichgültig waren seine „peinlichen Verwandten“ dem Menschen allerdings nie; anders wären die über viele Jahrzehnte hitzig geführten Debatten über unsere „Affenverwandtschaft“ kaum verständlich. Zu diesen Debatten wäre es aber wohl nicht gekommen, gäbe es von den Affen nur ein paar fossile Knochen und keine lebenden Vertreter, die wir aus nächster Nähe beobachten und mit uns (optisch) vergleichen können (Kleemann 1966).

Inzwischen zwingen uns eingehende Studien des Verhaltens insbesondere der Pongiden oder Menschenaffen zuzugeben, dass deren Verhalten gar nicht so verschieden ist von unserem. Außerdem wissen wir, dass wir mit Schimpansen etwa 98 Prozent der Gene teilen und wir daher mit ihnen – und sie mit uns – tatsächlich genetisch sehr eng verwandt sind. An der gemeinsamen Abstammung von Schimpansen und Hominiden (Menschenartigen) bestand ohnehin seit langem kein Zweifel mehr. Aber auch Gorillas, Orang-Utans und andere Affenarten erscheinen heute in besserem Licht. Die Primatologie oder Primatenkunde ist eine seit einigen Jahrzehnten sehr intensiv betriebene Disziplin, die nicht nur unzählige interessante Einzelheiten über jene Tiere zu Tage gefördert hat, sondern auch zum Selbstverständnis des Menschen ganz entscheidend beiträgt. Wir sollten nun über unsere Verwandtschaft erneut nachdenken, uns mit unseren Brüdern und Schwestern unter den Säugetieren versöhnen und unseren eigenen Primatenstatus ernsthafter als bisher ins Auge fassen. Die Versöhnung aber wird den meisten von uns, nach dem im letzten Kapitel Gesagten, wahrscheinlich nicht leicht fallen.

Eine Klarstellung: Es ist nicht schlimm, ein Affe zu sein

Unseren Primaten-Verwandten ging es allerdings über Jahrhunderte ziemlich schlecht, weil wir sie als inferiore Wesen betrachtet und dementsprechend behandelt haben. Wir haben auf sie geschossen und sie ausgestopft in Museen aufgestellt, wir haben sie gefangengenommen und für Testzwecke missbraucht. Im Grunde genommen ist das nicht weiter verwunderlich, weil sich der technisch überlegene Mensch ja auch gegenüber seinen eigenen Artgenossen, die über keine raffinierte Technologie verfügten, stets genauso verhalten hat und „menschliche Eroberer jedesmal, wenn sie auf technisch rückständige Menschen stießen, diese abknallten, ihre Populationen durch eingeschleppte Krankheiten dezimierten und ihren Lebensraum zerstörten oder in Besitz nahmen“ (Diamond 1998, S. 275 f.). Es dauerte seine Zeit, bis die Europäer merkten, dass die Menschen anderer Erdteile auch *Menschen* sind (Wuketits und Wuketits 2001), und es darf uns nicht erstaunen, dass der Mensch seine Zeit brauchte, um in den Affen seine nächsten Verwandten zu erkennen.

In manchen Kulturen gelten Affen allerdings als „heilige Tiere“. Sommer (2000) erwähnt in diesem Zusammenhang die Languren, die in Indien als „Tempelaffen“ nicht nur geduldet, sondern großzügig gefüttert und nach ihrem Tod sogar mit pompösen Ritualen beerdigt werden. Aber auch aus dem Alten Ägypten ist bekannt, dass Affen eine große Rolle spielten. Im Reich der Pharaonen wurden Paviane gehalten und nach ihrem Tod mumifiziert. In der christlich-abendländischen Tradition jedoch kamen die Affen von vornherein ziemlich schlecht weg; sie wurden geradezu verteufelt. Die Heilige Hildegard von Bingen (1098–1179), Äbtissin der von ihr gegründeten Klöster Rupertsberg und Eibingen, schrieb:

Weil er [der Affe] eine gewisse Ähnlichkeit mit dem Menschen hat, schaut er immer, was dieser tut, um es nachzumachen. Er hat aber auch die Tiernatur in sich, so daß er weder vollkommen das machen kann, was der Mensch tut, noch was die Tiere tun. Manchmal, wenn er einen Vogel beim Flug beobachtet, springt er auf und versucht zu fliegen. Aber weil er seinen Wunsch nicht erfüllen kann, wird er sofort wütend (zit. in Sommer 2000, S. 35).

Der frevelhafte Affe! Er träumt den alten sündhaften Traum des Menschen, sich wie ein Vogel in der Luft fortbewegen, in die göttliche Machtsphäre schwingen zu können. Dabei ärgert er sich, wenn der Versuch misslingt – so wie der Teufel wütend wird, wenn ihm Menschenseelen entwischen (die in der christlichen Symbolik oft als kleine, flinke Vögel dargestellt werden). Da ist es geradezu erfrischend zu lesen, wie locker der alte Aristoteles (384–322 v. Chr.) die „Sache mit den Affen" nahm. Einige Tierarten, meinte er, seien in ihrer Natur „einerseits dem Menschen, andererseits den Vierfüßlern verwandt ..., wie die Affen, Meerkatzen und Paviane". Der Affe habe Arme wie der Mensch, wenngleich sie behaart sind, und er könne sie und seine Beine wie der Mensch biegen, zudem besitze er Finger und Nägel, nur „hat das alles bei ihm eine mehr tierische Form" (vgl. 1977, S. 384). Von Evolution und stammesgeschichtlicher Verwandtschaft konnte Aristoteles noch nichts wissen, aber er wird eben nicht zu Unrecht gelegentlich als „Vater der Biologie" bezeichnet.

Einer der wichtigsten Gründe dafür, dass wir unsere nächsten Verwandten die längste Zeit alles andere als rücksichtsvoll behandelten, lag aber wohl in der Missachtung ihrer Intelligenzleistungen und emotionalen Fähigkeiten. Schimpansen, Gorillas und Orang-Utans erschienen uns – ihrem menschenähnlichen

Aussehen zum Trotz – als dumme und gefühllose Wesen, die wir behandeln durften, wie es uns beliebte. Dabei hat schon Darwin in seinem hervorragenden Buch *The Expression of the Emotions in Man and Animals (Der Ausdruck der Gemütsbewegungen bei dem Menschen und den Tieren)* (1872) die vielfältigen „Seelenzustände" der Menschenaffen (und anderer Säugetiere) und ihre Ausdrucksformen im Verhalten sehr klar beschrieben. Doch gerade dieses seiner Bücher – das Fundament der modernen Verhaltensforschung! – ist heute in der breiteren Öffentlichkeit so gut wie unbekannt und genießt nur unter „Kennern" die ihm gebührende Beachtung.

Allerdings zwingen uns neuere und neueste Untersuchungen zu der Einsicht, dass viele Tierarten, vor allem unter den Primaten, über ein bemerkenswertes Repertoire an Emotionen verfügen, welches Freude, Angst, Liebe, Verzweiflung und Kummer einschließt (siehe zur Übersicht Bekoff 2000). Wer etwa Dian Fosseys *Gorillas im Nebel* (1999) oder Roger Fouts' *Unsere nächsten Verwandten* (2000) gelesen hat, wird nicht an dem Gedanken vorbeikommen, dass es Tiere gibt, die ganz ähnlich empfinden wie wir Menschen. Diese Bücher sollten uns nachdenklich stimmen. Sie sind nicht von Phantasten geschrieben, die nicht wissen, wovon sie reden, sondern von Forschern, die mit ihren „Objekten" über viele Jahre zusammengelebt haben und diese hautnah kennen lernen durften. In unserer Selbstüberhöhung haben wir die längste Zeit gar nicht daran gedacht, dass Schimpansen oder Gorillas *Empfindungen* haben könnten und sehr intelligente Tiere sind.

Unsere traditionelle abendländische Philosophie liefert uns „Beweise" für unsere Fähigkeit, unsere eigene Existenz sozusagen transzendieren, übersteigen zu können. „In genau demselben Augenblick", schrieb Max Scheler (1874–1928), „da sich der ‚Mensch' aus der ‚Natur' herausstellte und sie zum Gegenstand seiner Herrschaft ... machte – *in eben demselben Augenblicke* mußte der Mensch auch sein Zentrum irgendwie außerhalb und jenseits der Welt verankern" (Scheler 1927 [1949, S. 88]). Die Affen haben dabei nichts zu suchen. Sie haben ja ihr Zentrum nie „jenseits der Welt" verankert. Nicht einmal den aufrechten Gang haben sie erreicht; ihr Fuß wurde nie zum Standfuß. Nie also können sie so erhabenen Hauptes und hehren Schrittes daherkommen wie *Homo sapiens*. Und es scheint (selbst heute) noch andere Hinweise auf eine unüberbrückbare Kluft zwischen Menschen und (Menschen-) Affen zu geben.

Es ist schon richtig, dass uns 98 Prozent unserer Gene mit den Schimpansen verbinden, aber etwa 1000 Kubikzentimeter Gehirn trennen uns von ihnen. Wir wollen diesen Umstand nicht übersehen, aber es leugnet ohnehin kein Evolutionstheoretiker, dass uns Menschen in der Hauptsache die Evolution unseres Gehirns zu dem gemacht hat, was wir heute sind. Da, wie wir gleich sehen werden, das stammesgeschichtliche Alter unserer Familie höher ist als lange Zeit vermutet wurde, sahen sich auch manche Anthropologen zu der Überlegung veranlasst, dass für den „Eigenweg" des Menschen in der Evolution genügend Zeit zur Verfügung gestanden sein könnte, sodass wir nicht so sehr nach tierischen Vorformen unseres Verhaltens zu suchen bräuchten: Unsere Evolution war möglicherweise ein „überwiegend menschliches Ereignis" (Oxnard 1979). Dies könnte aber analog für die Evolution jeder Tierfamilie und -gattung gelten. War nicht auch die Evolution der Bären ein „überwiegend bäriges Ereignis"? Das muss aber nicht bedeuten, dass die Bären ihre Vergangenheit vollständig abgestreift haben und wir uns, um ihr Verhalten zu verstehen, nicht um ihre

Vorläufer kümmern müssen. Wir kommen weiter unten auf diesen Punkt noch zu sprechen. Vorerst aber wollen wir uns, in aller Kürze, die Evolutionswege ansehen, die die Hominiden zurückgelegt haben.

Unser Stammbaum

Im Geschichtsunterricht auf dem Gymnasium in den späten 60er-Jahren lernte ich, dass der Mensch etwa 600 000 Jahre alt sei. Einige Jahre später, an der Universität, musste ich zur Kenntnis nehmen, dass wir um einiges älter sind: Das stammesgeschichtliche Alter des Menschen wurde nunmehr mit rund zwei Millionen Jahren angegeben. Inzwischen sind daraus fünf Jahrmillionen geworden. Vielleicht aber sollte ich hier etwas vorsichtiger mit dem Begriff „Mensch" umgehen. Denn gemeint waren und sind die Hominiden oder Menschenartigen, eine Primatenfamilie, der eben nicht nur der heutige Mensch, *Homo sapiens*, angehört (der ist natürlich wesentlich jünger), sondern die eine ganze Reihe (fossiler) Arten und Unterarten enthält.

Die *Paläanthropologie*, das Studium des fossilen Menschen, ist ein Gebiet, das sich in den letzten Jahren und Jahrzehnten sehr stürmisch entwickelt hat. Immer wieder geht die Kunde von einem neuen „Urmenschen"-Fund, Stammbäume der Hominiden werden gezeichnet und umgezeichnet, Hypothesen über den Ursprung des *Homo sapiens* aufgestellt und wieder verworfen. Der deutsche Anthropologe Gerhard Heberer (1901–1973) war in der Zeit nach dem Zweiten Weltkrieg, jedenfalls im deutschen Sprachraum, einer der federführenden Leute auf diesem Gebiet. Er präsentierte fortgesetzt (nach dem jeweiligen Wissensstand) sozusagen Jeweilsbilder zur Stammesgeschichte des Menschen, Zwischenbilanzen der Forschung, so etwa in seinem Buch *Homo – unsere Ab- und Zukunft* (1968). Dort gab er als Alter des *Australopithecus*, des ältesten Hominiden, mit zwei Millionen Jahren an. Inzwischen ist bekannt, dass *Australopithecus* bereits wesentlich früher auf der Bühne erschien, nämlich vor fünf Millionen Jahren.

Zu den sensationellsten paläanthropologischen Funden der letzten Jahrzehnte gehört die berühmt gewordene „Lucy", deren Skelett im November 1974 in der Afar-Region in Äthiopien gefunden wurde (Johanson und Edey 1984). Es handelt sich dabei um das Skelett eines über drei Millionen Jahre alten Australopithecinen, genau gesagt – der Name Lucy lässt es vermuten – um eine *Australopithecus*-Frau. Das Skelett ist zwar nicht vollständig – davon können Paläanthropologen gewöhnlich nur träumen –, aber immerhin sind vierzig Prozent von ihm erhalten. Das genügt, dass man sich ziemlich deutliche Vorstellungen von seiner „Trägerin" machen kann. In der Folge wurden unzählige Hominiden-Reste geborgen, die das Alter unserer Familie immer weiter „nach hinten" verlagerten. Der Weg zum heutigen Menschen war also viel länger (und wohl auch um einiges dornenreicher), als man dachte.

Freilich ist das Bild, das sich heute von der Stammesgeschichte der Hominiden zeichnen lässt, auch wieder nur ein Jeweilsbild. Viele Fragen warten noch auf eine Antwort. Über die stammesgeschichtlichen Beziehungen der einzelnen fossilen Hominiden zueinander und die eigentlichen Wurzeln des *Homo sapiens* herrscht noch viel Unklarheit. Hat dieser von Afrika aus die Erde besiedelt? Diese Frage liefert nach wie vor sehr viel Zündstoff für Diskussionen und hat zu zwei rivalisierenden Hypothesen geführt.

- Nach der „*Out-of-Africa*-Hypothese" entwickelte sich *Homo sapiens* aus einer afrikanischen Form des *Homo erectus* (siehe unten), breitete sich aus Afrika kommend auf die übrigen Kontinente aus und trat an die Stelle der dort bereits existierenden älteren Populationen von Hominiden.
- Die „Multiregionale Hypothese" besagt, dass sich regionale Populationen von *Homo erectus* (der auch außerhalb

Afrikas, in Europa und Asien, beheimatet war) unabhängig voneinander zu *Homo sapiens* entwickelt (und teilweise miteinander vermischt) haben.

Ich maße mich nicht an, hier über die Richtigkeit der einen oder der anderen Hypothese zu urteilen. Interessant ist, dass in den letzten Jahren wiederholt Funde ans Tageslicht befördert worden sind, die einmal diese, dann wiederum jene Hypothese stützen. Eine eindeutige Entscheidung steht jedenfalls derzeit noch aus, auch wenn es gute Argumente für die Annahme gibt, dass die Vielfalt der heute lebenden Menschen nicht auf eine einzige Wanderbewegung eines einzelnen frühen Vorfahren zurückgehen kann (Wolpoff et al. 2001).

Aber halten wir uns hier an die allerwichtigsten und einigermaßen gesicherten Ergebnisse betreffend unsere Herkunft und Entwicklung.[6] Eines scheint besonders klar: Unser Weg verlief nicht geradlinig, sondern auf krummen Pfaden. „Keine gerade Linie, sondern mehrere ‚Anläufe', breites Auffächern, Sich-Entfalten und Verschwinden kennzeichnen den Weg, dem der Mensch in seinem Werdegang folgte" (Reichholf 1993, S. 31). Das entspricht natürlich dem Bild, das wir uns heute von Evolution im Allgemeinen machen: keine lineare Entwicklung, kein gleichmäßiges „Fortschreiten", sondern ein „Zickzackweg".

---

[6] Die Literatur dazu ist mittlerweile so mächtig angewachsen, dass sie kaum noch zu überblicken ist. Ich nenne hier nur einige wenige neuere Übersichtsbeiträge in deutscher Sprache beziehungsweise in deutscher Übersetzung: Foley (2000), Henke und Rothe (1997, 2001), Leakey (1999), Müller-Beck (1998), Rothe und Henke (1999), Schmid (1989), Schrenk (1998). In diesen Arbeiten werden auch Probleme angeschnitten, die noch einer weiteren Behandlung bedürfen. Übersichtsartikel zum Thema mit den jeweils aktuellen Forschungsergebnissen und Kontroversen werden in mehr oder weniger regelmäßigen Abständen auch in Zeitschriften wie *Bild der Wissenschaft* oder *Spektrum der Wissenschaft* veröffentlicht.

Ferner leugnet niemand mehr die Tatsache, dass sich Menschen und Schimpansen von einer gemeinsamen Stammart herleiten lassen und dass beide mit dem Gorilla verwandt sind, während der Orang-Utan sozusagen auf einem entfernteren Stammbaum-Ast sitzt (Abbildung 2). Der gewöhnliche Schimpanse *(Pan troglodytes)*, der Zwergschimpanse *(Pan paniscus)*, der Gorilla *(Gorilla gorilla)* und der Orang-Utan *(Pongo pygmaeus)* sind die lebenden Vertreter der Familie Pongidae (Pongiden), der den Hominidae am nächsten stehenden Säugetierfamilie. Diese beiden Familien bilden zusammen mit einer dritten Familie, den Gibbons (Hylobatidae), die Überfamilie der *Hominoidea*. So jedenfalls sieht es die traditionelle Systematik:

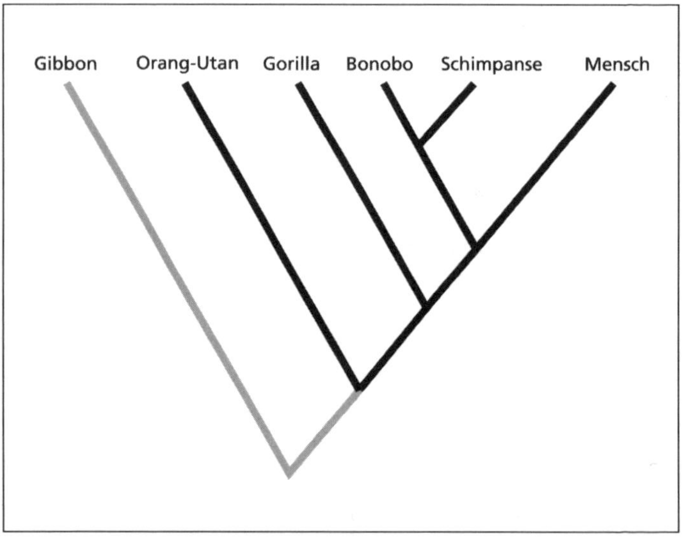

Abb. 2: Stammesgeschichtlicher Zusammenhang beziehungsweise verwandtschaftliche Beziehungen zwischen Mensch, Menschenaffen und Gibbons nach neuerer Auffassung. (Nach Foley 2000)

HOMINOIDEA

Familie Hylobatidae (Gibbons)

Gattung *Hylobates* mit sechs Arten in Ostasien

Gattung *Symphalangus* („Siamang“) mit einer Art auf Sumatra und der Malaiischen Halbinsel

Familie Pongidae (Menschenaffen)

Gattung *Pan* (Schimpanse) mit zwei Arten in West-, Zentral- und Ostafrika

Gattung *Gorilla* (Gorilla) mit einer Art in Zentralafrika

Gattung *Pongo* (Orang-Utan) mit einer Art auf Sumatra und Borneo

Familie Hominidae (Menschenartige)

Gattung *Ardipithecus* (fossil) mit einer Art in Äthiopien (möglicherweise zur Gattung *Australopithecus* zu zählen [?])

Gattung *Australopithecus* (fossil) mit mehreren Arten in Süd- und Südostafrika

Gattung *Homo* (fossil) in Afrika, Asien und Europa, (rezent) weltweit

Allerdings wurde dieses System in neuerer Zeit revidiert, sodass sich jetzt eine etwas andere Gliederung ergibt (wobei auch die Angaben zu den Artenzahlen zum Teil einer Revision unterzogen wurden). Menschenaffen und Menschen sind einander näher gekommen:

HOMINOIDEA

Familie Hylobatidae (Gibbons)

Gattung *Hylobates* mit 14 Arten in Ostasien

Familie Hominidae (Menschenaffen und Menschenartige)

Unterfamilie Ponginae (Orang-Utans)

Gattung *Pongo* mit zwei Arten auf Sumatra und Borneo

Unterfamilie Homininae (Afrikanische Menschenaffen und Menschenartige)

Gattung *Pan* (Schimpanse) mit zwei Arten in West-, Zentral- und Ostafrika

Gattung *Gorilla* (Gorilla) mit zwei Arten in Zentralafrika

Gattung *Ardipithecus* (siehe oben)

Gattung *Australopithecus* (siehe oben)

Gattung *Homo* (siehe oben)

Die Stammesgeschichte der Menschenaffen wirft noch viele Fragen auf, und der letzte gemeinsame Vorfahre der Menschenaffen und der Menschenartigen ist immer noch unbekannt. Die Trennung der beiden Linien muss aber am Rande des tropischen Regenwaldes in Afrika (vor sechs bis acht Millionen Jahren) erfolgt sein. Die frühesten Vorfahren des Menschen müssen wir uns als Primaten vorstellen, die mit der (zweibeinigen) Fortbewegung am Boden „experimentierten" (vgl. S. 19). Dabei war die nach heutiger Kenntnis erfolgreichste Spezies *Ardipithecus ramidus*, von der seit 1992 zahlreiche Skelettfragmente entdeckt wurden und die jetzt von den meisten Paläanthropologen als älteste Hominiden-Art behandelt wird. Demnach besteht die Unterfamilie der Homininae aus den Gattungen *Ardipithecus*, *Australopithecus* und *Homo*. Ob *Ardipithecus* tatsächlich eine eigene Gattung darstellt, ist nicht ganz klar.

Von der Gattung *Australopithecus* sind aufgrund der Fundsituation verschiedene Arten beschrieben worden, zum Beispiel *A. afarensis*, *A. africanus* und *A. robustus*. Das Alter dieser

Gattung reicht, wie gesagt, etwa fünf Millionen Jahre zurück, ihre jüngsten Vertreter lebten bis vor knapp über eine Million Jahren. Von der Gattung *Homo* werden heute meist drei Arten unterschieden: *Homo habilis*, *Homo erectus* und *Homo sapiens*. *H. habilis* lebte mit den jüngeren „Ausläufern" des *Australopithecus* vor über zwei bis anderthalb Millionen Jahren und fällt durch ein gegenüber den Vertretern dieser Gattung deutlich vergrößertes Gehirn auf.

H. erectus, der in verschiedenen Unterarten nicht nur in Afrika, sondern auch bereits in Asien und in Europa auftrat, mit dem vor knapp zwei Jahrmillionen der eigentliche Siegeszug der Gattung *Homo* begann, ist durch ein kräftiges und größeres Skelett mit massivem Knochenbau im Schädel gekennzeichnet. Auf der Stufe dieser Spezies fand eine beschleunigte Gehirnentwicklung statt, eine verstärkte Zunahme des Gehirnvolumens. Dieses betrug bei den frühen Formen etwa 800 bis 900 Kubikzentimeter, bei den jüngsten (vor einer Million bis 500 000 Jahren) 1100 bis 1200 Kubikzentimeter. Beim *Homo sapiens* schließlich erreichte die Gehirngröße durchschnittlich 1400 bis 1500 Kubikzentimeter. *H. sapiens* weist ein stammesgeschichtliches Alter von etwa 150 000 Jahren auf (einschließlich mancher Vorläufer auch mehr), der „moderne" Mensch, *H. sapiens sapiens*, entstand vor rund 100 000 Jahren; viele Funde in Europa, insbesondere der berühmte Cro-Magnon-Mensch, weisen ein Alter von 40 000 Jahren auf und sind Überreste von Menschen, von denen wir uns nicht nennenswert unterscheiden.

Einer besonderen Erwähnung bedarf hier noch der Neandertaler – immerhin wird er uns im nächsten Kapitel als Metapher dienen, und seine Entdeckung im 19. Jahrhundert war gleichsam die Geburtsstunde der Paläanthropologie. Im Jahre 1856 wurden im Neandertal, dem Tal der Düssel zwischen Düsseldorf und

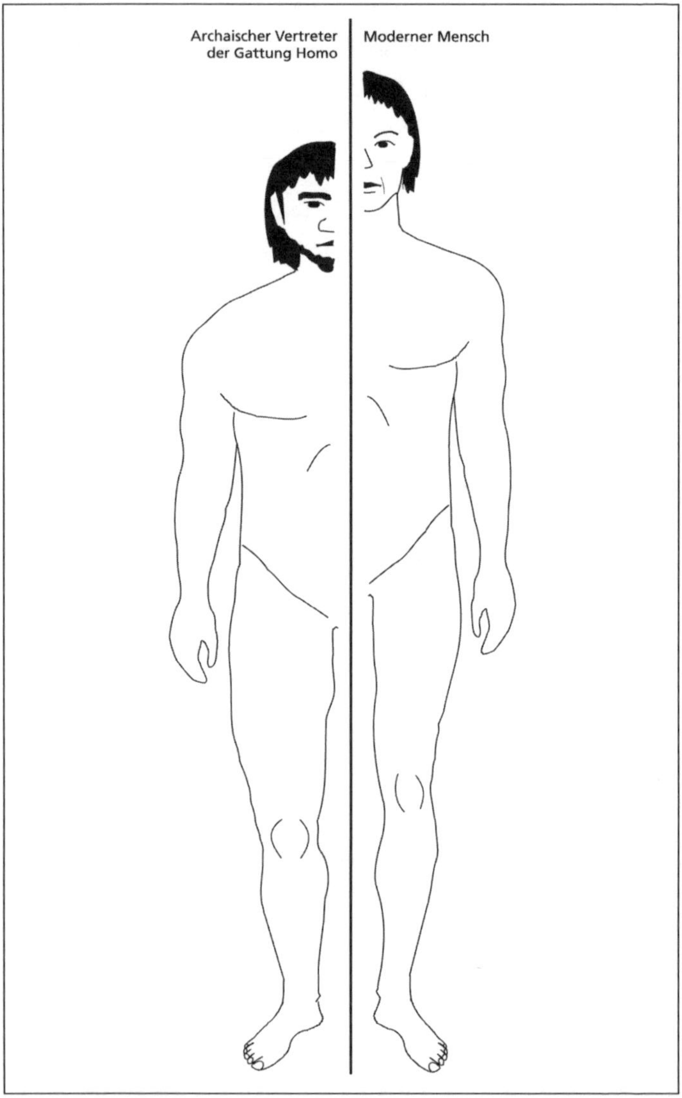

Abb. 3: Vergleich zwischen einem archaischen und einem modernen Vertreter der Gattung Homo in schematischer Darstellung. Der anatomisch moderne Mensch ist graziler und von höherer Körperstatur. Sein Skelett ist nicht so kräftig wie das des Homo erectus, seine Knochen sind dünner. Allerdings waren auch seine früheren Formen robuster gebaut. (Nach Foley 2000)

Sind Menschen denn auch Affen?

Wuppertal-Elberfeld, Knochen freigelegt, die der herbeigeholte Naturkundelehrer Johann C. Fuhlrott (1804–1877) als Reste eines „Tiermenschen“ diagnostizierte. Niemand konnte damals ahnen, welch bedeutender Fund da vorlag. Seine Interpretationen nehmen sich aus heutiger Sicht abenteuerlich aus: Überreste eines rachitischen Idioten aus der Mongolei, eines alten Holländers, eines Friesen oder eines Kelten. Kurzum, der Neandertaler wurde zunächst gründlich missverstanden, keiner der Forscher, die sich mit diesem kostbaren Fund anfänglich beschäftigten, erkannte seine Bedeutung. Als Fuhlrott anlässlich der Generalversammlung des Naturhistorischen Vereins der preußischen Rheinlande und Westfalens den Fund als Überrest eines frühen Vorfahren des Menschengeschlechts aus der Eiszeit vorstellte, empfand man dies als Provokation.

Heute sind Neandertaler von weit über hundert Fundorten aus einem Zeitraum von vor 180 000 bis vor etwa 30 000 Jahren bekannt und man klassifiziert sie üblicherweise als Vertreter der Spezies *Homo sapiens (H. s. neanderthalensis).* Prä- oder Ante-Neandertaler traten vor knapp 400 000 Jahren auf, die „klassischen Neandertaler“, die obiger Fund repräsentierte, haben ein Höchstalter von etwa 90 000 Jahren. Überreste, die jünger als 27 000 Jahre alt sind, wurden nicht gefunden, sodass diese Unterart des *Homo sapiens* als ausgestorben gilt. Die Neandertaler waren Menschen der Eiszeit, sie lebten unter harten Bedingungen, ihre Lebenserwartung war nicht sehr hoch (vierzig Jahre?) und die meisten der gefundenen Skelette weisen Verletzungen auf. Mit Sicherheit dürfen wir annehmen, dass sie als Jäger und Sammler lebten, im subarktischen Klima gut mit fleischlichen Ressourcen umzugehen wussten, eine vielfältige Werkzeugkultur entwickelten und sich in kultischen Handlungen übten (Bärenkult, Bestattung der Toten mit Grabbeigaben).

Details dazu finden sich zum Beispiel bei Krause 1999 und Weniger 2000. Wo aber sind sie geblieben? Warum verliert sich ihre Spur vor knapp 30 000 Jahren?

Darüber wurde und wird viel spekuliert. Die Vermutung, dass sie von *Homo sapiens sapiens* verdrängt oder ausgerottet wurden, wird ebenso verteidigt wie die Annahme, dass sie sich mit diesem vermischten. Möglicherweise stimmt beides zugleich. Es ist denkbar, dass manche Population des modernen Menschen dem Neandertaler mehr oder weniger friedlich begegnete und sich mit ihm vermischte, während andere seiner Populationen den „Konkurrenten" und „primitiven Vetter" systematisch verfolgten. Es gibt noch weitere Deutungsmöglichkeiten des plötzlichen Verschwindens der Neandertaler. Wie epidemiologische Untersuchungen zeigen, kann fehlende Immunität gegenüber infektiösen Erkrankungen gerade in kleinen, abgeschlossenen Populationen katastrophale Auswirkungen haben. Es wäre also denkbar, dass die Neandertaler beim Kontakt mit dem modernen Menschen genau dieses Schicksal ereilt hat. Bemerkenswert bleibt jedenfalls der Umstand, dass das Verschwinden der Neandertaler ziemlich abrupt erfolgte. Spricht das vielleicht doch für einen schnellen Verdrängungs- und Ausrottungsprozess durch *Homo sapiens sapiens*? Vielleicht sind sie auch aus anderen, bisher unbekannten Gründen ausgestorben, ohne dass der heutige Mensch sie behelligt hat?

Wie auch immer – wir müssen die Neandertaler als Wesen betrachten, die uns in vieler Hinsicht unser eigenes Spiegelbild vor Augen halten. Sie beherrschten meisterhaft das Feuer (eine Fertigkeit, die auf der Stufe des *Homo erectus* erworben worden war), verfügten über eine artikulierte Lautsprache, waren in der Lage, ihre Gedanken an Gruppenmitglieder und die nächste Generation weiterzugeben und lebten in stabilen sozialen Verbänden – kurz, sie verfügten über eine ausgeprägte Kultur. Die noch im frühen 20. Jahrhundert vertretene Vorstellung vom Neandertaler als „Naturmensch mit hoher Befähigung, sich in Wald und Sumpf, inmitten der Tierwelt, zu bewegen“, aber mit „[gering entwickelten] künstlerisch-kritisch-ethischen Fähigkeiten“ (Kahn 1927, S. 60), muss heute entschieden zurückgewiesen werden.

Würden Neandertaler noch unter uns weilen, würden sie wahrscheinlich weniger auffallen als martialisch auftretende Skinheads oder grölend durch die Straßen torkelnde Fußballfans nach einem verlorenen (oder gewonnenen) Spiel „ihrer“ Mannschaft. Ungeachtet einiger anatomischer Details, sahen sie nicht wesentlich anders aus als Menschen heute aussehen. Als in der Abschlussszene bei den Dreharbeiten zum Dokumentarfilm „Feuer im Eis“ (ZDF und ARTE) am Münchner Hauptbahnhof ein Mann als Neandertaler maskiert mit einem Mammutstoßzahn umherging, drehte sich niemand nach ihm um. Aber wer dreht sich heute noch in einer unserer Großstädte etwa nach einem jungen Mann um, dessen Hose fast bis zu den Knien hinuntergerutscht ist, der an seiner Nase einen Ring trägt, ungewaschen auftritt und dazu unartikulierte Laute ausstößt?! Eine solche Erscheinung ist uns zur Selbstverständlichkeit geworden, sie tritt massenweise auf. Schauen wir uns doch um, auf Bahnhöfen, in Straßenbahnen, Untergrundbahnen und auf öffentlichen Plätzen – es ist schwer, moderne Menschen von Neandertalern zu unterscheiden. Wobei sich diese, wie gesagt, durch eine *artikulierte* Lautsprache verständigen konnten.

Die These, dass der Neandertaler weiter in uns lebt, hat auf jeden Fall einiges für sich. Aber auch falls er tatsächlich ausgestorben sein sollte (vom modernen Menschen ausgerottet wurde), dann verbindet den heutigen Menschen jedenfalls noch vieles mit ihm. *Homo sapiens sapiens* vor 30 000 Jahren hat nicht wesentlich anders gelebt als sein Vetter aus dem Neandertal. Für den schmutzigen jungen Mann mit den hinuntergerutschten Hosen und dem Nasenring gibt es aber immerhin zwei „Abstammungs-Alternativen“ – die ihm allerdings beide gleichgültig sein werden, weil er in der Regel nichts von Abstammung weiß und sich in seiner „Rolle“ einfach wohlfühlt. Dass er durch eben die „Rolle“, die er (unbewusst) spielt, die „niedere Abkunft“ seiner Spezies recht schön belegt, weiß er natürlich auch nicht.

Selbstverständlich bedeutet „nieder“ hier nicht „erniedrigend“. Was sollte auch erniedrigend sein an dem Wissen, dass wir Nachfahren von Menschen sind, die ohne unsere heutigen technischen Möglichkeiten ihrer unfreundlichen Umgebung das Leben abtrotzten? Die gegen die Unbilde der Natur kämpften, sich aber auch schon Gedanken machten über Leben und Tod? Die miteinander gesprochen und gejagt und in ihren kleinen Gruppen einander geholfen haben?

Die Stammesgeschichte der Hominiden – Abbildung 4 ist eine vereinfachte Rekonstruktion nach dem derzeitigen Wissensstand – birgt freilich noch viele Fragen. Es sind faszinierende Fragen. Wo ist *Australopithecus* geblieben? Allgemein wird angenommen, dass sich aus einer seiner Arten die Gattung *Homo* entwickelte. Vertreter des *Homo erectus* lebten aber zeitgleich mit anderen *Australopithecus*-Arten. Leakey (1999) vermutet, dass diese mit *Homo* einen bedrohlichen Konkurrenten bekamen, der ihnen die Nahrung streitig machte und dabei sehr erfolgreich war. Darüber hinaus wurden vor knapp zwei Millionen Jahren andere am Boden lebende Primaten, nämlich die Paviane, ebenfalls sehr erfolgreich und gefährliche Konkurrenten für die Australopithecinen. Diese konnten möglicherweise die zweifache Gefahr nicht abwenden und fielen ihr zum Opfer.

Eine Frage, die Evolutionsbiologen und Anthropologen nach wie vor besonders beschäftigt, ist, wie es in der Hominiden-Evolution zu einer so dramatischen Gehirnentwicklung kam.

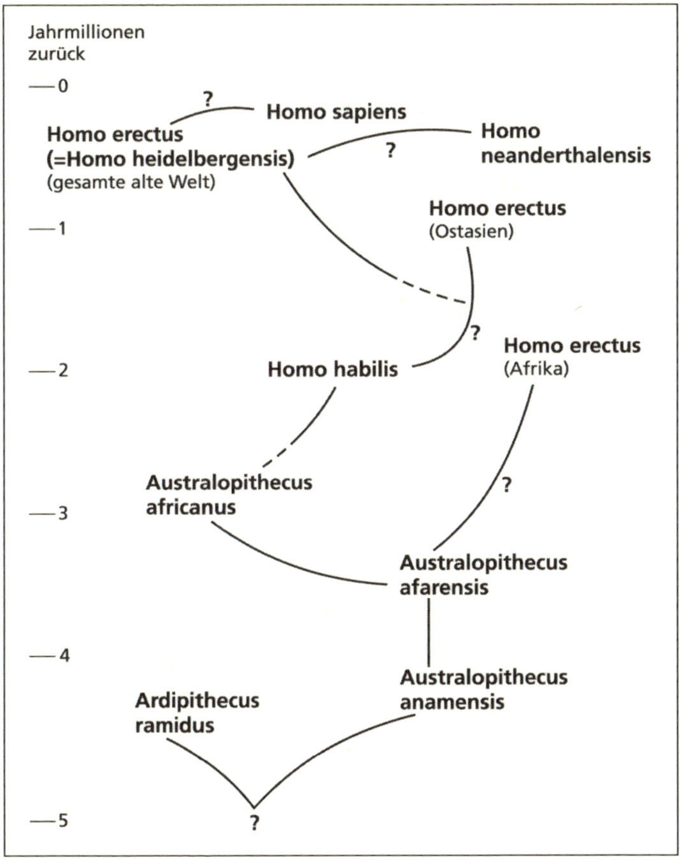

Abb. 4: Mutmaßlicher Verlauf der Stammesgeschichte der Menschenartigen mit ihren wichtigsten Vertretern aus einem Zeitraum von knapp fünf Millionen Jahren. Die Fragezeichen und gestrichelten Linien deuten auf Unklarheiten oder auf unterschiedliche Auffassungen hin. Näheres im Text. (Nach verschiedenen Autoren)

Auf diese Frage gibt es verschiedene Antworten, jede mit einem gewissen Grad an Plausibilität. Naheliegend scheint eine direkte Verbindung der Gehirngröße mit der Fähigkeit zur Werkzeugherstellung und die Annahme, dass sich die Herstellung von Werkzeugen positiv auf die Gehirnentwicklung auswirkte. Plausibel ist auch die Vermutung, dass eine wachsende Komplexität des sozialen Lebens die Vergrößerung des Gehirnvolumens bewirkt beziehungsweise beschleunigt hat.

Eine ganz andere Erklärung liefert Martin (1996), der die Entwicklung des Gehirns mit der Energieversorgung in Verbindung bringt. Die Gehirngröße für sich genommen ist kein Indikator für Intelligenz. Das Gehirn des Elefanten ist etwa viermal so groß wie das des Menschen, was aber offensichtlich mit der Körpergröße dieser Tiere zusammenhängt und nicht mit ihrer absoluten Intelligenz. Im Allgemeinen nimmt die Gehirnmasse zwar mit der Körpermasse zu, allerdings nicht linear. Beispiele für Tiere mit einem relativ großen Gehirn legen nahe, dass die Zunahme der Gehirngröße mit der Verfügbarkeit von Ressourcen zusammenhängt.[7] Die These lautet also: Auf der Stufe des *Homo erectus* stieg die Verfügbarkeit von Nahrungsressourcen und führte zu einem Anwachsen der Gehirnmasse.

---

7 Martin (1996) nennt unter anderem das Aye-Aye oder Fingertier, eine seltene Lemuren-Art auf Madagaskar. Dieser Primate hat unter den Halbaffen das relativ größte Gehirn, ist aber kein soziales Tier und kann auch keine Werkzeuge gebrauchen oder gar herstellen. Woher also kommt sein außergewöhnlich großes Gehirn? Das Tier ist anatomisch bestens dazu geeignet, sich energiereiche Nahrung zu beschaffen. Mit seinem langen, dünnen Mittelfinger klopft es alte Bäume auf Gänge holzbohrender Larven ab, die ihm als energiereiche Nahrung dienen. Darüber hinaus erlauben ihm seine meißelförmigen Schneidezähne, Baumrinde aufzubeißen und Kokosnüsse und Bambusstengel zu öffnen, deren Mark es gern frisst.

Möglicherweise war aber der Faktor „Werkzeuggebrauch“ in der Evolution des (menschlichen) Gehirns doch nicht ganz unbedeutend. Denn *Homo erectus* zeichnet sich auch dadurch aus, dass er gegenüber den Australopithecinen komplexere Werkzeuge verwendete und herstellte, die ihm einen besseren Zugang zu den Nahrungsressourcen ermöglichten. Dadurch wiederum war seine Energieversorgung besser gewährleistet, womit sein Gehirnwachstum beschleunigt werden konnte. Auch das soziale Leben kann sich letztlich positiv auf die Gehirnentwicklung ausgewirkt haben. Vielleicht also sollten wir eine Wechselwirkung zwischen mehreren Faktoren annehmen, um die Evolution unseres Gehirns besser erklären zu können.

Ein dritter Schimpanse?

Das Buch *Der dritte Schimpanse* aus der Feder des amerikanischen Biologen Jared Diamond gehört zu jenen Büchern, die ich in den letzten Jahren mit besonderer Aufmerksamkeit gelesen habe. Das hat mehrere Gründe; einer davon ist, dass Diamond dafür eintritt, Menschen und Schimpansen in *eine* Gattung zu stellen. Er argumentiert, dass beispielsweise verschiedene Arten von Gibbons zur Gattung *Hylobates* gestellt werden (siehe oben), obwohl sie genetisch weiter voneinander entfernt sind als Schimpansen und Menschen. Seiner Meinung nach hätte es also seine Berechtigung, *Homo sapiens* mit den zwei Schimpansenarten zusammenzutun:

So gesehen bilden Menschen keine eigene Familie, geschweige denn eine Gattung, sondern sie gehören in die gleiche Gattung wie der gewöhnliche Schimpanse und der Zwergschimpanse. Da der Name Homo *ältere Rechte besitzt als die Bezeichnung* Pan *für die „anderen" Schimpansen, hat er nach den Regeln der zoologischen Fachsprache Vorrang. Somit gibt es heute nicht eine, sondern drei Arten der Gattung* Homo *auf der Welt: den gewöhnlichen Schimpansen,* Homo troglodytes, *den Zwergschimpansen,* Homo paniscus, *und den dritten bzw. menschlichen Schimpansen,* Homo sapiens. *Da der Gorilla sich nur unwesentlich stärker unterscheidet, hat er eigentlich das Recht, als vierte Art der Gattung* Homo *zu gelten (Diamond 1998, S. 37).*

Man muss wissen, dass Diamond für eine „humane" Behandlung der Menschenaffen eintritt. Das ist ein ehrenhaftes Anliegen, das heute auch andere Biologen und Anthropologen tatkräftig unterstützen. Der Mensch in seiner überheblichen Selbsteinschätzung als „Krone der Schöpfung" hat in vielen

Jahrzehnten Millionen dieser Tiere liquidiert und ihren natürlichen Lebensraum systematisch eingeengt. Hätten nicht in den letzten Jahren und Jahrzehnten einige bahnbrechende Primatenforscher auch die breitere Öffentlichkeit von ihren teils sensationellen Beobachtungen informiert und viele Menschen für ihre nächsten Verwandten interessiert – wer weiß, vielleicht hätte dann den Schimpansen, Gorillas und Orang-Utans demnächst schon die letzte Stunde geschlagen. Volker Sommer meint, der historische Augenblick sei gekommen, Affen als Menschen einzustufen und zumal die Schimpansen auch mit Experimenten zu verschonen, die am Menschen aus moralischen Gründen nicht durchgeführt werden dürfen:

Wesen, die mit sehr ähnlichen Intensitäten fühlen, denken, träumen und wünschen können, ein Leben lang und oft ohne Kontakt zu Artgenossen auf engem Raum einzusperren, sie für schmerzhafte und nicht selten tödliche Experimente zu verwenden oder ihren angestammten Lebensraum zu vernichten: Ist es nicht höchste Zeit, solche Praktiken zu beenden? (Sommer 2000, S. 56).

Sommer bejaht diese Frage und betont im übrigen mit Recht, dass man, wenn man heute konsequent Evolutionsbiologie betreiben will, keine Zeit und Energie mehr daran verschwenden sollte, *menschliche* von *tierischen* Merkmalen geflissentlich zu trennen, um die alte Mär von der „Sonderstellung" des Menschen weitererzählen zu können. Und Diamond (1998) führt ein kleines Gedankenexperiment durch: Man stelle sich vor, beim nächsten Zoobesuch Affen zu sehen, die fast ihr ganzes Haarkleid verloren haben, und im Nachbarkäfig einige bedauerliche nackte Menschen, die zwar „normal" wären, aber nicht sprechen könnten. Wie klein wäre da der Unterschied (zwischen den Menschen und den Affen)!

Diese Überlegungen sind sehr interessant und müssen ernst genommen werden. Nun besitzt der einzige tatsächlich nackte Affe die Fähigkeit zu sprechen. Die *Sprache* gilt gemeinhin als *das* Merkmal, das Menschen von allen anderen Lebewesen trennt. Gemeint ist damit nicht einfach irgendeine Kommunikationsform. In der Tierwelt haben sich bekanntlich sehr viele, teils recht komplexe und subtile Formen der Verständigung ausgebildet. Optische und akustische Signale spielen dabei ebenso ihre Rolle wie die geruchliche Kommunikation. Darauf brauchen wir im vorliegenden Rahmen nicht einzugehen. Was die menschliche Sprache auszeichnet ist, dass es sich um eine *artikulierte Lautsprache* mit hohem *Symbolgehalt* handelt. Zumindest wird der „Symbolismus" im Allgemeinen dem Menschen – und nur dem Menschen – zugeschrieben. Wir werden gleich auf die Frage zurückkommen, ob dabei wirklich ein exklusives Merkmal unserer Spezies vorliegt. Zuvor ist eine grundsätzliche Frage zu behandeln: Können Tiere überhaupt *Kultur* entwickeln, oder ist Kultur eine wesentliche Innovation auf der Stufe der Hominiden?

Das ist freilich nicht zuletzt auch eine Frage der Definition. Definiert man „Kultur" im weitesten Sinne als Geschicklichkeit von (lernfähigen) Tieren, mit ihrer Umwelt zurechtzukommen beziehungsweise in diese „gestaltend" einzugreifen, dann sind Fuchsbauten ebenso schon Kultur wie die von Bibern gebauten Dämme (siehe Bonner 1983). Wenn wir unter „Kultur" nur das verstehen wollen, was auf den Kulturseiten der Zeitungen steht und in Rundfunk und Fernsehen in Kulturberichten vorkommt, dann gehören dazu Theater- und Opernaufführungen, Konzertereignisse, Literatur, Malerei und so weiter. Von der Malerei abgesehen,[8] sind das spezifisch menschliche Aktivitäten und Leistungen. Aber schauen wir zunächst einmal, was unsere nächsten Verwandten, die Menschenaffen, so alles können. Sommer (2000) hebt dabei vor allem die folgenden Fähigkeiten hervor:

- Menschenaffen können im Spiegelbild sich selbst, ihr eigenes „Ich“ erkennen – eine beachtliche kognitive Leistung.
- Werkzeugbenutzung ist bei den Pongiden weit verbreitet. Schimpansen richten Äste zu, um damit zum Beispiel Ameisen und Termiten aus ihren Bauten zu holen. Einzelne Populationen haben diese Technik sogar verfeinert. Ebenso benutzen Schimpansen Holz und Steine als Hammer und Amboss, um damit hartschalige Nüsse zu knacken, wobei sie ihre Werkzeuge oft aus größerer Entfernung (500 Meter oder mehr) herbeischleppen.
- Freilanduntersuchungen belegen eine Arbeitsteilung der Geschlechter. Männchen schließen sich zu Gruppen zusammen und machen Jagd auf kleinere Affen, Buschschweine und andere Tiere, während Weibchen häufiger Nahrung sammeln.
- Im Freiland kommunizieren Menschenaffen (und auch andere Primatenarten) oft über weite Distanzen mittels dialektreicher Lautsprachen. Außerdem sind zumal die Schimpansen in der Lage, bei entsprechendem Training

---

8 Schon Morris (1968) betonte, dass sich junge Schimpansen, Gelegenheit und Verfügbarkeit von Material vorausgesetzt, mit großem Eifer daran machen, visuelle Zeichen auf einem leeren Blatt Papier anzubringen. Sie unterscheiden sich darin kaum von menschlichen Kindern. Kritzeleien und Malereien von Menschenaffen und anderen nichtmenschlichen Primaten sind sehr viele bekannt. Bereits 1957 wurde in London eine viel besuchte Ausstellung von Affenmalereien eröffnet. „Da es einen Tachismus gibt“, bemerkt Rensch (1973, S. 279), „darf man wohl auch wirklich von ‚Malereien‘ der Affen sprechen.“ (Tachismus = „informelle Malerei“, deren Vertreter jede bewusste Formgestaltung ablehnen.)

Symbolsprachen einzusetzen, etwa eine Zeichensprache für Gehörlose.

War der Gebrauch und die Herstellung von Werkzeugen lange Zeit eine Fähigkeit, die der Mensch nur sich selbst zuschrieb, muss er diese Fähigkeit heute auch anderen Spezies zugestehen. Dabei hätte man freilich nur bei Darwin nachlesen müssen, um diese Fehleinschützung zu verhindern:

Oft hat man behauptet, daß kein Tier ein Werkzeug benutze; aber der Schimpanse zerknackt im Naturzustand eine walnußähnliche Frucht mit Hilfe eines Steines ... Ein ... Affe hatte gelernt, den Deckel eines großen Kastens mit Hilfe eines Stockes zu öffnen, und er benutzte diesen später als Hebel, um schwere Gegenstände zu bewegen. Ich selbst habe einmal einen jungen Orang beobachtet, der einen Stock in eine Spalte steckte, ihn am anderen Ende festhielt und ihn richtig als Hebel benutzte (Darwin 1871 [1966, S. 101]).

Ist Werkzeuggebrauch aber schon eine kulturelle Leistung? Gleich, ob man diese Frage bejahen will oder nicht, als Tatsache bleibt, dass unsere nächsten Verwandten zu planvollem Handeln fähig sind und so ökologische Zwänge durchbrechen. Dabei entwickeln verschiedene Populationen, vor allem der Schimpansen, oft unterschiedliche Strategien, um ein Problem zu lösen. Ihre stark ausgeprägte Individualität und ihre jeweilige Auffassungsgabe helfen ihnen dabei. Ihr Verstand kann mit dem der menschlichen Kinder verglichen werden (Fouts 2000). So wie diese unterschiedlich schnell ein Problem lösen oder auf soziale Herausforderungen unterschiedlich reagieren, so zeigen auch Schimpansen eine große Bandbreite individueller Leistungen. In der Tat sind aber alle Menschenaffen in der Lage, mit großer Geschicklichkeit und beachtlicher Einsicht Objekte ihrer Umgebung zu manipulieren und so einfache Werkzeuge herzustellen. Was bei Schimpansen besonders auffällt, ist ihr Erfindungsreichtum, ihre Fähigkeit, ökologischen Herausforderungen auf verschiedene Art und Weise zu begegnen.

Ein Beispiel dafür ist das Fangen von Termiten (siehe Boesch und Tomasello 1998, Potts 1996). In Regionen mit reichlichem Vorkommen von Termitenhügeln benützen sie überhaupt keine Werkzeuge. Populationen in Senegal schälen zuerst die Rinde eines Astes ab und benutzen nur eines seiner Enden, um an die Termiten heranzukommen. Populationen anderer Regionen benutzen beide Enden und kümmern sich nicht um die Rinde. In Äquatorialguinea werden große Äste benutzt und damit die Termitenhügel aufgebrochen; die Mahlzeit wird mit bloßen Händen herbeigeholt.

Schimpansen sind imstande, das Verhalten von Artgenossen nicht nur buchstäblich nachzuäffen, sondern zu *imitieren*, das heißt, die Leistungen anderer bei der Lösung eigener Probleme sinnvoll anzuwenden und umgekehrt auch andere bei der Problemlösung zu unterweisen. Doch obwohl die Fähigkeit der Imitation eine beachtliche kognitive Leistung darstellt, braucht sie nicht als besonders wichtig oder unabdingbar für Verhaltenstraditionen oder Kultur betrachtet zu werden (Heyes 1993, Rothe und Henke 1999). Die bei Schimpansen ausgeprägte Fähigkeit zu *sozialem Lernen* ist jedoch eine grundlegende Triebkraft für die Entwicklung von Kultur. Kultur ist ein von individuellen Leistungen abhängiges Kollektivphänomen. Ein Individuum kann eine neue und originelle Problemlösungsstrategie finden oder ein Werkzeug herstellen – zur *Kultur* wird diese Leistung jedoch erst, wenn sie von anderen verstanden und tradiert wird. Voraussetzung dafür ist das soziale Lernen: Das Individuum, das irgendetwas Neues geschaffen hat, kann dadurch das Verhalten anderer Individuen ändern. Im Allgemeinen hat das soziale Lernen gruppenstabilisierende Funktion, es dient aber auch – dies ist, wenn man so will, seine Kehrseite – der Manipulation und Täuschung von Gruppengenossen. Aber auch darin sind Schimpansen wahre Meister.

Kultur hängt also maßgeblich davon ab, ob Lebewesen imstande sind, eine erlernte Fähigkeit an die Individuen ihrer Gruppe weiterzugeben und über Generationen hinweg zu tradieren. Offenbar haben die Werkzeuge nichtmenschlicher Primaten keine soziale Bedeutung erlangt, und es ist außerdem nicht klar, ob ein Menschenaffe in der Lage ist, Werkzeuge (Geräte) mit Hilfe von anderen Werkzeugen herzustellen. Sind also einerseits die basalen Mechanismen der Kulturentwicklung bei Schimpansen und den anderen Menschenaffen durchaus schon ausgeprägt, so fehlt bei diesen Tieren andererseits eine Fähigkeit, die Kultur beim modernen Menschen letztlich ausmacht: die (buchstäblich) *Aufzeichnung* von Information, von Lehr- und Lerninhalten, auf außerkörperlichen Strukturen (Tontafeln, Papier und so weiter) symbolisch, vor allem durch die *Schrift*. Die (menschliche) Kultur bleibt somit in der Tat etwas Spezifisches, aber sie ist nichts Außernatürliches (Wuketits 1997). Sie entstand auf der Grundlage viel älterer Verhaltensmechanismen, die uns heute von unseren nichtmenschlichen Verwandten eindrucksvoll vorgeführt werden.

Die kulturelle Evolution beim Menschen fügt sich ein in ein Kontinuum von Fähigkeiten und Fertigkeiten, die auf verschiedenen „Stufen" der Evolution des Tierreichs entstanden sind. Wenn man (nach Lumsden und Wilson 1981) als grundlegende Komponenten der Kultur *Lernen*, *Imitation*, *Lehren* und *Symbolismus* beschreibt, dann kommt beim Menschen lediglich der Symbolismus als etwas Neues dazu. Das Lernen ist die älteste dieser Komponenten, sie findet sich bei vielen Wirbeltieren in unterschiedlich ausgeprägter Form. Die Imitation von Verhaltensweisen ist nicht auf die Primaten beschränkt, sondern bei vielen Säugetierarten nachgewiesen. Im engeren Sinn, als *Lehren*, hat sie vor allem bei den Menschenaffen Bedeutung erlangt.

Homo sapiens (in mancher Hinsicht wahrscheinlich auch schon *Homo erectus*) hat nun darüber hinaus die Fähigkeit entwickelt, gewonnene Information auf spezifische Weise zu speichern und jederzeit abrufbar zu machen. Die Ideen eines Philosophen, der vor zweitausend Jahren gelebt hat, sind uns heute ebenso zugänglich wie Totenlieder aus dem Alten Ägypten oder kosmologische Vorstellungen mittelalterlicher Theologen – Voraussetzung ist nur, dass sie damals „zu Papier“ gebracht wurden und in einer Sprache geschrieben sind, die wir heute verstehen oder rekonstruieren können. Schimpansen oder Gorillas können die „Ideen“ ihrer Ahnen, die vor Jahrhunderten oder Jahrtausenden gelebt haben, freilich nicht „rekonstruieren“.

Das Wesen kultureller Informationsübertragung im engeren Sinn liegt also darin, dass die jeweilige Information nicht mehr an die physische Existenz ihres Trägers gebunden ist. Damit kommen wir wieder zur Sprache.

Wie gesagt, sprachliche Fähigkeiten im weiteren Sinn sind keine Sonderleistung des Menschen. Allerdings hat beim modernen Menschen die Sprache ein hohes Abstraktionsniveau erreicht. Sie ist, wie bereits bemerkt wurde, eine Symbolsprache und zeichnet sich dadurch aus, dass mit einer endlichen Anzahl von Lauten (Wörtern, Begriffen) in einer bestimmten syntaktischen Abfolge praktisch unendlich viele Bedeutungen erzeugt werden können. Selbst ein so einfacher Satz wie „Er hat immer gern Bücher gelesen“ kann in sehr nuancierter Form vielfach abgewandelt werden:

Immer hat er gern Bücher gelesen.
Bücher hat er immer gern gelesen.
Bücher gelesen hat er *immer* gern.
Gern hat er immer Bücher gelesen.
Gelesen hat er *Bücher* immer gern.
Gern *gelesen* hat er Bücher immer.
Immer gern gelesen hat er *Bücher*.
Bücher gern gelesen hat er *immer*.

Einen Satz dermaßen abzuwandeln, wäre einem Schimpansen nicht möglich. Wenn wir von menschlicher Sprache sprechen, müssen wir uns ferner auch die Vielfalt der *Sprachen* und *Dialekte* vergegenwärtigen. Innerhalb relativ kurzer Zeit hat sich „die Sprache" des *Homo sapiens* in zahlreiche Sprachen aufgesplittert, die im Hinblick auf ihre Vokabeln und Grammatik so verschieden sind, dass sie gewaltige Verständigungsbarrieren zwischen den Vertretern unserer Spezies darstellen. Europa ist ein kleiner Kontinent mit keiner großen Sprachenvielfalt (der afrikanische Erdteil zum Beispiel ist sprachlich viel reicher entfaltet), dennoch sind die Sprachbarrieren enorm. Man denke nur beispielsweise an die Unterschiede zwischen Tschechisch und Französisch, Englisch und Bulgarisch oder Ungarisch und Deutsch.

Die Ursprünge der menschlichen Sprache verlieren sich freilich im Dunkel unserer Evolutionsgeschichte. Vom Neandertaler müssen wir eine Symbolsprache annehmen (vgl. S. 104), manche Autoren (zum Beispiel Schrenk 1998) meinen aber, dass bereits – auch wenn direkte Hinweise fehlen – beim *Homo erectus* von einer Sprache ausgegangen werden muss, und zwar wegen der ziemlich komplexen Werkzeuge, die diese Spezies herzustellen in der Lage war. Ich möchte diese Frage hier nicht entscheiden, wichtiger scheint mir eine andere

Frage: Welche Rolle spielte die Sprache in der Evolution des Menschen?

Von unserer heutigen Welt, der Welt der Zivilisation, ist Sprache nicht wegzudenken. Der Professor, der eine Vorlesung hält, der Nachrichtensprecher im Fernsehen, der Fahrkartenkontrolleur in der Straßenbahn, die Mutter, die ihrem Kind etwas verbieten will, der Richter, der sein Urteil über den Angeklagten verkündet, der Politiker, der seinen Wählern eine Steuersenkung verspricht – sie alle sind absolut von der Sprache abhängig, wenngleich sie sich natürlich, mit ihrer Gestik und Mimik, auch der bloßen „Körpersprache“ bedienen. Doch damit allein könnte niemand eine akademische Vorlesung halten, eine Gerichtsverhandlung führen und so weiter. Die Sprache war also ein sehr wichtiger Faktor in unserer Evolution. Nicht-menschliche Primaten mögen dazu in der Lage sein, Symbolsprache zu imitieren, aber sie können sich ihrer nicht *kreativ* bedienen wie der Mensch. Sie sind im Hinblick auf ihre Fortbewegungsweise und die Evolution des Gehirns nicht mit uns gegangen und werden trotz ihrer Intelligenz vermutlich immer „sprachlos“ bleiben (Ehret 1989). „Sprachlos“ freilich nur mit den erwähnten Einschränkungen.

Wir dürfen auch annehmen, dass nichtmenschliche Primaten niemals Waschmaschinen, Motorräder oder Videokameras erzeugen, Kirchen bauen, Denkmäler errichten und Gedichte schreiben werden. Das mag viele von uns beruhigen, darf aber niemandem den Blick darauf verstellen, was diese Tiere können, wie nahe sie uns stehen: hinsichtlich der Grundmuster unseres Verhaltens, unserer Emotionen, unseres sozialen Lebens, unserer Politik ... Wir sind entzückt, wenn ein menschliches Kleinkind einen ihm fremden Gegenstand interessiert betrachtet und dazu irgendwelche Laute von sich gibt, die Freude oder

Erstaunen ausdrücken, wenn das Kind zwei Bausteine eines einfachen Puzzles zusammenfügt, unsere Handlungen beobachtet und imitiert – warum sollten uns nicht auch entsprechende Verhaltensweisen bei Schimpansen entzücken!? Es scheint, dass viele von uns hier noch eine große, über Jahrhunderte aufgetürmte Barriere zu überwinden haben, weil wir eben Schimpansen nicht als Menschen und Menschen nicht als Schimpansen zu betrachten gewohnt sind.

Wie gesagt, von den Schimpansen trennen uns etwa 1000 Kubikzentimeter Gehirnvolumen – aber nur wenige Millionen Jahre Evolutionsgeschichte. Bleibt die Frage, *warum* die Hominiden einen anderen Weg gegangen sind als ihre nächsten Verwandten. Über die möglichen Ursachen ihrer Gehirnevolution wurde schon einiges gesagt. Möglich, dass die Energieversorgung der Schimpansen vor zwei oder drei Millionen Jahren nicht so gut war wie bei ihren Hominiden-Verwandten, sodass die Größe ihrer Gehirne auf gleichem Niveau blieb. Man stelle sich aber vor, was geschehen wäre, wenn seinerzeit bei zwei oder drei Arten das Gehirn in gleichem Maße zu wachsen begonnen hätte ... Nun gut, das war eben nicht der Fall.

Der Gattung *Homo* jedenfalls ist dieses Gehirnwachstum „passiert", und so steht diese Gattung nun vor Problemen besonderer Art (worauf wir noch in späteren Kapiteln zurückkommen werden). Theoretisch hätten wir Hominiden uns ja auch mit einem mehr oder weniger idyllischen Waldleben bescheiden können, „aber es müssen schon damals irgendwelche Subjekte es besser gewusst haben ..., bis sich etwas in Bewegung setzte, was offensichtlich bis zum heutigen Tag ... noch immer nicht zur Ruhe gekommen zu sein scheint" (Heschl 1998, S. 310).

Ja, wir sind unruhige Wesen, stets auf der Suche nach neuen Möglichkeiten, und spätestens in unserer heutigen Wirtschaftswelt scheinen sich viele von uns dabei förmlich zu überschlagen. Aber wahrscheinlich wurde unser Evolutionsweg bereits damals, als die Wälder den Savannen wichen (vgl. S. 20 f.), zum ersten Mal entscheidend „kanalisiert“. Diejenigen unserer entfernten Vorfahren, die „es besser gewusst haben“, wagten das Leben in einem neuen Lebensraum, ohne freilich eine Ahnung davon haben zu können, ob sie Erfolg haben würden. Die heutigen Schimpansen leben auch nicht wirklich ein idyllisches Leben, sie könnten sich dieses – selbst wenn der Mensch sie niemals bedroht hätte – nicht leisten. Sie müssen um ihr Überleben kämpfen. Daher haben sie, wie wir gesehen haben, verschiedene Techniken entwickelt, um beispielsweise an Termiten heranzukommen. Ihr Leben in Gruppen verursacht ihnen auch regelmäßig „sozialen Stress“, und insgesamt brauchen wir uns nicht danach zu sehnen, so zu sein wie die Schimpansen.

Doch dieses Problem haben wahrscheinlich ohnehin nur die wenigsten Menschen. Ein größeres Problem bereitet vielen Menschen die Tatsache, dass sie nun einsehen müssten, wie klein die Distanz zwischen ihnen und den Schimpansen geworden ist. Natürlich kann kein Schimpanse ein Kunstwerk wie die Gewölbefresken der Sixtinischen Kapelle hervorbringen. Aber auch die allermeisten Menschen wären nicht in der Lage, ein derartiges Kunstwerk zu schaffen. Das Spektrum individueller Fähigkeiten und Begabungen ist beim Menschen sehr breit, bei den Schimpansen ebenfalls. Wenn die Pinsel und Farbe zur Hand haben, malen sie so, dass sie manchem menschlichen Künstler durchaus Paroli bieten können. Der Unterschied besteht nur darin, dass der menschliche Maler, wenn er seinen Marktwert kennt, seine Bilder zu einem hohen Preis verkaufen kann – eine Möglichkeit, die Schimpansen nun doch nicht in den Sinn kommt. Das Geld haben nun einmal Hominiden – in einer sehr späten Phase ihrer Evolution – erfunden; keine andere Spezies hat irgendeinen „Sinn" dafür entwickelt.

Ich denke, dass es nicht so wichtig ist, ob wir *Homo sapiens* nun mit den beiden Schimpansen in eine Gruppe des Systems der Primaten stellen beziehungsweise die Schimpansen mit der Bezeichnung *Homo* versehen. Viel wichtiger wäre es zu erkennen, dass wir an der Basis unserer Existenz mit diesen Tieren viel enger verbunden sind, als wir die längste Zeit angenommen haben. Wir Menschen sind einmalige Produkte der Evolution, aber wir sind nicht unüberbrückbar von den anderen Wesen dieses Planeten getrennt.

Was die Beobachtungen an Menschenaffen in neuerer und jüngster Zeit ans Tageslicht befördert haben, dürfte für viele Menschen eine weitere Kränkung bedeuten. Traditionellerweise werden drei Kränkungen des Menschen beziehungsweise seines Selbstbildnisses verzeichnet:

- Die kopernikanische Wende, das heißt die Einsicht, dass der Mensch nicht im Zentrum des Universums lebt.
- Die durch Darwins Evolutionstheorie verursachte Kränkung, wonach der Mensch nicht mehr die Krone der Schöpfung ist.
- Die Tiefenpsychologie Sigmund Freuds (1856–1939), die dem Menschen zu verstehen gibt, dass er nicht „Herr im eigenen Haus" sei, sondern vielfach von unbewussten Verhaltensantrieben geleitet werde.

Der Soziologe Weis (1998) hat plausibel dargelegt, dass im 20. Jahrhundert die Kränkungen des Menschen zugenommen haben:

- Die Soziobiologie zeigt, dass das menschliche Verhalten stark von genetischen Komponenten beeinflusst wird und wir mit einer Disposition ausgestattet sind, die wir von unseren stammesgeschichtlichen Ahnen ererbt haben.

- Aus unserem katastrophalen Verhalten gegenüber der uns umgebenden Natur ist zu schließen, dass wir nicht „Herr und Hirte der Schöpfung“ sind, sondern der Totengräber für unzählige Arten und eine große Bedrohung für unsere eigene Spezies darstellen.
- Der Mensch ist nicht mehr Beherrscher der von ihm erfundenen und entwickelten Technik, sondern zunehmend deren Sklave.
- Die Gentechnik liefert ihm die Perspektive, dass seine jeweilige Individualität und Einmaligkeit vielfach kopiert werden kann.
- Die moderne Computertechnologie lässt ihn erahnen, dass zumindest manche seiner Gehirnleistungen auch von Maschinen vollbracht werden können.
- Die neue Informations- und Kommunikationsgesellschaft macht den einzelnen Menschen jederzeit für alle erreichbar, fördert aber auch den Beziehungs- und Kommunikationskrüppel.
- Der technologische Fortschritt insgesamt schafft ein riesiges Angebot von Geräten, womit der einzelne Mensch aber nicht mehr Schritt halten kann und Gefahr läuft, sich zum Informations- und Konsumidioten zu entwickeln.

Auf die jüngsten dieser Kränkungen, die sich der Mensch durch die von ihm selbst entwickelte Technologie zugefügt hat, komme ich im nächsten Kapitel noch zurück. Ich meine aber, dass wir allen diesen Kränkungen heute eine ganz fundamentale hinzufügen müssen: die Kränkung, die der Mensch erfährt, wenn er einsehen muss, dass ihn weniger von den Menschenaffen trennt, als er die längste Zeit glaubte.

Diese Kränkung ist nicht mit der gleichzusetzen, die uns Darwin zufügte. Was auch immer dieser geniale Forscher über unsere Verwandten und Vorfahren im Tierreich wusste oder vermutete – es bleibt doch hinter dem zurück, was uns heute über Schimpansen, Gorillas und Orang-Utans bekannt ist.

Meines Erachtens wäre es jetzt aber an der Zeit, uns nicht bei jeder Gelegenheit gekränkt zu fühlen, sondern unsere Chancen je nach Einsicht in unsere eigene Natur wahrzunehmen. Auch unangenehme Einsichten können Chancen bieten. Sollte nicht gerade ein Lebewesen, das mit Stolz auf seinen Verstand verweist, sich als rationales Tier *(animal rationale)* wähnt, *jede* Möglichkeit, seine Selbsterkenntnis zu fördern, ergreifen und danach handeln? Vielleicht aber ist es mit der menschlichen Rationalität nicht so weit her, und der Affe in uns hindert uns daran, zu realisieren, was Philosophen seit über zwei Jahrtausenden predigen: der Mensch sei ein zur Transzendenz und Selbsttranszendenz fähiges Lebewesen, ein Lebewesen, das sozusagen über sich selbst hinaus wachsen kann (siehe S. 192).

Vielleicht aber spüren wir ohnehin, jeder Philosophie zum Trotz, dass unsere Seele sozusagen noch im Urwald lebt. Werbepsychologen scheinen recht erfolgreich mit diesem „Gespür" zu arbeiten. Eine ganzseitige Werbeeinschaltung im *Spiegel* bewirbt eine bestimmte Marke von Armbanduhren. Sie zeigt einen Mann in der Wildnis von Lemuren umgeben. Der kurze Text dazu lautet: *For those with instinct* – „Für die mit Instinkt". Selbst technische Präzisionsinstrumente unserer Zeit verkaufen sich wohl besser, wenn man diejenigen, die sich ihrer bedienen, in der Wildnis ansiedelt und insgesamt an archaische Instinkte appelliert.

4. Neandertaler im Internet

So bleibt der Mensch bis heute der sozialen
Evolution verhaftet, der er
seinen Ursprung verdankt, und so kommt es,
daß nicht die Kulturen selbst und ihre
Geschichte, wohl aber die Kulturfähigkeit des
Menschen ein integrierender Bestandteil
unserer Natur sind.

CHRISTIAN VOGEL

Auch wenn manche es nicht wahrhaben wollen: In unserem Denken, Verhalten und Handeln unterscheiden wir uns nicht vom Höhlenmenschen aus der Zeit vor, sagen wir, 30 000 Jahren. Andererseits sitzen wir am Steuer von Autos oder „surfen" im Internet – beides war dem Höhlenmenschen natürlich vollkommen fremd, aber es war auch noch den Menschen im 19. Jahrhundert fremd. Das Automobil gibt es seit etwa einem Jahrhundert, *Internet* und *E-Mail* traten im Wortschatz meiner Generation erst vor kurzem auf; wir verbrachten die ersten paar Jahrzehnte unseres Lebens in einer, wie es heute scheinen mag, ganz anderen Zeit.

Offensichtlich ist *Homo sapiens* eine sehr erfindungsreiche und flexible Spezies. Was freilich nicht bedeuten muss, dass er sich ständig grundlegend ändert. Das nämlich tut er nicht. Er lebt zwar im Allgemeinen nicht mehr in Höhlen, aber der Höhlenmensch in ihm ist nach wie vor lebendig (wenn er zum Beispiel am Steuer eines Autos sitzt ...).

In unserer abendländischen Tradition ist die Trennung von *Natur* und *Kultur* tief verwurzelt. Jedenfalls hat sich im Verlauf unserer Kulturgeschichte auf breiter Basis die Meinung durchgesetzt, dass wir Menschen uns durch unsere Kultur von allen anderen Lebewesen qualitativ unterscheiden und dass unsere Kultur unsere Natur sozusagen überlagert. Die Definition des Menschen als „Kulturwesen" wurde uns so geläufig, dass wir die längste Zeit nicht ernsthaft daran dachten, dass auch andere Lebewesen Kultur entwickelt haben könnten und darüber hinaus mit großer Selbstverständlichkeit angenommen haben, dass unsere eigene Kultur unsere Natur zunehmend verdrängt, uns gewissermaßen von der Natur befreit. Diese „Befreiung" wurde – und wird – positiv gedacht. Ist etwa alles, was in unserer Natur steckt, schlecht? Definieren wir uns wirklich nur durch unsere Kultur? Und ist alles, was wir durch unsere Kultur hervorgebracht haben, gut? Warum wollen wir unsere Natur hinter uns lassen?

Ich habe bereits auf S. 27 betont, dass alles, was wir in und durch unsere Kultur zu leisten imstande sind, eine Leistung unserer Natur sei. Unsere Natur wurde von der Evolution sozusagen dazu angelegt, Kultur produzieren zu können, und zwar in weit höherem Ausmaß als Schimpansen oder andere Primaten dazu imstande sind. Also neigen wir dazu, (unsere) Kultur als Widersacher der Natur (unserer Natur) zu sehen. Diese Neigung ist fatal. Ich gehe so weit, zu behaupten, dass sie uns eine hoffnungsvolle Zukunft verbaut.

Kultur kontra Natur oder Natur in der Kultur?

Seltsam: Beim Betrachten eines Schmetterlingsflügels fühlen sich manche Menschen veranlasst, von einem Kunstwerk zu sprechen, obwohl der Schmetterling bloß Natur ist; wenn sie aber das Lächeln der Mona Lisa betrachten, sehen sie *nur* Kunst, und es kommt ihnen nicht in den Sinn, dass dahinter auch Natur stecken könnte. „Natur" kann also ein Kunstwerk sein, ein „Kunstwerk" aber kann nicht Natur enthalten. Andererseits müsste es jedem Kunstsinnigen sofort einleuchten, dass jedes (vom Menschen geschaffene) Kunstwerk die Existenz eines biologischen Wesens voraussetzt, einen Menschen aus Fleisch und Blut, anders gesagt, einen Hominiden, der seine Vorstellungen, Gedanken, Träume und – oft genug – seinen Wahnsinn „künstlerisch umsetzen" will. Insbesondere die Malerei gehört zu den beim Menschen seit einigen Jahrzehntausenden dokumentierten künstlerischen Aktivitäten. Auch die Musik muss sehr alt sein, aber verständlicherweise finden sich von ihr keine verlässlichen Zeugnisse aus prähistorischer Zeit.

Die Verleugnung *unserer* Natur gehört zu den bemerkenswerten Eigenheiten unserer *Kultur*geschichte. Dafür scheint es aber gute Gründe zu geben. Unsere *kulturelle Evolution* vollzieht sich nicht auf der Basis der genetischen Rekombination und gelegentlich auftretenden Mutationen (siehe S. 40), sondern zeigt einen eigendynamischen Verlauf. Die Informationsweitergabe erfolgt, im Gegensatz zur organischen Evolution, nicht genetisch und nicht nur von einer Generation auf die nächste, sondern auch gleichzeitig in viele Richtungen. Trotzdem gilt, was gern übersehen wird, auch für die Kultur jenes allgemeine Prinzip des Universums, dass nur sein kann, was auch möglich ist (Verbeek 2000):

- Jede Kultur muss die physische Existenz ihrer Träger garantieren, diese ernähren und vor Gefahren schützen.
- Jede Kultur muss mit den Erwartungen ihrer Träger harmonieren, sie darf der biopsychologischen Natur der Menschen nicht widersprechen.
- Eine Kultur muss (analog zum Prinzip der natürlichen Auslese) mit alternativen Angeboten auf dem Markt konkurrieren können.

Eine strikte Trennung von Natur und Kultur, von Natur- und Kulturgeschichte, hält evolutionstheoretischen Überlegungen heute längst nicht mehr stand. Vielmehr sind die genetische und die kulturelle Evolution des Menschen auf verschiedene Weise eng miteinander verknüpft.[9]

Genetische Programme kreieren unsere Gehirne, die bei jedem ihrer Träger ein komplexes Bewusstsein erzeugen, welches wiederum Kultur produzieren kann. „Kultur" kann also keine eigenständige, von ihren biologischen Urhebern abgehobene Entität sein, sondern ist stets Ausdruck von Fähigkeiten und Aktivitäten von Lebewesen. Wie Vogel (2000) festhält, ist alle „echte Kultur" heute an das biologische Evolutionsprodukt *Homo sapiens* gebunden, und die Grundeigenschaften der menschlichen Kulturfähigkeit müssen sich über weite Strecken unserer Stammesgeschichte unter den Selektionsbedingungen der biologischen Evolution bewährt haben. Letzteres bedeutet: Die Entwicklung von Kultur muss „sich genetisch, das heißt in der Münze reproduktiver Fitness ausgezahlt haben, sonst gäbe

---

9 Diese Wechselwirkungen wurden von einigen Anthropologen und Biologen sehr intensiv studiert. Umfassende Konzepte dazu, auf die im vorliegenden Rahmen nicht eingegangen werden kann, haben zum Beispiel Boyd und Richerson (1985) sowie Lumsden und Wilson (1981) ausgearbeitet.

es weder den Menschen noch die an ihn gebundenen Kulturen" (Vogel 2000, S. 43).

In der Tat sind alle menschlichen Aktivitäten, wo auch immer auf diesem Planeten, integrierender Teil des Evolutionsprozesses und können nicht davon separiert werden. Die Kultur des Menschen ist die Verfeinerung von evolutiven Strategien, die in mancher Weise auch bei anderen Organismenarten wirksam waren, obwohl menschliche Sozietäten und Kulturen einen Komplexitätsgrad erreichen, der keine Präzedenzfälle in der Evolution kennt (siehe auch Corning 1997).

Man dürfte streng genommen nicht von Kultur im Singular sprechen; der Mensch hat in seiner Geschichte in der Tat sehr viele verschiedene *Kulturen* hervorgebracht, die keine starren Gebilde darstellen, sondern sich in vielfältiger Weise entwickeln. *Kulturelle Evolution* bedeutet einen transgenerationalen, das heißt generationsübergreifenden Wandel (Antweiler 1988), der eine Änderung von Sitten und Bräuchen, religiösen Überzeugungen, Moralvorstellungen, Technologien und so weiter innerhalb einer Gesellschaft bewirkt beziehungsweise zu einem umfassenden Wandel einer Gesellschaft führt.

Hat man sich einmal daran gewöhnt, Kultur als Widersacher der Natur zu deuten, dann wird man freilich nicht so gern bereit sein, „natürliche Vorgaben" für kulturelle Prozesse zu akzeptieren. Ein gutes Beispiel in diesem Zusammenhang ist das *Inzestverbot*, dessen Ursachen seit langem von Anthropologen, Ethnologen, Psychologen und Sozialwissenschaftlern kontrovers diskutiert werden (zur Übersicht siehe Klein 1991).

Inzest (Inzucht) wird von der überwiegenden Mehrzahl der Menschen *nicht* praktiziert. Jedenfalls können wir das aus einigermaßen guten Gründen behaupten. Inzestuöse Bindungen zwischen Vater und Tochter, Mutter und Sohn, Bruder und

Schwester sind in den meisten Gesellschaften überdies verboten und stellen einen strafrechtlich relevanten Tatbestand dar („Blutschande"). Zwar mag die Dunkelziffer solcher Bindungen – oder zumindest vorübergehender Beziehungen dieser Art – höher liegen als man vielleicht gemeinhin anzunehmen geneigt ist, aber das ändert nichts am grundsätzlichen Verbot. Ja, also warum wurde dieses Verbot – sieht man etwa von Inzest-Ehen der Inka-Herrscher und altägyptischen Pharaonen ab – in der menschlichen Kulturgeschichte beinahe universell verankert?

Schon eine einfache Überlegung reicht, um zu sehen, dass seine „rein kulturgeschichtliche" Interpretation zu kurz greift. Diese Interpretation geht, vereinfacht ausgedrückt, davon aus, dass der Inzest die Grundstrukturen der Gesellschaft bedrohe und daher verboten werden müsse. Sicher, eine Frau, die mit ihrem eigenen Sohn ein Kind zeugt oder ein Mann, der seine eigene Tochter schwängert, können schon für einige Verwirrung sorgen (nicht zuletzt bei einem Kind, dessen Mutter gleichzeitig seine Großmutter oder dessen Vater gleichzeitig sein Großvater ist), und würden ihre Beispiele Schule machen, dann wären gesellschaftliche Grundstrukturen wohl tatsächlich bedroht. Aber wie ich bereits an anderen Stellen (Wuketits 1993a, 1999b) zu bedenken gab, ist nicht einzusehen, warum gerade auch in den westlichen Industriegesellschaften sexuelle Beziehungen zwischen engen Verwandten nach wie vor verboten sind und kriminalisiert werden, da doch in diesen Gesellschaften längst wirkungsvolle Mittel zur Empfängnisverhütung verfügbar sind und angewandt werden. Im Grunde bräuchte man kaum zu befürchten, dass aus sexuellen Kontakten zwischen Blutsverwandten auch Kinder hervorgehen, die man dann nicht „so richtig einordnen" könnte (und die selbst Schwierigkeiten mit ihrer Herkunft hätten).

Die Kriminalisierung inzestuöser Bindungen hat tiefe, biologische Wurzeln. Sie folgt einer natürlichen, biologisch verankerten Inzestscheu, und das kulturell etablierte Inzestverbot muss aus dieser hervorgegangen sein. Die natürliche Inzestscheu kann als Ergebnis einer durch die Selektion geförderten Abneigung gegen Inzucht gedeutet werden, weil Fortpflanzung auf diesem Wege biologische Nachteile mit sich bringt (oder zumindest mit einer hohen Wahrscheinlichkeit mit sich bringen kann). Mit anderen Worten: Die eigentlichen Gründe der sexuellen Meidung von engen Verwandten liegen in der Gefahr der Degeneration und verminderten „Eignung" der aus Inzucht hervorgegangenen Individuen. Enge Vertrautheit von Kindheit an errichtet daher üblicherweise eine Barriere gegen sexuelle Begegnungen. Wie Wilson (1978) bemerkt, entwickelt sich bei Personen, die miteinander aufwachsen, mit dem sechsten Lebensjahr gleichsam automatisch eine sexuelle Abneigung. Das Inzestverbot ist also in vielen Kulturen eine gesellschaftliche Norm, „welche in kulturspezifischer Weise die phylogenetische ‚Logik der Gefühle' ausdrückt" (Meyer 1982, S. 118).

Hier liegt ein schönes Beispiel für die enge Verbindung biologischer und kultureller Faktoren im Leben des Menschen vor. Eine natürliche Inzestschranke wurde kulturell durch bestimmte Normen beziehungsweise durch ein Verbot verstärkt und von Generation zu Generation tradiert. Kulturelle Innovation, das heißt hier die Erfindung von wirkungsvollen Verhütungsmitteln, vermochte aber die natürliche Inzestscheu und daher auch das Inzestverbot nicht zu ändern oder zumindest zu lockern. Ein aus biologischen Gründen entstandenes Moralprinzip kann sich so unabhängig von kulturellen Veränderung weiterhin hartnäckig halten. Man lernt aus diesem Beispiel, dass von der natürlichen Auslese begünstigte Verhaltensweisen nicht nur

Kulturen stark beeinflussen, sondern sogar kulturellen Wandel behindern können. Dieser nämlich müsste sich jetzt zumindest in den westlichen Industriegesellschaften, in denen sich allmählich eine liberalere Haltung zu verschiedenen Formen sexueller Beziehungen ausbreitet, durch eine Aufhebung des Inzestverbots vollziehen – wovon aber nicht die Spur zu merken ist.

Gerade im Bereich der Sexualität lässt sich an vielen Beispielen auch zeigen, wie wenig kulturell etablierte Normen, Gebote und Verbote gegen tief im Menschen sitzende Neigungen ausrichten können. Gesellschaften, die etwa vor- oder außerehelichen Geschlechtsverkehr und Masturbation verbieten, ist kein durchschlagender Erfolg beschieden, und zwar ganz gleich, ob sie milde, subtile oder harte Strafen androhen und anwenden. Kultur und Gesellschaft sind gegen die tief in uns sitzenden sexuellen Kräfte ziemlich machtlos (Klein 1991). Andererseits fördern kulturelle Innovationen auch unsere alten „Sexualinstinkte". Die Erfindung und ständige Verbesserung von Fotoapparaten und Videokameras hat pornographischen Bildern und Szenen zu einer nie geahnten Verbreitung verholfen, und mit der Pornoindustrie hat sich ein mächtiger Geschäftszweig etabliert. Verschiedene Technologien, die primär ganz anderen Zwecken dienen, werden von vielen Menschen nebenher auch dazu verwendet, ihre sexuellen Gelüste zu befriedigen. So dient das Telefon dem „Telefonsex" und das Internet der Verbreitung pornographischer Bilder. (Für viele weitere interessante Einzelheiten zum Thema „Evolution und Sexualität", auch in seinen Bezügen zur Kulturgeschichte, verweise ich auf das umfangreiche Buch von Ridley 1998.)

In kaum einem anderen Lebensbereich treten unsere archaischen Verhaltensprogramme so deutlich zum Vorschein wie im Paarungsbereich. Das braucht uns auch nicht zu überraschen, da die Reproduktion zu den grundlegenden Antrieben im Verhalten der Lebewesen überhaupt gehört. Nun kann man mit Recht sagen, dass jede Kultur dem reproduktiven Verhalten verschiedene Schranken auferlegt. In einer Rinderherde beispielsweise paaren sich ein Bulle und eine Kuh vor den Augen aller anderen, und einen Hund und „seine" Hündin stören „Beobachter" ihres Verhaltens in keiner Weise. Bei den Bonobos spielt Sex eine so große Rolle, dass man „sich schwerlich eine Bonobogesellschaft ohne soziosexuelles Verhalten vorstellen [kann]" (Waal 1993). Sie treiben Sex bei jeder Gelegenheit und setzen ihn – sehr bemerkenswert! – zur Lösung von Konflikten ein.

Bei uns Menschen liegen die Dinge heute natürlich anders. Unsere Kultur verbietet uns, Geschlechtsverkehr in der Öffentlichkeit zu praktizieren („Erregen öffentlichen Ärgernisses"), und eine ganze Reihe von Regeln, Normen und Verboten stehen ungezügelter sexueller Betätigung entgegen. Zum Verbotenen gehören Sex mit Minderjährigen, geschlechtliche Beziehungen zwischen Lehrern und ihren Schülerinnen (oder Lehrerinnen und ihren Schülern), auch wenn diese nicht mehr minderjährig sind, sexuelle Kontakte zwischen Psychotherapeut(in) und Patient(in) und so weiter. Einmal abgesehen davon, dass das Unerlaubte dennoch – wohl häufig genug – passiert, liefern sexuelle Verhaltensweisen auch im Rahmen der gesellschaftlich, moralisch und rechtlich akzeptierten Normen eine Fülle von Hinweisen auf uralte stammesgeschichtliche Programme.

Unsere Kultur liefert diesen Programmen sogar sehr vielfältige, nie da gewesene Entwicklungsmöglichkeiten. Die kosmetische Industrie und die Bekleidungsindustrie helfen, die sexuelle Attraktivität zu erhöhen. Parfum, Lippenstift, Make-up, Stöckelschuhe, eng anliegende Pullover und Hosen, Bikinis und so weiter sind Produkte der kulturellen Evolution, die im Dienste der Partnerfindung entwickelt wurden. Sie sind geruchliche und optische Signale, die reproduktive Eignung anzeigen sollen.

Bei der Partnerwahl sind Frauen und Männer einem starken Konkurrenzdruck ausgesetzt und so ist es nur natürlich, dass sie viele Strategien entwickelt haben, um auf einen (potenziellen) Partner oder eine (potenzielle) Partnerin attraktiv zu wirken (Allman 1999). Wie bereits Darwin (1871) erkannte, spielt dabei die *sexuelle Selektion* eine wichtige Rolle. Sie fördert anatomische und physiologische Merkmale sowie Verhaltensweisen, die auffällig genug sind, um ihren „Trägern" mit relativ hoher Wahrscheinlichkeit einen Partner zu sichern. Aus dem Tierreich sind viele Beispiele dafür bekannt, so etwa die langen Schwanzfedern beim männlichen Pfau, der diese bei der Balz zu einem „Rad" formen kann. Die oft bizarre Ausformung solcher Merkmale sagt zwar grundsätzlich nichts über die Lebensfähigkeit ihrer Träger aus, verspricht ihnen aber einen höheren Reproduktionserfolg.

Der Mensch verfügt zwar über kein prachtvolles Federkleid, auch nicht über ein Geweih oder ähnlich auffallende Gebilde, aber er erzeugt durch seine Kultur verschiedene „Merkmale", die genau so gut als Blickfang dienen und seine sexuelle Attraktivität im Allgemeinen erhöhen: so etwa eine teure Uhr, eine wertvolle Gemäldesammlung oder ein Adelsprädikat. Mitunter genügen eine besonders auffällige Frisur, überdimensionierte Ohrringe oder ein Sakko in grellen Farben, um Aufmerksamkeit zu erregen.

Selbstverständlich zeigen auch bestimmte körperliche Bewegungen Paarungsbereitschaft an und können einen potenziellen Geschlechtspartner anlocken. Das gilt vor allem für verschiedene

Tänze. In diesem Zusammenhang ist die *ungerichtete Selbstdarstellung* zu erwähnen (Grammer 1993), beispielsweise der „einsame Tanz". Wenn eine Frau ohne (männliche) Begleitung in einem Lokal an der Bar steht und ihren Körper im Takt zur Musik bewegt, dann hat das für Männer Signalwirkung. Gewöhnlich wird die Frau nach einer Weile von einem Mann zum Tanz aufgefordert, und aus dieser ersten Kontaktaufnahme kann sich freilich noch viel anderes entwickeln...

So wie also verschiedenste Erfindungen unserer Kultur in den Dienst des biologischen Imperativs „Finde einen Partner!" gestellt werden, so hilft dieser Imperativ umgekehrt auch, die Produkte unserer Kultur zu vermarkten. Sexuelle Signale sind heute aus der Werbung nicht mehr wegzudenken. Das ist nicht so neu, wie man glauben mag; auch in der Vergangenheit war die Vermarktung von Produkten mithilfe solcher Signale ein Wirtschaftsfaktor. Die „vermarktete Frau" gereicht dem Feminismus sicher zu einem Ärgernis, hat aber evolutionsbiologisch gute Gründe. In der Evolution wurden Männer dazu selektiert, von Frauen ausgesendete sexuelle Signale oft und aktiv aufzusuchen (Grammer 1993). Eine Getränke- oder Autofirma tut also nur gut daran, nicht bloß ihre Produkte vorzustellen, sondern ihnen auch ein sexuelles Signal beizugeben – eine nackte oder halbnackte Frau. In der heutigen Werbung werden allerdings verstärkt auch Männer eingesetzt, um sexuelle Signale auszusenden, die das beworbene Produkt für Frauen attraktiver machen. Ein spärlich beschürzter Tarzan in Verbindung mit einem schnellen Auto ist keine schlechte Idee.

A propos Auto. In praktisch allen Ländern der Welt gibt es Geschwindigkeitsbeschränkungen; ihr Übertreten wird mitunter sehr streng bestraft. Warum aber erzeugt die Autoindustrie immer schnellere Gefährte? Außer auf Rennbahnen darf nirgends, im öffentlichen Verkehr, ein Auto mit einer Geschwindigkeit von 280 Stundenkilometern gefahren werden – diese Geschwindigkeit aber können ein Mercedes oder ein BMW heute mühelos erreichen. Geschwindigkeit fasziniert einen Primaten, der die längste Zeit (zu Fuß) ziemlich langsam unterwegs war. Ein rasanter „Schlitten" dient ihm als Status- und Sexsymbol; was kümmern ihn gewaltsam verordnete Geschwindigkeitsbeschränkungen. „Der Straßenverkehr bietet alle Möglichkeiten, Machtgefühle zu kultivieren, erlaubt den ‚Unterprivilegierten' sich in die ‚Oberklasse' einzukaufen" (Verbeek 1998, S. 196). Seinen Erfolg als Jäger kann der Primate nur durch außergewöhnliche Leistungen demonstrieren: durch große Ausbeute, das schnelle Erreichen seines Zielortes, die Missachtung von Regeln ... Das Auto, ein Produkt der kulturellen Evolution, dient dem Neandertaler in uns somit nicht nur als Mittel zur Fortbewegung, sondern kann auch stammesgeschichtlich alte Verhaltensantriebe unterstützen.

Das „Kulturwesen" Mensch liefert also genügend Hinweise auf die tief in seiner Stammesgeschichte liegenden Verhaltensantriebe. Weitere Beispiele dazu folgen noch weiter unten. Allerdings neigt dieses „Wesen" dazu, seine Kultur zu überschätzen und eben diese Antriebe zu ignorieren. Immer noch wird darüber diskutiert, ob man sich zwischen „Natur" und „Kultur" zu entscheiden habe, wobei oft und gern das Argument der *Freiheit* ins Spiel gebracht wird. Dabei ist, im nächsten Kapitel wird darauf zurückzukommen sein, „nicht einzusehen ..., wieso ein völlig von der Gesellschaft determinierter Mensch freier wäre als ein von natürlichen Dispositionen gelenkter" (Zimmer 1982, S. 197).

So sehr sind viele offenbar davon überzeugt, allein unsere Kultur bestimme unser Menschsein, dass sie alles, was sozusagen von unserer Natur kommt, zurückweisen oder strikt ignorieren. Kultur steht synonym für „Kultiviertheit", „Feinsinn" und „Selbstkontrolle", Natur hingegen wird mit „Wildheit", „Primitivität" und „Gewalt" assoziiert. Bemerkenswerterweise entpuppt sich manch „kultivierter" Mensch gar schnell als „Wilder", als „Rohling". Bei einem Fußballspiel finden sich auf den Zuschauertribünen bekanntlich keineswegs nur Krawallmacher und Schlägertypen; die stellen wohl die Ausnahme unter den Zuschauern dar, von denen sich die meisten selbst wahrscheinlich als kultiviert bezeichnen würden. Kultivierte Menschen beim Anblick eines rollenden Leders, das je elf Spieler ins jeweils gegnerische Tor befördern und vom eigenen Tor fernhalten wollen, entwickeln oft binnen Sekunden sehr interessante Formen der „Wildheit". Sie ballen ihre Fäuste, springen von den Sitzen und geben Laute von sich, die uns Rückschlüsse auf die Anfänge der menschlichen Sprache erlauben. Es bedarf also nur gegebener Rahmenbedingungen – und schon bahnen sich unsere archaischen Verhaltensweisen ihren Weg. Leider liegen am Ende dieses Weges oft Tote und Schwerverletzte. So kam es in diesem Jahr bei einem Fußballspiel in Ghana zu einer Massenpanik, bei der über hundert Menschen zu Tode getrampelt wurden.

Ein bemerkenswertes kulturelles Ereignis ist auch die so genannte *Love Parade*. Als sie 1999 in Berlin stattfand, war ich zufällig gerade bei einem Symposium in Potsdam, also glücklicherweise weit genug von Berlin; aber am Tag danach hatte ich große Mühe, mit irgendeinem Verkehrsmittel durch Berlin zum Flughafen zu gelangen. Die Stadt war damit beschäftigt, die ungeheuren Müllberge wegzuschaffen, die ein oder zwei Millionen Primaten innerhalb einer Nacht angehäuft hatten. Im Gegensatz zu all jenen, die vielleicht immer noch glauben, unsere prähistorischen Vorfahren hätten sich umweltfreundlich verhalten, dürfen wir heute mit Fug und Recht annehmen, dass die Horden etwa eines *Homo erectus* überall dort, wo sie ihr Lager aufschlugen, ziemliche Verwüstungen anrichteten. Der Müll, den sie hinterließen, bestand aber nicht aus Plastik oder Glas, sondern aus Knochen und anderem organischem Material. Da eine solche Horde aus kaum mehr als fünfzig Individuen bestand, war der zurückgelassene Müllhaufen allerdings vergleichsweise sehr klein.

In einem evolutionären Menschenbild ist mithin auch jede Verherrlichung der Natur und unserer natürlichen Anlagen fehl am Platz. Wenn Jean-Jacques Rousseau (1712–1778) der Meinung huldigte, dass beim Menschen im „Naturzustand" alles gut gewesen sei und der Verfall der Sitten erst mit dem Fortschreiten der Kultur eingesetzt habe (daher seine Forderung: „Zurück zur Natur!"), dann war das ebenso falsch wie die Ansicht von Thomas Hobbes (1588–1679), ursprünglich (im „Naturzustand") habe sich jeder Mensch gegen jeden im Krieg befunden, dem nur der Vertragscharakter unserer Gesellschaft einen Riegel vorschieben könne.

„Gute" Natur/„böse" Kultur, „böse" Natur/„gute" Kultur – der Aufbau solcher Gegensätze ist unsinnig. Aus evolutionstheoretischer Sicht geht es in der Entwicklungsgeschichte des Menschen (wie bei allen anderen Arten) stets bloß darum, dass die natürliche Auslese jene Strategien begünstigt, die für das Leben und Überleben vorteilhaft sind. Da die natürliche Auslese, wie in Kapitel 1 betont wurde, keine Absichten kennt (und daher auch nie moralische Instanz sein kann!), ist unsere Natur weder gut noch böse. Gleiches gilt aber auch für die Kultur.

Nur das spezifische Zusammentreffen von natürlichen Anlagen und bestimmten kulturellen Rahmenbedingungen kann

Folgen haben, die wir (nach unseren jeweiligen moralischen Maßstäben) als gut oder böse bezeichnen mögen, die sich jedoch katastrophal auf die Fortentwicklung der Menschheit auswirken können. Ich komme noch darauf zurück.

Die Vernachlässigung der Naturgeschichte

Menschliche Geschichte wird gemeinhin als Kultur- beziehungsweise Geistesgeschichte und als politische Geschichte begriffen. Lassen wir einmal ein paar ihrer wichtigsten Ereignisse hier Revue passieren:

Um 3100 v. Chr.	Die Sumerer bilden im Süden Mesopotamiens die ersten Stadtstaaten und entwickeln die Keilschrift.
Um 3000 v. Chr.	In Europa und im Vorderen Orient wird (wahrscheinlich unabhängig voneinander) das Rad erfunden.
Um 600 v. Chr.	In Lydien beginnt man, Münzen zu prägen.
386 v. Chr.	Platon (427–347 v. Chr.) begründet in Athen eine Philosophenschule, die *Akademie*.
301 n. Chr.	In Armenien entsteht mit der Annahme des Christentums die älteste (christliche) Nationalkirche.
622	Mohammed flieht von Mekka nach Medina. Das Datum gilt als Beginn der islamischen Weltära.
1150	Im Khmerreich wird der hinduistische Tempel *Angkor Vat*, das größte Bauwerk Südostasiens, ein gewaltiger sakraler Bau, vollendet.
1348	Die Universität Prag wird gegründet.
1445–1450	Johannes Gutenberg (1400–1468) erfindet die Technik des Buchdrucks mit beweglichen Lettern.

1492	Christoph Columbus (1451–1506) landet, ohne es zu wissen, in Amerika und entdeckt einen neuen Kontinent.
1687	Isaac Newton (1643–1727) veröffentlicht sein Hauptwerk, in dem er unter anderem das (bereits 1666 entdeckte) Gravitationsgesetz formuliert.
1781	Immanuel Kant (1724–1804) veröffentlicht seine *Kritik der reinen Vernunft*.
1869	Der Sueskanal wird als Verbindung zwischen dem Roten Meer und dem Mittelmeer eröffnet.
1886	Carl F. Benz (1844–1929) baut das erste Automobil.
1903	Den Brüdern Wright gelingt der erste gesteuerte Motorflug.
1967	Der südafrikanische Chirurg Christiaan Barnard führt die erste erfolgreiche Herztransplantation durch.
1994	Der Eisenbahntunnel unter dem Ärmelkanal zwischen England und Frankreich ist fertiggestellt.

Ich habe hier – ziemlich willkürlich – einige bemerkenswerte Daten unserer Kulturgeschichte zusammengestellt (viele andere Daten ließen sich selbstverständlich anfügen), die mit *Natur*geschichte scheinbar nicht das Geringste zu tun haben. Aber genau das ist der Punkt. Wir haben uns so daran gewöhnt, unsere Kulturgeschichte sozusagen für sich selbst zu studieren, dass wir ihre enge Verbindung mit unserer biologischen Geschichte leicht übersehen oder ignorieren.

Die kritische Leserin und der kritische Leser werden vielleicht sagen: „Nun gut, was haben denn auch die Erfindung des Buchdrucks oder die Entdeckung Amerikas mit unserer Naturgeschichte zu tun? Die (biologische) Evolutionstheorie mag ja unsere Herkunft und Entwicklung als biologische Spezies sehr gut beschreiben und erklären, aber die Erfindung von Flugzeugen ist allein auf die Kreativität bestimmter Menschen zurückzuführen und nicht auf Mutationen und natürliche Auslese." Kreativität und Experimentierfreude haben allerdings unsere Evolution von Anfang an begleitet und kennzeichnen auch nichtmenschliche Primaten.

Eines der bedeutendsten *kulturellen* Ereignisse in der Evolution der Hominiden fand jedenfalls in grauer Vorzeit statt, zu einem Zeitpunkt, der in einer (zeitlich) eng gefassten „Kulturgeschichte" keinen Platz findet. Ich denke dabei an die „Entdeckung" des Feuers, das heißt die Fähigkeit, Feuer zu nutzen, zu kontrollieren und zu entfachen. Der Erwerb dieser Fähigkeit wurde oft dem so genannten Pekingmenschen, *Sinanthropus pekinensis* (benannt nach seinem Fundort in der Nähe von Peking) zugeschrieben, dessen Funde etwa 600 000 Jahre alt sind. Er ist zu *Homo erectus* zu zählen und trägt heute daher keinen eigenen Gattungsnamen mehr. (Die interessante Entdeckungsgeschichte dieses Hominiden erzählt Shapiro 1974.) Inzwischen stammen früheste Hinweise auf kontrollierten Feuer-Gebrauch aus einer Zeit vor über einer Million Jahren (vgl. Schrenk 1998).

Wir machen uns heute keine Vorstellung davon, was die „Entdeckung" des Feuers bedeutete. In unseren Breiten sind wir inzwischen auch nicht mehr gezwungen, Feuer zu „erzeugen" und zu bewahren, weil wir Streichhölzer und Feuerzeuge zur Verfügung haben (in andere Regionen der Erde haben wir diese

Geräte exportiert). Auf der Stufe des *Homo erectus* lagen die Dinge ganz anders. Da muss es ein – auch für die kognitive Evolution – einschneidendes Ereignis gewesen sein, zu entdecken, wofür Feuer gut ist: Plötzlich konnte man sich am Feuer wärmen, man konnte damit aber auch Feinde einschüchtern und vertreiben, und schließlich konnte man durch Verwendung des Feuers Nahrung zubereiten. Zu Beginn der *Hochkulturen*, den wir im alten Mesopotamien ansetzen können (siehe oben), stand dem Menschen aber nicht nur das Feuer zur Verfügung. Eine ganze Reihe von bemerkenswerten Leistungen – die Erfindung von Waffen und Werkzeugen aller Art, Sicheln, Knochennadeln, Äxten mit polierten Steinklingen, Harpunen aus Knochen und Geweih, Geräten für den Ackerbau (Abbildung 5) – war dieser Phase unserer Entwicklung vorangegangen. Damit kommen wir wieder zu unserer *Natur*geschichte.

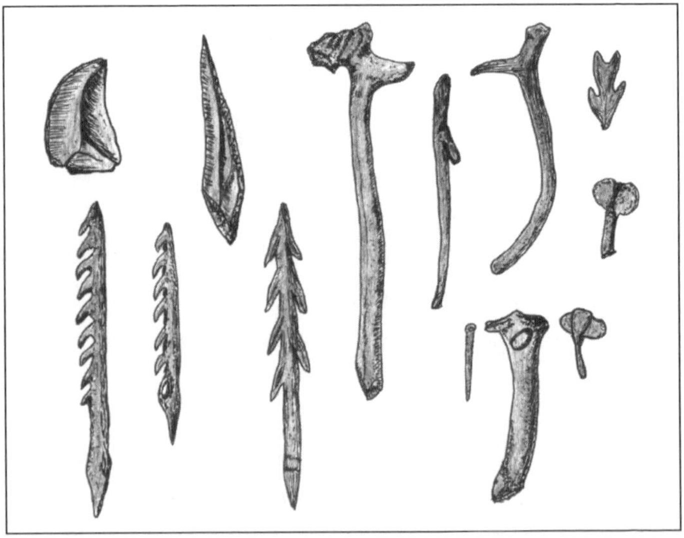

Abb. 5: Werkzeuge aus verschiedenen Etappen der Steinzeit. Die verwendeten Materialien sind vor allem Steine, Geweih und Hörner. (Nach verschiedenen Autoren)

Die wenigen Jahrtausende, die seit unseren ersten Hochkulturen verstrichen sind, nehmen sich verglichen mit den fünf Jahrmillionen Hominiden-Evolution äußerst bescheiden aus (gar nicht zu reden von den etwa siebzig Millionen Jahren, die die Evolution der Primaten in Anspruch nimmt). Was also gibt uns die Berechtigung, unsere Kulturgeschichte – als Geschichte der Hochkulturen – von unserer viel längeren Naturgeschichte (die freilich auch schon viele „kulturelle Elemente" enthält) abzukoppeln? Wir sollten immer eines bedenken: Welche Entdeckungen und Erfindungen unsere Spezies in den letzten Jahrtausenden auch gemacht hat, so großartig diese Entdeckungen und Erfindungen auch sein mögen – sie sind Leistungen eines Gehirns, das bereits vor etwa 40 000 Jahren in seiner heutigen Form im wesentlichen ausgeprägt war. Wie gesagt (siehe S. 21), die Entwicklung unseres Gehirns gehört zu den sehr schnellen Evolutionsvorgängen. Unsere kulturelle Evolution verlief (und verläuft besonders in letzter Zeit) noch wesentlich schneller – allerdings nach wie vor auf der Basis jenes Gehirns, das sich bei den paläolithischen Jägern und Sammlern ausbildete.

Schon Haeckel (1891, S. 847) bemerkte, unser „Seelen-Organ" sei „seinem Bau und Ursprung nach dasselbe Organ, wie dasjenige aller anderen Wirbelthiere." Selbstverständlich dürfen wir nochmals auf die Größe dieses Organs beim *Homo sapiens* hinweisen (siehe S. 21), und auf seine enorme Leistungskapazität, die natürlich kein Biologe ernsthaft mit der eines Fisch- oder Reptiliengehirns vergleichen wird. Die Bedeutung unserer Naturgeschichte wird aber genau dann vernachlässigt, wenn man meint, dass das jüngste Produkt unseres Gehirns, nämlich unsere *Vernunft*, alle tiefen Spuren der Gehirnevolution verwischen könne. *Homo sapiens* ist nicht das „Geistwesen“, das uns von der idealistischen Philosophie überliefert wurde, ein „weltoffenes“ Wesen, das nicht mehr trieb- und umweltgebunden ist (Scheler 1927).

Die evolutionstheoretische Sichtweise belehrt uns eines Besseren. Wem diese Sichtweise aber fremd ist oder wer von ihr nichts wissen will, wird einer Vorstellung verhaftet bleiben, die Hoimar v. Ditfurth (1921–1989) als das „Kulissen-Modell“ der menschlichen Existenz bezeichnet hat:

Für den steht der Mensch in seiner Einzigartigkeit der übrigen Welt – der Natur, der Erde, den anderen Lebewesen – gegenüber, in die er wie in eine Bühne von außen hineingestellt ist und vor deren Kulissenlandschaft er das Schauspiel seiner ureigensten Geschichte aufführt. Da ist es dann in der Tat rätselhaft, weshalb die Konstruktion der Bühne auf die vom Subjekt „von außen“ mitgebrachten Maßstäbe passend zugeschnitten scheint. Aus dieser Perspektive muß es wie ein unerklärbares Wunder (oder wie ein Trug!) wirken, daß die Ideen des Handelnden eine Struktur aufweisen, welche auf die objektiven Eigenschaften der Kulisse paßt (Ditfurth 1976, S. 302).

Ob die Struktur unserer Ideen tatsächlich auf die „Kulisse“ passt, werden wir noch sehen (siehe S. 153). Es erstaunt nicht, dass das „Kulissen-Modell“, da es die naturgeschichtliche Erklärung der menschlichen Existenz ausblendet, nicht zuletzt auf metaphysische Denkfiguren rekurriert und für die Konstruktion der „Bühne“ Gott oder sonst ein „höheres Wesen“ bemüht.

Die evolutionstheoretische Perspektive bedarf solcher Denkfiguren nicht. Es ist vergebene Liebesmühe, die Theorie Darwins so zu deuten, dass sie nicht notwendigerweise einem überzeugten Christen einiges Unbehagen verursacht (Ruse 1998). Mag jeder glauben, was er will, aber konsequent zu Ende gedacht erlaubt diese Theorie zwar die Entstehung eines Lebewesens, das an Gott glaubt, aber nicht Gott selbst. Evolutionsbiologisch gesehen hat Gott seine Nutzenfunktion (Dawkins 1998). Da ein religiöser Glaube und bestimmte Formen der Spiritualität in allen Kulturen anzutreffen sind, kann man davon ausgehen, dass sie zumindest in den letzten Etappen der biosozialen Evolution des Menschen stabilisierende Faktoren waren, und zwar sowohl in sozialer als auch in psychischer Hinsicht. Religionen können den Gemeinschaftssinn fördern, und Individuen, die seine Existenz sozusagen in ihren Köpfen tragen, dürfen hoffen, dass Gott etwas für sie tun kann und wird (Grinde 1998).

Menschen, die einer absolut asketischen Lebensweise huldigen und nur „mit Gott sein“ wollen, sind allerdings die große Ausnahmeerscheinung. Das entspricht auch der evolutionsbiologischen Erwartung. Der Mensch ist weder auf Askese programmiert noch auf dauernde Kommunikation mit Gott. Ein sakraler Akt wie beispielsweise die Taufe eines Kindes oder auch eine kirchliche Eheschließung artet regelmäßig in einer Fress- und Sauforgie aus. Man vergewissert sich, weil's üblich ist oder weil man tatsächlich an Gott glaubt, seines Segens, um danach aber jener irdischen Gelüste zu frönen, die dem nackten Affen in die Wiege gelegt sind. Und natürlich ist es ein Märchen, dass der Mensch „triebungebunden“ sei. Er kann seine Triebe zügeln, gewiss, da helfen seine Kultur und Erziehung schon entscheidend mit. Aber Menschen, die freiwillig verhungern, sind seltener als Menschen, die im Dienste des eigenen Überlebens einem Artgenossen das Essen wegnehmen (und das unter Umständen unter Androhung oder Ausübung von Gewalt).

Es bedarf daher keiner systematischen soziologischen Untersuchung, um die These zu belegen, dass in Zeiten der Massenarmut kriminelle Delikte, insbesondere Diebstahl und Raub, dramatisch ansteigen. Die These folgt einfach aus grundlegenden Erfahrungen mit unserer eigenen Natur. Sie ist so gut begründet wie etwa die „These“, dass ein Mensch, der ins Wasser fällt, dabei nass wird. In Krisensituationen, beispielsweise bei Erdbebenkatastrophen, hat die Polizei alle Hände voll zu tun, um Massenplünderungen und andere Exzesse zu verhindern. Bei vielen Menschen – in abgeschwächter Form wohl bei uns allen – haben Katastrophen einen gewissen „Befreiungseffekt“: Die üblichen Regeln gelten nicht mehr, und wenn „nichts mehr geht“, kann der einzelne seine Triebe sozusagen freier ausleben als unter „normalen“ Umständen.

Ich verkenne nicht die Tatsache, dass gerade Krisensituationen Menschen auch „zusammenbringen“ und zu ungewöhnlichen kooperativen Leistungen motivieren können. Die Kooperation hält aber nur solang an, solang auch alle „Partner“ etwas davon haben. Es ist eine weitere einfache Erfahrungstatsache, dass hungernde Menschen, die plötzlich etwas Essbares bekommen, mühelos auf alle anerzogenen Regeln des guten Benehmens verzichten und allen Tischsitten zum Trotz ihre Mahlzeit mit bloßen Händen verschlingen.

Wollte uns unsere Kulturgeschichte tatsächlich von unserer Natur befreien, dann müsste sie auch gewährleisten, dass es keine hungrigen Mäuler mehr gibt und dass so tatsächlich *allen* Menschen ein lebenslang „gesittetes Verhalten“ möglich ist. Da aber unsere Kultur Teil unserer Naturgeschichte ist und unsere Natur ständig mitträgt, bleibt das eine Illusion. Illusionär bleibt auch die Vermutung, dass wir uns über die Fehleranfälligkeit unseres Gehirns hinwegsetzen könnten. Womit beziehungsweise wodurch denn? Auch dafür haben wir ja wiederum nur unser Gehirn zur Verfügung, das natürlich nicht „über sich selbst hinauswachsen“ kann, zugleich aber immer die letzte Instanz bei allen unseren Entscheidungen, bei unserem Denken und Handeln bleibt.

Wie bereits auf S. 60 bemerkt wurde, wird häufig angenommen, dass Menschen ihre Probleme rational lösen und an alle Probleme mit den gleichen (abstrakten) Prinzipien herangehen. Das ist natürlich ein veritabler Irrtum. Vor einigen Jahren erschien in *GEO* eine interessante Reportage (Romberg 1996), die sich der Frage widmete, warum wir alle Fehler machen („menschliches Versagen"). Ich erwähne hier zwei Beispiele daraus.

Ein Doppeldecker-Bus kracht gegen eine zu niedrige Brücke. Die Folge davon sind sechs Tote. Anschließend stellt sich heraus, dass der Fahrer auf derselben Strecke jahrelang mit einem Einfach-Decker unterwegs war.

Ein Flugzeug setzt zur Landung in Miami an. Pilot und Copilot stellen fest, dass das Bugrad ihrer Maschine nicht ausgefahren werden kann. Beide bemühen sich krampfhaft, den Defekt zu beheben, wobei ihr Flugzeug rasch an Höhe verliert – was sie nicht bemerken. Sie starren nur gebannt auf das Lämpchen, das ein ausgefahrenes Bugrad anzeigen sollte (aber eben nicht anzeigt); sie verlieren den Höhenmesser aus den Augen, übersehen und überhören alle anderen Warnsignale, bis es zu spät ist. Die Maschine stürzt in die Everglades und zieht hundert Menschen in den Tod. (Ironischerweise stellt sich später heraus, dass das Fahrwerk ohnehin draußen war – das Glühbirnchen der Anzeige leuchtete nicht auf, weil es defekt war.)

Beide Unfälle sind also tatsächlich passiert. Niemanden wird das wundern, weil wir ja praktisch täglich über die Medien über solche und ähnliche Unfälle informiert werden. Inzwischen ist es aber üblich geworden, dass sich aggressiv auftretende Anwälte (gegen hohe Honorarforderungen, versteht sich) der Opfer beziehungsweise ihrer Hinterbliebenen annehmen und dass Staatsanwälte gegen die „Schuldigen" ermitteln. Hätten sie eine Ahnung von unserer Naturgeschichte, von der Struktur unseres Gehirns, und würden sie einsehen, dass sie bloß durch Zufall ihre spezifischen Rollen ausüben (und nicht die Rollen von Busfahrern oder Piloten), dann würden sie (die sie auch nur über Steinzeitgehirne verfügen) wohl um einiges leiser auftreten.

Freilich kann man hier kaum auf Einsicht zählen. In unserer Welt, die vom vermeintlichen „Geistwesen" Mensch geprägt wurde, dürfen eben, so denkt manch einer, keine Fehler passieren, und jeder Unfall weckt daher gleich den Verdacht, dass eine kriminelle Handlung vorliegt. Busfahrer, Piloten, Lokomotivführer, Straßenbahnfahrer und Ärzte – zumindest *sie* müssen ihre Aufgaben stets „perfekt" ausführen. Fragt sich nur: wie?

Um Missverständnissen vorzubeugen, darf ich meinen Leserinnen und Lesern versichern, dass ich nicht mit einem Flugzeug fliegen möchte, dessen Pilot übermüdet ist; und nur mit Zögern, wenn überhaupt, würde ich in einen Bus steigen, wenn ich wüsste, dass sich sein Fahrer soeben von seiner Frau scheiden ließ und nicht weiß, wie er die Alimente für seine Kinder bezahlen soll. Ich kann aber von solchen Menschen grundsätzlich nicht erwarten, dass sie „perfekt funktionieren". (Manchmal ist es daher für den eigenen Seelenfrieden besser, wenn man nichts über die momentane Lebenslage etwa eines Busfahrers weiß.) Kein Mensch funktioniert perfekt, so wie man es von Maschinen erwartet – doch auch diese Erwartung ist falsch, weil keine Maschine perfekt sein kann. Verschiedene „technische" Katastrophen der letzten Jahre – die Entgleisung eines ICE-Zugs in Deutschland, der Absturz der Concorde in der Nähe von Paris, ein Seilbahnunglück in Österreich, um nur einige wenige der spektakulären Unfälle zu erwähnen – führen uns nur zu deutlich unsere eigenen Unzulänglichkeiten und die Unzulänglichkeiten unserer Technik vor Augen.

Unsere Naturgeschichte hat robuste, aber eben nicht „perfekte“ Strukturen hervorgebracht, so insbesondere ein Gehirn, das unsere Gattung über vergleichsweise lange Zeiträume erfolgreich durch die Fährnisse einer nicht sehr lebensfreundlichen Welt geführt hat. Die Anzeichen mehren sich, dass aber dieses Gehirn mit den immer komplexeren Systemen, die es in jüngster Zeit immer schneller hervorbringt, selbst immer weniger Schritt halten kann. Einige grundlegende Beobachtungen zeigen, dass die Kapazitäten unseres Gehirns begrenzt sind.

Zum Beispiel ist es eine einfache Erfahrungstatsache, dass unserer Aufmerksamkeit Grenzen gesetzt sind. Sie geht selektiv vor und gleicht einem Scheinwerfer, der einige Dinge unserer Umgebung hervorhebt, während andere im Hintergrund bleiben (Calvin und Ojemann 2000). „Ach, wie konnte mir das bloß entgehen?“ oder „Das muss ich übersehen haben“ sind nur zwei der vielen Redewendungen, die zum Ausdruck bringen, dass wir zwar im nachhinein immer gescheiter sind, aber eben stets mit mangelhafter Aufmerksamkeit zu kämpfen haben.

Wenn wir beispielsweise vor der Auslage eines großen Buchladens kurz stehen bleiben, fallen uns einige Bücher (zum Beispiel aufgrund ihres großen Formats oder wegen besonders origineller Umschlagentwürfe) sofort auf, während wir andere (oft genug zum Ärger ihrer Autoren und Verleger) übersehen. (Wenn von Büchern die Rede ist, darf an dieser Stelle das Problem der Druckfehler nicht unerwähnt bleiben. Obwohl die Letztkorrekturen in der Regel mehrere Personen unabhängig voneinander lesen, erlaubt auch noch so große Sorgfalt und

Aufmerksamkeit so gut wie nie ein Buch gänzlich ohne Druckfehler.)

Grundsätzlich ist es so, dass unsere Wahrnehmung von der Welt zunächst davon abhängt, was unsere Sinnesorgane überhaupt erfassen können. In einem weiteren Schritt kommt es darauf an, was unsere selektive Aufmerksamkeit aus allen Wahrnehmungen macht, was sie daraus auswählt (Calvin und Ojemann 2000). Oft bleibt nicht sehr viel übrig. Von Busfahrern, Piloten oder Lokomotivführern erwarten wir, als Passagiere, natürlich volle Aufmerksamkeit. Üblicherweise verfügen Menschen in solchen Berufen auch über einen hohen Aufmerksamkeitsgrad und dass sie mit ihren Fahr- oder Fluggästen meist sicher am Zielort ankommen, verdanken sie zudem ihrer oft langjährigen Routine. Niemand kann aber erwarten, dass ihre Aufmerksamkeit sozusagen ungebrochen bleiben wird und sie grundsätzlich nie Fehler machen werden.

Zum Überleben programmiert

Unser Gehirn wurde von der Evolution durch natürliche Auslese nicht dazu geschaffen, die „Wahrheit“ über diese Welt herauszufinden, sondern bloß seinem Träger das Überleben zu ermöglichen. Die *evolutionäre Erkenntnistheorie* (siehe etwa Riedl 1980, Vollmer 1975, Wuketits 1990, 1997b) enthält unter anderem die grundsätzliche Aussage, dass unser Wahrnehmungssystem und Gehirn unter den Bedingungen der älteren Steinzeit dazu selektiert wurden, mit einer relativ einfachen und konstanten Welt zurechtzukommen, einem *Mesokosmos*, einer „Welt der mittleren Dimensionen“, die von Sekundenbruchteilen zu einigen Jahren, vom Gramm zu Tonnen und von Millimetern zu einigen Kilometern reicht. Für alles, was außerhalb dieser Welt liegt, haben wir keinen „Sinn“ entwickelt: Wir haben keinen „Sinn“ für radioaktive Strahlung, für Lichtgeschwindigkeit, für exponentielles Wachstum oder für den molekularen Aufbau der Lebewesen. Diese und andere Phänomene bleiben unserer Wahrnehmung und unserer „Intuition“ nach wie vor verborgen. Wir können sie nur mit Hilfe komplizierter (natur-)wissenschaftlicher und mathematischer Methoden *rekonstruieren* – ohne sie aber dadurch unseren Sinnen zugänglich zu machen.

Für unsere paläolithischen Ahnen war die Existenz solcher Phänomene allerdings völlig belanglos. Was sie wissen mussten, war, wo es etwas Essbares gibt, von welchen Lebewesen ihnen Gefahr droht, wie sie sich vor solchen Gefahren schützen können und so weiter. Den Fressfeind von der Beute, den potenziellen Geschlechtspartner vom Geschlechtsgenossen und Sonnenschein von Regen zu unterscheiden – darauf kam es im Dienste des (genetischen) Überlebens an, und nicht auf ein

Wissen über Atome und Moleküle, die Strukturen und Dimensionen des Universums oder die physikalischen Ursachen von Blitz und Donner. (Auch heute noch leben die allermeisten Menschen ganz gut ohne jegliches Wissen über alle diese und ähnliche „Dinge“.) Wäre aber ein Höhlenmensch dagesessen, um in den Boden seiner Höhle mit einem Zweig die Formel $e=mc^2$ zu kritzeln statt auf die Jagd zu gehen und essbare Früchte und Wurzeln zu sammeln, dann hätte er sich als nicht lebensfähig erwiesen.

Unser Wahrnehmungsapparat hat sich nach einem „Ökonomieprinzip“ entwickelt. Dieses lässt sich in Kurzform folgendermaßen charakterisieren: „Allen unmittelbar lebenswichtigen Dingen und Vorgängen in der Umwelt ist Aufmerksamkeit zu schenken, alle anderen dürfen ignoriert werden.“ Früh in der Evolution der Hominiden – und wahrscheinlich schon zuvor – wurde im Wahrnehmungssystem beziehungsweise Gehirn zum Beispiel eine Tendenz zur Verallgemeinerung verankert (vgl. Riedl 1987). Wie stark wir davon nach wie vor beeinflusst sind, lässt sich an zahlreichen Beispielen demonstrieren. Nehmen wir etwa die folgenden drei Zahlenreihen:

2, 4, 6, 8, 10, 12 ...

1, 3, 5, 7, 9, 11...

5, 12, 29, 30, 42, 47 ...

Jedes Kind, wird es aufgefordert, diese Zahlenreihen zu ergänzen oder fortzusetzen, weiß, dass die erste Reihe mit 14, 16, 18, 20 ... weitergeht, die zweite mit 13, 15, 17, 19 ... Es ist sehr leicht, dahinter eine Gesetzmäßigkeit zu erkennen, zum Beispiel die geraden Zahlen. Was aber ist mit der dritten Zahlenreihe? Dahinter steckt offenbar keinerlei Gesetzmäßigkeit. Oder doch?

Nun, ich habe diese Zahlenreihe willkürlich erfunden, wie sie weitergehen könnte, bleibt der Leserin und dem Leser überlassen. Woher aber nehmen wir bei den beiden ersten Zahlenreihen unsere Sicherheit? Es wäre doch denkbar, dass sie etwa folgendermaßen weitergehen:

16, 20, 24, 28, 32 ...

15, 19, 23, 27, 31 ...

Auch hier könnten wir es, zumindest theoretisch, mit einer mathematischen Gesetzmäßigkeit zu tun haben. Warum glauben wir, dass der dritten Zahlenreihe keinerlei Gesetzmäßigkeit zugrunde liegt? Sie könnte sich als Teil einer gesetzmäßigen Reihenfolge erweisen, wenn nur genügend viele Zahlen angeschrieben wären. Der „Scheinwerfer" unseres Gehirns rückt sehr schnell Gesetzmäßigkeiten in den Lichtkegel und blendet alles aus, was sich nicht einordnen lässt.

Für unsere steinzeitlichen Vorfahren genügten einige wenige Begegnungen mit einem Höhlenbären, um rasch zu verallgemeinern: „Das sind sehr kräftige und gefährliche Tiere." Die Wahrscheinlichkeit, dass es auch schwache und kranke Höhlenbären gibt, war zwar gegeben, aber damit zu rechnen, dass der nächste Höhlenbär genau in diese Kategorie fallen würde, wäre möglicherweise ein fataler Irrtum gewesen. Besser war also die Verallgemeinerung: „*Alle* Höhlenbären sind sehr kräftige und gefährliche Tiere."

Der moderne Mensch verfügt über ein selbstreflektierendes Bewusstsein, über Verstand und Vernunft. Aber „darunter" befindet sich ein mächtiger *ratiomorpher Apparat*, der Vernunft ähnlich, aber doch nicht mit ihr identisch. Es handelt sich um die Summe aller „vorbewussten" Mechanismen unseres Nervensystems, die das Resultat langer Evolutionsprozesse sind und so etwas wie eine „Logik des Lebens" darstellen. Sie manövrieren Lebewesen (nicht nur den Menschen!) durch das Leben, helfen ihnen, zwischen lebenswichtigen und unbedeutenden Dingen und Ereignissen zu unterscheiden, bei Gefahr fluchtartig die Szene zu wechseln und so weiter. Ratiomorphe Mechanismen gemahnen uns zur Vorsicht.

Beobachtet man allein essende Menschen in Restaurants, so kann man wiederholt bemerken, dass sie ab und an ihre Blicke durchs ganze Lokal, jedenfalls aber zu den Nebentischen, schweifen lassen, als wollten sie sich vergewissern, dass keine Gefahr droht und ihnen niemand ihr Essen wegnehmen möchte (Löbsack 1990). Der Neandertaler in uns hat im Allgemeinen nicht gelernt, dass ein Restaurant ein „geschützter Ort" ist. So wie er damals, in der Steinzeit, damit rechnen musste, überfallen zu werden und seine Mahlzeit – womöglich sogar sein Leben – zu verlieren, so ist er heute immer noch skeptisch. Mit Recht freilich, denn auch die Rahmenbedingungen eines heutigen Restaurants gewähren keine absolute Sicherheit. An einem der Nachbartische kann ein anderer Neandertaler sitzen, der einen Revolver in der Sakkotasche trägt und sich leicht provoziert fühlt. Auch von draußen, durchs Fenster des Restaurants, könnte jemand einige Schüsse abfeuern – was ja auch ab und an geschieht.

In unserem stammesgeschichtlichen Erbe fest verankert ist ein Kreislauf von *Erfahrung* und *Erwartung*. Wir erleben bestimmte Dinge ein-, zwei- oder dreimal und gründen auf diese Erfahrung die Erwartung, dass, unter gegebenen Umständen, auch beim nächsten Mal ähnliche Dinge passieren werden. Wie stark unsere (vorbewussten!) Erwartungen dabei sind, ist uns keineswegs klar. Jedenfalls nicht im Augenblick des Eintreffens bestimmter Ereignisse. Ich amüsiere meine Studenten regelmäßig mit folgendem Gedankenexperiment: „Stellen Sie sich vor, Sie steigen in eine Straßenbahn und wollen vom

Fahrer eine Fahrkarte kaufen. Der aber gibt Ihnen, statt der gewünschten Karte, eine für ein Herbarium präparierte Pflanze in die Hand. Da wären Sie aber doch sehr erstaunt, das hätten Sie wirklich nicht erwartet ...“. Natürlich nicht.

Wir sind gewohnt – und erwarten daher –, in Straßenbahnen Fahrkarten zu erhalten und nicht plattgedrückte Pflanzen oder etwa für die Ausstellung in einem Museum gedachte tote, aufgespießte Insekten. Man mag befürchten, dass hier meine Phantasie mit mir durchgeht. Aber ich kann beruhigen. Solche Gedankenexperimente bestätigen nur, was ja ohnehin immer wieder tatsächlich passiert: Menschen sehen ihre Erwartungen nicht erfüllt, ihre Erfahrungen nicht bestätigt – und sind in hohem Maße irritiert.

Dabei muss man ihnen gar nicht in einer Straßenbahn einen aufgespießten Käfer anstelle einer Fahrkarte in die Hand drücken. Es genügt durchaus, dass irgendetwas „Normales“ geschieht, das sie nicht erwartet haben. Das plötzliche „merkwürdige“ Verhalten des Ehepartners oder der Ehepartnerin, nicht erfüllte Erwartungen in bezug auf die eigenen Kinder, ein treuloser Freund und so weiter haben schon manche(n) zur Verzweiflung getrieben. Wie sehr verlassen wir uns auch darauf, dass unser Flugzeug pünktlich abfliegen wird, und wie groß ist dann die Enttäuschung, wenn es mit zwei Stunden Verspätung abfliegt. Wir sollten zwar inzwischen gelernt haben, dass unter den Rahmenbedingungen des heutigen Luftverkehrs ein pünktlicher Start keineswegs immer gewährleistet ist. Aber unser Steinzeitgehirn rebelliert immer noch dagegen – obwohl die Wahrnehmung und Benutzung von Flugzeugen klarerweise nicht zu seinem ererbten Programm gehören. Es geht nicht um konkrete Gegenstände, sondern um prinzipielle Erwartungen, ganz gleich, worauf die sich beziehen.

Zu den ererbten Programmen unseres Gehirns gehört noch etwas Grundsätzliches, nämlich ein Gefühl von „Unabhängigkeit". Die Horden des *Homo erectus* und des paläolithischen *Homo sapiens* zogen einfach umher, auf der Suche nach Nahrung. Hatten sie Nahrung gefunden, dann blieben sie eben stehen, um sich am buchstäblich gefundenen Fressen zu delektieren. Niemand trieb sie zur Eile an, und sie warteten auf niemanden, der sie weiterführte. Wer hätte sie denn auch irgendwohin „führen" können? Ohne das Leben unserer alten Ahnen zu verschönern oder gar zu romantisieren, dürfen wir doch eines annehmen: Keiner von ihnen musste warten, bis ein anderer das Signal zum Aufbruch gab, kein Gesetz hinderte sie am Weitergehen, niemand konnte ihnen verbieten, irgendwo ein Lager aufzuschlagen und ein paar Tage dort zu bleiben. Unsere Situation heute ist eine völlig andere.

Wir fahren mit einem Auto durch eine Stadt und müssen alle paar Minuten vor einer Verkehrsampel stehen bleiben – wodurch wir dann womöglich einen „wichtigen Termin" verpassen. Aber unsere Erwartungshaltung ist immer noch dieselbe wie die unserer paläolithischen Vorfahren. Die wurden freilich von keiner Verkehrsampel aufgehalten und konnten keine „Termine" verpassen, weil sie gar keine hatten. Wurden sie, etwa von einer rivalisierenden Horde, aufgehalten, dann gab es allerdings Ärger. Und den gibt es im heutigen Straßenverkehr auch. Bestimmte Handzeichen, die ein Autofahrer einem anderen „sendet", gehören noch zu den harmlosen Ausdrucksformen für Ärger und Zorn. Oft kommt es zu wüsten Beschimpfungen, manchmal auch zu Handgreiflichkeiten.

Es gehört mittlerweile zu den Gemeinplätzen der Alltagspsychologie, dass Menschen mit zu wenig Bewegungsspielraum Probleme kriegen. Niemand fühlt sich in einer kleinen Wohnung in einem Betonsilo wohl. Der Blick aus dem Fenster auf ein Fabrikgelände trägt auch nicht gerade zur Psychohygiene bei. Stadtplaner und Architekten, die in den Großstädten monströse Zweckbauten errichtet haben, haben unsere Naturgeschichte und die von ihr kommenden Antriebe sträflich vernachlässigt. Wir sind heute allerdings mit einem grundsätzlichen Problem konfrontiert, welches unseren stammesgeschichtlichen Vorfahren fremd war: mit der großen Zahl der uns umgebenden Artgenossen. Keiner von uns fühlt sich wohl in überfüllten Straßen- oder Untergrundbahnen. Wir versuchen, die „Überfüllung" irgendwie zu ertragen. Aber jeder von uns kehrt sozusagen in die Steinzeit zurück, wenn er in einen Straßenbahnwaggon mit, sagen wir, nur vier anderen Fahrgästen steigt. Dann setzt er sich natürlich nicht zu einem der anderen Fahrgäste, sondern nimmt einen Platz für sich ein. Was ist daran „steinzeitlich"? Die Neigung, zu persönlich unbekannten Individuen Distanz zu halten. Wenn ich in einem Straßenbahnwaggon mit nur vier Fahrgästen sitze und der zugestiegene fünfte Fahrgast setzt sich zu mir, dann ist das in hohem Grade „verdächtig". Was will der denn bloß von mir?

Der Mensch versucht zu kompensieren, was ihm seine Zivilisation an „ursprünglicher Freiheit" geraubt hat. Er fährt am Wochenende „ins Grüne", joggt regelmäßig, geht im Wald spazieren und so weiter. Bleibt ihm kein Freiraum mehr, wird er aggressiv gegen sich selbst oder gegen andere. Selbstmord oder Mord sind dann die Extremformen der Reaktion auf die Vergewaltigung seiner „Natur". Ich erinnere mich an meinen Lateinlehrer und seinen originellen Rat: Wir sollten, um die schulischen Zwänge leichter zu ertragen, gelegentlich vulgäre Ausdrücke in einen Wald hineinrufen. Ein kluger Mann. Es mag beim (zivilisierten) Menschen verschiedene Grade oder Stufen der „Zahmheit" geben (Bilz 1973), kein Mensch aber kann das Gewand des steinzeitlichen Jägers und Sammlers vollkommen abstreifen.

Der Neandertaler in uns ist nicht zu beschwindeln. „Unsere Wirklichkeit ist nicht identisch mit der realen Welt, und wir sind nicht identisch mit dem *Homo sapiens*, von dem die Philosophen der Aufklärung träumten" (Ditfurth 1976, S. 314). Aus der Sicht der evolutionären Erkenntnistheorie ist es auch längst klar, dass der Mensch die ihn umgebende Welt nicht im Maßstab 1:1 *abbildet*. Die auf die Antike zurückgehende Abbild- oder Korrespondenztheorie ist obsolet geworden. Wir nehmen die Welt nicht so wahr, wie sie *ist*, sondern so, wie sie unseren Lebens- und Überlebensbedürfnissen am ehesten entspricht. Wir gehen natürlich davon aus, dass es eine *reale* Welt, auch völlig unabhängig von unserer Wahrnehmung, gibt; wie sie jedoch im einzelnen beschaffen ist, ist zwar nicht – wie die Vertreter des *radikalen Konstruktivismus* meinen – ausschließlich, aber zum Teil auch eine Frage unserer *Interpretation*. Wir interpretieren Dinge um uns herum nach den Eigenschaften und Funktionen, die wir ihnen zuschreiben. Dieser *funktionale Realismus* (Wuketits 1999c) bedeutet auch, dass wir in der Evolution gelernt haben, wie wir selbst sozusagen funktionieren, wie wir uns verhalten müssen, damit wir im Umgang mit den Gegenständen unserer Umgebung Erfolg haben. Grundlegende Interpretations- und Verhaltensmuster dafür haben wir daher von unseren prähistorischen Ahnen ererbt. Die Folge davon ist ein sehr vereinfachtes und vereinfachendes Weltbild, welches unter anderem dazu führt, dass wir heute *Risiken* oft völlig falsch einschätzen.

Beispiel Rinderwahnsinn, BSE. Als in Österreich das erste Rind mit Verdacht auf diese Krankheit bemerkt wurde, hielt das ganze Land den Atem an. In den Medien wurde das Tier binnen vierundzwanzig Stunden zu einer traurigen Berühmtheit. Der Konsum von Rindfleisch ging drastisch zurück; Rinderzüchter begannen, um ihre Existenz zu bangen. Nun spielt es keine Rolle, dass jenes Rind nach eingehender Untersuchung vom BSE-Verdacht „freigesprochen" wurde und meines Wissens jedenfalls in der kleinen Alpenrepublik bisher kein weiterer Fall von Rinderwahnsinn bekannt ist. Interessant sind die Reaktionen und Befürchtungen der Menschen.

Während in Österreich der Straßenverkehr jährlich etwa tausend Todesopfer fordert und allein in Tirol jedes Jahr rund zwei Dutzend Menschen bei Lawinenabgängen getötet werden, haben wir (glücklicherweise) kein einziges BSE-Opfer zu beklagen. Wozu also die Aufregung? Andererseits: Warum lassen sich Menschen, die wegen einer einzigen „verdächtigen Kuh" vorsichtshalber auf den Verzehr von Rindfleisch zu verzichten bereit sind, nicht davon abhalten, auf einer Autobahn mit hoher (und überhöhter!) Geschwindigkeit zu fahren? Warum unternehmen sie bei instabiler Wetterlage eine Bergwanderung?

Ich habe dafür nur eine plausible Erklärung: Beim Autofahren und beim Bergwandern glaubt der Neandertaler in uns, Kontrolle über sich selbst und seine Umgebung ausüben zu können. (Die statistisch ausgewiesene „Todesrate" ist ihm dabei gleichgültig.) Beim Essen hingegen fühlt er sich – da er nun Tiere nicht mehr selbst jagt und tötet und über die Herkunft seiner Mahlzeit uninformiert bleibt – verunsichert. Autofahren und Bergwandern gehören nicht zu den stammesgeschichtlich entstandenen und in uns genetisch verankerten Verhaltensprogrammen. *Essen* aber ist seit jeher ein so elementares Bedürfnis, eine so grundlegende Notwendigkeit, dass wir auf jede Gefahr äußerst sensibel reagieren. Schon der prähistorische Mensch musste zwischen essbaren und giftigen Pflanzen und Tieren unterscheiden können – und wenn er da einmal sozusagen danebengriff, waren die Folgen letal.

Offenbar manövrieren wir uns durch diese Welt immer noch mit Hilfe von Anleitungen aus der Steinzeit. „Die weitaus meiste Zeit vertrauen wir bei unserer Reise durchs Leben auf den Autopiloten in uns" (Sommer 1994, S. 127). Der erweist sich – nach wie vor – oft als sehr guter Führer. Er hindert uns (zumindest im Regelfall) daran, eine Klapperschlange freudig zu umarmen, aus dem siebenten Stockwerk eines Hochhauses zu springen oder uns mit dem nackten Hinterteil ins Feuer zu setzen. Zugegeben, ein Kind muss man auf viele Gefahren des Lebens erst hinweisen (die Bedeutung von Feuer kann es nicht intuitiv begreifen). Aber gäbe es da nicht die alten stammesgeschichtlichen Programme der *Risikoaversion* und andererseits die Neigung zum *Lustgewinn*, hätten Erwachsene kaum eine Chance, Kinder zum Überleben anzuleiten.

Wenn wir unsere Naturgeschichte vernachlässigen oder gar ignorieren, dann bringen wir uns freiwillig in eine prekäre Situation und berauben uns letzten Endes unserer eigenen Lebens- und Überlebenschancen. Es ist eine triviale Tatsache, dass wir aufgrund unserer anatomischen Beschaffenheit und unserer von genetischen Rahmenbedingungen abhängigen Leistungsfähigkeit auf fundamentale Grenzen stoßen. Diese sind uns durchaus geläufig. Wie Mohr (1987, S. 88) schreibt:

Kein Mensch kann 100 Meter in 6 Sekunden durchlaufen, kein Mensch kann beliebig lange auf Essen und Trinken verzichten, kein Mensch kann infrarotes oder ultraviolettes Licht sehen ... Biologische Grenzen maximal erreichbarer physischer und geistiger Leistungen sind unbestritten. Hier stößt der Mensch an Grenzen, die er allenfalls mit Hilfe von Geräten überwinden kann.

Das leuchtet ein. Unseren Gesetzgebern aber leuchtet es offenbar nicht ein, dass kaum ein Mensch ohne sehr profunde juristische Kenntnisse in der Lage ist, etwa folgenden Gesetzestext zu verstehen, nachzuvollziehen und auf seine eigene Situation anzuwenden:

Die Nebengebührenzulage zum Ruhegenuss beträgt, sofern dem Ruhegenuss eine Ruhegenussbemessungsgrundlage im Ausmaß von 80 % des ruhegenussfähigen Monatsbezugs zugrunde liegt, den 437,5ten Teil des Betrages, der sich aus der Multiplikation der Summe der Nebengebührenwerte mit 1 % des im Zeitpunkt des Entstehens des Anspruches auf die Nebengebührenzulage geltenden Gehaltes der Gehaltsstufe 2 der Dienstklasse V zuzüglich einer allfälligen Teuerungszulage ergibt. Liegt dem Ruhegenuss eine gemäß § 4 Abs. 3 des Pensionsgesetzes 1965 gekürzte Ruhegenussbemessungsgrundlage zugrunde, so gebührt die Nebengebührenzulage in jenem Ausmaß, das dem Verhältnis der gekürzten zur vollen Ruhegenussbemessungsgrundlage entspricht.

Da staunt der juristische Laie (und wohl auch so mancher Fachmann).[10] Was wollen uns Leute, die so etwas zusammenschreiben, eigentlich sagen? Vielleicht, dass sie klüger sind als die meisten anderen? Wahrscheinlicher ist, dass sie damit bewusst eine Verschleierungstaktik betreiben und indirekt ihre Dominanz zum Ausdruck bringen wollen. Denn ein unverstandener Text, der dennoch auf konkrete menschliche

---

[10] Dieses Beispiel stammt aus dem österreichischen Recht. Es handelt sich hier um § 5 Absatz 2 des Entwurfs für eine Novelle zum Bezügegesetz (zitiert nach Hauptmann 1998, S. 493).

Lebenssituationen *angewendet* werden kann und darf, ist furchteinflößend. Möge der Gesetzgeber mit seinem Kauderwelsch auf diese Weise unbewusst einem alten Verhaltensprogramm (Dominanzstreben) folgen, so demonstriert er damit zugleich, dass er mit keinerlei Kenntnissen über die menschliche Natur und das menschliche Erkenntnisvermögen gesegnet ist. Er will zwar das Verhalten von Menschen beeinflussen, wählt dafür aber völlig falsche Mittel.

Anstatt den Menschen als Geistwesen mit der Fähigkeit zu „rein rationalem“ Denken und Handeln zu betrachten, müssen wir einsehen, dass diese seine Rationalität bloß einen dünnen „Überbau“ zu einem mächtigen, früh in unserer Stammesgeschichte entstandenen psychischen „Apparat“ darstellt, diesen aber nicht vollständig überlagert. Vielmehr gehen in unsere Wahrnehmung und Erkenntnis auch tiefsitzende Affekte und Emotionen ein, wovon unser Denken und Handeln nie ganz „gesäubert“ werden kann (Wimmer und Ciompi 1996). Keine Frage, die Lösung vieler heute anstehender Probleme bedarf vernünftiger, rationaler Überlegungen. Wir müssen dabei aber verdammt aufpassen, um nicht in die „Rationalitätsfalle“ zu stolpern: in den Glauben nämlich, alle anderen Aspekte unseres Erkennens und Denkens seien vernachlässigbar. Wir kommen auf einige Konsequenzen davon im nächsten Kapitel noch zurück. Vorerst aber wollen wir uns noch einige weitere Seiten des Steinzeitmenschen in uns ansehen.

Kurzzeitperspektiven der Gegenwart

Wer heute den Betrag von 1000 DM zur Bank bringt und sich den günstigen Zinssatz von sechs Prozent aushandelt, hat nach zwanzig Jahren ein Guthaben von über 3000 DM. Das hätte man vielleicht auch schätzen können, ohne es auszurechnen. Zu schätzen, zu welcher Höhe der Ursprungsbetrag in hundert oder gar tausend Jahren angewachsen sein wird, ist uns praktisch unmöglich. Bei sechs Prozent Zinsen werden aus 1000 DM nämlich in hundert Jahren bereits *338 000 DM* – und nach tausend Jahren *zwanzig Quadrillionen DM* (eine Quadrillion ist eine Zahl mit vierundzwanzig Nullen). Ohne die Verfügbarkeit mathematischer Methoden könnte niemand zu diesem Ergebnis kommen. Quadrillion ist eine unvorstellbar große Zahl, und wir können uns nicht vorstellen, dass 1000 DM jemals zu diesem Betrag anwachsen können. Unser Denkapparat konzentriert sich auf „1000“, auf „sechs Prozent“ und bleibt im Bereich dieser kleinen (allerdings sehr gut vorstellbaren) Zahlen gefangen. Bei der Schätzung geht er *linear* vor und ignoriert das *exponentielle* Wachstum.

Das „1000-DM-Beispiel“ ist, wird man sagen, allerdings nur theoretisch interessant, weil ohnehin niemand sein Geld auf hundert oder tausend Jahre anlegt. Das ist einleuchtend, aber leider gilt die mathematische Gesetzmäßigkeit des exponentiellen Wachstums auch für wirkliche und höchst unerfreuliche Dinge unserer Gegenwart, zum Beispiel für Müllberge, die Ansammlung von Giften in der Biosphäre und – gewissermaßen in umgekehrter Folge – für den *Schwund* von Ressourcen (Verbeek 1998).

Exponentielles Wachstum (mit Zinsen und Zinseszinsen) kam in unserer Evolution die längste Zeit nie vor; wir haben daher, wie bereits erwähnt wurde, keinen Sinn dafür entwickelt. Mithin können wir uns offenbar nicht vorstellen, dass bei immer intensiverer Nutzung von Ressourcen diese tatsächlich eines Tages verschwinden könnten. Auch der Neandertaler konnte sich nicht vorstellen, dass es eines Tages kein jagdbares Wild mehr geben könnte. Aber er *musste* sich das auch nicht vorstellen. In der relativ einfachen Welt, in der unsere prähistorischen Vorfahren lebten, genügte das lineare Denken, zum Beispiel das „Verrechnen" von linearen Ursache-Wirkung-Beziehungen: Auf *A* folgt *B*, auf *B* folgt *C* und so weiter; oder auch, wenn *A*, dann *B*, wenn *B*, dann *C* und so weiter (Riedl 1980, Wuketits 1981). Das Erkennen von kausalen Wechselbeziehungen, einer Art Netzwerkkausalität, liegt nicht im Vermögen unseres schon erwähnten ratiomorphen Apparats.

Da die Evolution, wie in Kapitel 1 ausgeführt wurde, keine Absichten kennt und Lebewesen nicht in weiser Voraussicht zum Überleben unter allen nur denkbaren Umständen „konzipiert", ist auch unserem Gehirn heute nach wie vor nicht zugänglich, was ihm die längste Zeit fremd war. Unserem Gehirn ist es am liebsten, wenn es mit bestimmten Regelmäßigkeiten rechnen darf. So kommt es, dass wir sogar in unserem so innovativen Zeitalter über grundsätzliche Veränderungen in verschiedenen Lebensbereichen immer wieder erstaunt sind. („Ach, damit war doch nicht zu rechnen." „Das konnte ja kein Mensch ahnen." „Unglaublich, das hätte ich nicht für möglich gehalten.") Schnell entwickelt der Mensch bestimmte Gewohnheiten, die er ungern wieder ablegt. Oft sind es relative Kleinigkeiten, Belanglosigkeiten. Ist jemand zum Beispiel drei Jahre lang täglich mit der selben Straßenbahnlinie zur Arbeit gefahren, dann ist er möglicherweise sogar sehr irritiert, wenn er plötzlich erfahren muss, dass „seine" Straßenbahnlinie eingestellt wird.

Jeder Mensch fühlt sich in einer ihm nicht vertrauten Umgebung unsicher. Das gilt natürlich nicht nur für die Umgebung, sondern auch für den Umgang mit anderen Menschen und die Bewältigung verschiedener Situationen. Ich möchte sogar behaupten, dass unsere *Trauer* über den Verlust eines geliebten Menschen (oder Haustieres) nicht unwesentlich davon abhängt, dass sozusagen ein Faden reißt, der uns Kontinuität versprach. Tote braucht man ja nicht zu beklagen und zu bejammern. Der Trauernde bejammert sich also selbst, wenn ein Mensch, der ihm vertraut war, plötzlich nicht mehr da ist. Was das Gewohnte oder Ungewohnte an Situationen betrifft, so fällt mir hier ein kleines Beispiel ein.

Vor Jahren erschien regelmäßig ein Mann mittleren Alters in meinen Vorlesungen und Seminaren; er war früher Autorennfahrer und Stuntman gewesen, nun studierte er Philosophie und Kommunikationswissenschaften. Er strahlte stets Selbstsicherheit aus, war nie um Worte verlegen, und sein ganzes Verhalten spiegelte die Brutalität seiner früheren Berufe in gewissem Sinne wider. In den Seminaren präsentierte er seine Referate und Diskussionsbeiträge in kabarettreifer Form, nahm kein Blatt vor den Mund, und man hätte auch sagen können, er sei respektlos. Er war ein sehr eifriger Student, wissensdurstig und zugleich kritisch.

Dann kam der Tag der kommissionellen Abschlussprüfung. Ich war sein erster Prüfer. Als ich, knapp vor dem vereinbarten Termin, ins Prüfungszimmer kam, war er längst da. Er wirkte nervös. Seine Hände zitterten, als ich die Prüfung mit meiner ersten Frage einleitete. Was war da geschehen? *Dieser* Mann – plötzlich aufgeregt und unsicher (?). Das passte irgendwie nicht zusammen. Aber bald begriff ich. Er mag ja dreihundert Autorennen gefahren sein und unzählige gefährliche Szenen als

Stuntman überlebt haben. Doch nie zuvor war er in genau der Situation, dass er zwei Prüfern und einem Prüfungsvorsitzenden an einer Universität gegenübersaß, die nun über sein weiteres „Schicksal" entscheiden sollten. Da waren seine Selbstsicherheit und Kaltschnäuzigkeit zumindest vorübergehend wie weggeblasen. (Im übrigen bestand er die Prüfung mit ausgezeichnetem Erfolg.)

Später erzählte er mir einmal, dass die Berufe Rennfahrer und Stuntman keineswegs so gefährlich seien, wie man gemeinhin annimmt. Hin und wieder verunglücke zwar ein Rennfahrer tödlich, aber sein Risiko, getötet zu werden, sei nicht größer als das jedes gewöhnlichen Autofahrers. (Man rufe sich noch einmal unsere – falsche – Risikoeinschätzung in Erinnerung.) Das leuchtet ein. Ein Rennfahrer oder ein Stuntman erwerben im Laufe der Zeit ihre Routine und wirken in einer ihnen vertrauten Umgebung. Eine Abschlussprüfung an der Universität schätzen die meisten von uns als relativ ungefährlich ein; jedenfalls unter strikt biologischem Gesichtspunkt, denn Prüflinge mögen zwar ihre weitere berufliche Karriere aufs Spiel setzen, aber sie kommen auf jeden Fall mit dem Leben davon. Doch wer weiß, was in einem Prüfungskandidaten unmittelbar vor der Prüfung vor sich geht ...?

Nun wollte ich in diesem Abschnitt etwas über die Kurzzeitperspektiven der Gegenwart schreiben, die ich bereits auf S. 8 angedeutet habe. Was hat das Gesagte damit zu tun? Sehr viel. Halten wir zweierlei fest:

- Der Mensch ist, seinen in der Stammesgeschichte erworbenen Programmen zufolge, sehr gut imstande, Prozesse als linear verlaufend wahrzunehmen. Er erwartet von der Zukunft im wesentlichen das, was er bereits in der Vergangenheit erlebt hat. Dabei projiziert er kurzfristige Erfahrungen in eine langfristige Zukunft.

- Wann immer der Mensch aus seiner vertrauten Umgebung, die er kontrollieren zu können glaubt, herausgerissen wird, reagiert er mit Unsicherheit. Er fühlt sich jedoch wohl, wenn Ereignisse eintreten, die in sein „Weltbild“ passen, ganz gleich, ob solche Ereignisse „objektiv“ wahrscheinlich sind oder nicht.

Lottospieler neigen zu dem Glauben, dass *ihre* Zahlen irgendwann wohl gezogen und sie dann den großen Gewinn machen werden. Irrtum! Bei einer Zufallsverteilung kann jede beliebige Zahlenkombination gezogen werden und es gibt kein Gesetz, wonach eine bestimmte Kombination einmal einfach kommen *muss*. Genauso ist auch unser Universum beschaffen – aber das ist eine rationale Einsicht, die unser Steinzeitgehirn nicht daran hindert, sich allerlei Hoffnungen hinzugeben. Natürlich soll man keinen Lottospieler desillusionieren. *Unmöglich* sind ja Lottogewinne nicht. Wenn ein so unwahrscheinlicher und tragischer Unfall, wie der auf S. 45 erwähnte, tatsächlich passieren kann, dann kann ja auch jeder beliebigen Person X schon nächste Woche ein Millionengewinn beschert werden.

So wie wir nun aber exponentielles Wachstum und vernetzte Kausalität nicht intuitiv zu erfassen in der Lage sind, so sind wir auch nicht imstande, auch nur einigermaßen verlässlich unsere Zukunft vorauszusagen. Wir bleiben immer in unseren Kurzzeitperspektiven der Gegenwart gefangen. Wenn die Wirtschaft in einem bestimmten Land einmal für einige Monate floriert, dann neigen jedenfalls diejenigen, die davon profitieren, zu dem Glauben, dass es so weitergehen würde. Der Steinzeitmensch lässt grüßen. Wenn der einmal ein Gebiet mit vielen Nahrungsressourcen fand, dann fühlte er sich auch im siebenten Himmel und konnte sich nicht vorstellen, dass sein Glück nur vorübergehend sein würde. Aber Wetterkapriolen, etwa eine plötzlich eintretende Dürreperiode oder Überflutungen, zwangen ihn, das „gelobte Land" zu verlassen und sich anderswo umzusehen.

Jemandem, der heute an der Börse spekuliert, geht es auch nicht anders. Allerdings war die Umwelt des Steinzeitmenschen doch noch viel konstanter und berechenbarer als die Welt heutiger Börsenspekulanten. Die nämlich können binnen Minuten ihr ganzes Vermögen verlieren (und stürzen sich dann womöglich aus dem Fenster), während der Neandertaler bloß einsehen musste, dass er nun weiterzuziehen hat und anderswo seine Nahrungsressourcen finden würde. Er stand jedenfalls, das dürfen wir annehmen, weniger unter „Zeitdruck" als jeder heutige Börsenspekulant – jedenfalls wurde er nie von Terminen zur Eile getrieben (siehe S. 158).

Zeit ist heute ein kostbares Gut. Meist haben wir zu wenig davon und sehnen uns nach der „guten, alten Zeit", als die Großmutter allabendlich aus Märchenbüchern vorlas. Das heißt, nur diejenigen von uns, die *diese* Zeit noch erlebt haben, sehnen sich danach. Kindern, denen heute bereits zu ihrem fünften Geburtstag ein Handy geschenkt wird und die in diesem Alter die meiste Zeit vor dem Fernsehschirm und mit Computerspielen zubringen, ist jene Welt bereits völlig fremd. Ihre kleinen Steinzeitgehirne treiben sie aber dazu, stets „neue Ressourcen" zu finden – nun nicht mehr in Form von Nahrung (davon haben sie mehr als genug!), aber sie wollen jetzt das neueste Handy-Modell besitzen und den neuesten Video-Film sehen.

In der Evolutionsgeschichte der Hominiden sind wahrscheinlich nie so viele Individuen in so kurzer Zeit verblödet wie heute. Denn unsere Vorfahren mussten Strategien zum Überleben entwickeln und konnten sich keinen „Luxus" leisten. Merkwürdig, heute leisten sich, jedenfalls in den Industriegesellschaften, die meisten Menschen keine Zeit. Sie erkennen nicht, dass Zeit ein wertvolles Gut ist, wertvoller als beispielsweise Geld. Verlorenes Geld kann man wiedergewinnen, aber verlorene Zeit ist für immer verloren. „Zeitwohlstand", schreibt Geißler (1999, S. 189), „existiert in einer Gesellschaft, in der sogar die Nasen mit Tempo geputzt werden, meist nur mehr als schöne Hoffnung".

Während wir heute mit dem Dogma der Beschleunigung leben und in immer kürzerer Zeit mehr leisten, mehr erleben und mehr konsumieren wollen, maßen wir uns zugleich an, die Zukunft kontrollieren zu können. Diese Anmaßung kann fatale Folgen haben.

Die Verhinderung der Zukunft

Im Zeitalter des exponentiellen Wachstums von Information, von Gebrauchsgütern, von Industrieabfällen und von Giften schrumpft die Gegenwart mehr und mehr zusammen (Lübbe 1994). Unsere Unfähigkeit, in langen Zeiträumen zu denken, hilft uns, Katastrophen zu beschleunigen. Dabei ist an eine weitere Verhaltensdisposition zu erinnern, die wir von unseren stammesgeschichtlichen Ahnen ererbt haben, nämlich den Hang zur *unmittelbaren Triebbefriedigung*, der unter den Lebensbedingungen des prähistorischen Menschen eine günstige Neigung darstellte, heute aber, in unserer Zivilisation, verheerende Konsequenzen nach sich zieht.

Der steinzeitliche Jäger und Sammler konnte es sich nicht leisten, seine gefangene Beute in kleinen Dosen zu verzehren oder mit dem Verzehr sogar abzuwarten. Zum einen bestand für ihn die Gefahr, dass sich ein Raubtier oder ein Artgenosse an seine Beute heranmachen könnte – eine Gefahr, der natürlich am besten dadurch auszuweichen ist, dass man die Beute so schnell wie möglich in den eigenen Magen befördert. Zum zweiten gab es stets die Möglichkeit, dass sich in den nächsten Tagen Beutetiere rar machen würden. Also tat unser steinzeitlicher Ahne gut daran, sich bei jeder sich ihm bietenden Gelegenheit voll zu fressen.

Man ahnt schon, worauf ich hinaus will. Der heutige Mensch – jedenfalls der Mensch in den westlichen Industriegesellschaften – fängt seine Fressbeute in der Regel nicht mehr selbst, nimmt sich ihrer aber mit der gleichen Intensität an wie sein paläolithischer Vorfahre. Das heißt, seine Zivilisation hat zwar seine Fressgewohnheiten nicht verändert, stellt ihm aber mit ihren Supermärkten ein Überangebot an Nahrung zur

Verfügung. Der Affe in uns freut sich beim Anblick der vielen schmackhaften Sachen, die er überall vorfindet, an Ort und Stelle kaufen und sofort verzehren kann. Er weiß nur oft nicht, wann er wirklich satt ist. Die Konsequenzen sind „sattsam" bekannt. Von ihnen leben Ärzte, Diätapostel, Schlankheitsfarmen und Autoren beziehungsweise Autorinnen von Büchern über „richtige" Ernährung.

Hier liegt ein schönes Beispiel nicht nur für die enge Wechselwirkung zwischen der biologischen und der kulturellen Evolution vor, sondern auch für die Verstärkung einer natürlichen Neigung durch die Zivilisation. Es ist selbstverständlich nichts Schlimmes dabei, wenn die Zivilisation unsere alten Verhaltensprogramme unterstützt – nur hat sie vergessen, Bremseffekte einzubauen. Überhaupt kann, wie ja aus dem Gesagten deutlich geworden ist, die Zivilisation an unseren Anlagen nicht vorbeikommen, aber sie hat uns nicht gelehrt, wie wir mit diesen Anlagen vernünftig umgehen sollen. Gute Gründe sprechen dafür, dass im Leben unserer prähistorischen Vorfahren verschiedene Mechanismen Fettleibigkeit und Überernährung praktisch unmöglich machten. Unsere Vorfahren mussten nach Nahrungsressourcen suchen, sie waren oft gezwungen, weite Strecken zurückzulegen, um etwas Essbares zu finden. Mitunter mussten sie sich eine Mahlzeit buchstäblich erkämpfen. Oft genug mussten sie sich für Tage mit wenig Nahrung zufrieden geben. Und wenn sie sich voll fraßen, verbrauchten sie die Kalorien bei der nächsten Jagd.

Nun sind Fresssucht, Überernährung und Fettleibigkeit keineswegs die einzigen oder gar größten Probleme unserer Zivilisation. Ein viel größeres Problem ist, dass sie unserer *Aggressivität*, also der Neigung zu aggressivem Verhalten und Handeln, neue Rahmenbedingungen bietet. In der Evolution fördert die natürliche Auslese die *Konkurrenzfähigkeit*, die Tauglichkeit des Individuums im Wettbewerb mit seinen Artgenossen und im Wettbewerb mit anderen Arten. Alle Merkmale und Eigenschaften des Menschen haben ihre stammesgeschichtliche Vergangenheit und haben sich in Konkurrenzsituationen bewährt (Voland 1996). Man kann sagen, was man will, aber dass wir (als Gattung) heute (noch) da sind, ist nicht zuletzt auf unsere Gewinne und Siege im natürlichen Wettbewerb zurückzuführen, auf geschickte Strategien, mit denen wir andere übervorteilt haben. Ardrey (1972, S. 157) hatte nicht unrecht: „Der Aggression muss in der Welt des Lebendigen ein gewisser Wert zukommen; warum sonst hätte die Evolution ihr Vorhandensein toleriert?“ Allerdings möchte ich hier im weiteren nicht über Aggression schreiben. Ich erwähne diese beiden Beispiele – „Fresssucht“ und eben Aggressivität beziehungsweise Aggression –, um etwas Grundsätzliches deutlich zu machen.

Unsere Zivilisation kann den paläolithischen Jäger und Sammler in uns nicht unterdrücken. Sie wurde ja selbst auf seinen „Instinkten“ errichtet; und derer bedient sie sich nach wie vor (wie allein Werbung und politische Propaganda sehr gut zeigen). Im Gegensatz zu allen Ansätzen, die Natur und Kultur gegeneinander ausspielen, denke ich nicht nur, dass, wie ich bereits mehrfach betont habe, enge wechselseitige Beziehungen zwischen Natur und Kultur angenommen werden müssen, sondern dass die Kultur, indem sie die biologische Evolution bloß fortsetzt, uns in sehr gefährliche Wasser führt. Mit den Mitteln der kulturellen Informationsübertragung und der dadurch bewirkten Entwicklungsbeschleunigung (siehe S. 117) werden unsere natürlichen Anlagen dermaßen in eine einseitige Richtung verstärkt, dass wir uns allmählich ängstigen müssen.

Unsere technische Industrie wirft mit einer rasanten Geschwindigkeit immer neue Geräte auf den Markt. Computer, Videogeräte oder Mobiltelefone „veralten“ mit ungeheurer Geschwindigkeit, ständig werden neue Modelle angeboten. (Dieses Phänomen ist längst durch Begriffe wie „Wegwerfkultur“ und „Konsumterror“ auf den Punkt gebracht.)

Der Neandertaler in uns ist hin- und hergerissen. Er freut sich ja über das große Angebot und möchte natürlich möglichst vieles davon sofort haben. Jede Ware ist ihm Mittel zur Bedürfnisbefriedigung (siehe Kiridus-Göller 2000). Er *surft* im Internet, verschickt und empfängt Nachrichten über *E-Mail* und fühlt sich dabei noch ganz wohl. Sein Erfindungsreichtum ist zwar erstaunlich, aber er hat – dazu reichte die Zeit bei weitem nicht – nicht gelernt, mit seinen Erfindungen weise umzugehen. Da er keine Vorstellung von exponentiellem Wachstum hat, denkt er nicht daran, dass seine Welt möglicherweise bald am „technologischen Müll“ ersticken wird. Betreiber der einzelnen Betriebe und Firmen, die auf dem Technologie-Markt miteinander konkurrieren, folgen zwar einem uralten Konkurrenzprinzip, scheinen aber nicht zu bemerken, dass sie dieses nun auf die Spitze treiben und dass sie ihr mörderisches Tempo selbst umbringen wird.

Was wir heute „Zukunft“ nennen, war Menschen früherer Zeiten im wesentlichen fremd. Dieser Begriff ist eine Entdeckung (Erfindung?) der frühen Neuzeit (Hölscher 2001).

Aber ein paar Jahrhunderte später sind wir schon dabei, *unsere* Zukunft zu verspielen.

Worin allerdings manche Hoffnung sehen werden, ist die enorme Lernfähigkeit unserer Spezies. Unser Gehirn ist zwar ein Steinzeitmodell, aber offenbar so flexibel, dass es uns erlaubt, eine gewaltige Menge an Information zu bewältigen und viel Neues zu lernen.

Wir kommen daher zu einer entscheidenden Frage.

5. Ist der Mensch (trotz allem) erziehbar?

Junger Erzieher, ich predige dir eine schwere Kunst, nämlich die, ohne Vorschriften zu leiten, und alles zu tun, indem du nichts tust.

JEAN-JACQUES ROUSSEAU

Die Behavioristen waren davon überzeugt, dass der Mensch als unbeschriebenes Blatt, also gleichsam mit einem leeren Kopf, zur Welt komme und allein durch äußere Einflüsse – sprich: *Erziehung* – geformt werden könne. Der amerikanische Psychologe John B. Watson (1878–1958) brachte diese Überzeugung mit den folgenden berühmt gewordenen Worten zum Ausdruck:

Gebt mir ein Dutzend gesunder, wohlgebildeter Kinder und meine eigene Umwelt, in der ich sie erziehe, und ich garantiere, dass ich jedes nach dem Zufall auswähle und es zu einem Spezialisten in irgendeinem Berufe erziehe: zum Arzt, Richter, Künstler, Kaufmann oder zum Bettler und Dieb, ohne Rücksicht auf seine Begabungen, Neigungen, Fähigkeiten, Anlagen und die Herkunft seiner Vorfahren (zit. nach Verbeek 1999, S. 153).

Solche Worte stießen im 20. Jahrhundert für längere Zeit auf sehr fruchtbaren Boden, nährten sie doch die Hoffnungen vieler (wenn nicht der meisten) Pädagogen, Soziologen, Politiker und Juristen, dass der Mensch durch eine „gezielte Behandlung" in jede erwünschte Richtung gebracht werden könne. Dahinter steckt die alte Wunschvorstellung vom planbaren Menschen, die Ideologien verschiedener Schattierungen stark beeinflusste (und immer noch beeinflusst). Es kann wohl kein Zufall sein, dass der Behaviorismus in den Vereinigten Staaten von Amerika und in der Sowjetunion gleich willkommen war. Die Idee, dass der Mensch allein von seiner Umwelt bestimmt sei, erhielt im letzten Jahrhundert aber auch durch Theorien und Konzepte der Kulturanthropologie starken Antrieb. Besonders bekannt wurde die amerikanische Anthropologin Margaret Mead (1901–1978) mit ihrer aus Beobachtungen auf den Samoa-Inseln im Stillen Ozean gezogenen Schlussfolgerung, dass unter bestimmten gesellschaftlichen

Bedingungen viele in den westlichen Industriegesellschaften auftretende „negative Verhaltensweisen" des Menschen gar nicht existieren: Aggression, Rivalität, Hass und Neid.

Also: Zurück zur Natur? Oder liegt die Hoffnung allein in einer angemessenen Erziehung des Menschen? Was aber ist die einem Menschen „angemessene" Erziehung? Ist ihre Erziehbarkeit Teil der biologischen Grundausstattung unserer Spezies? Die Situation war im 20. Jahrhundert – nicht zuletzt aus ideologischen Gründen – etwas verwirrend und sollte verwirrend bleiben. Jedenfalls haben viele Erziehungstheoretiker ihre Rechnung ohne Darwin und die Evolutionstheorie gemacht. Sie suchen die Ursachen für die unangenehmen Aspekte unseres Verhaltens immer noch in gesellschaftlichen beziehungsweise kulturellen Bedingungen und übersehen bereitwilligst deren biologische Wurzeln (und wundern sich dann, wenn ihre Erziehungsmodelle unverwirklicht bleiben).

Keine Frage, Erziehung ist ein wichtiges Anliegen unserer – *jeder* – Kultur. Menschliche Kultur definiert sich ja nicht zuletzt dadurch, dass neben handwerklichem Geschick (Werkzeugherstellung) auch Vorstellungen über die Welt, Werte und Normen, religiöse Überzeugungen und so weiter tradiert werden. „Idealformen" des Menschen werden immer noch geradezu fanatisch angestrebt. Nach dem im letzten Kapitel Gesagten müssen wir uns auch auf einige grundlegende Schwierigkeiten gefasst machen. Nicht nur sind viele Idealvorstellungen gefährlich. Sich am eigenen Schopf aus dem Wasser ziehen zu wollen, ist bekanntlich ein sehr schwieriges Unterfangen. Der Versuch des Menschen, sich selbst zu erziehen, gleicht in vielem einem solchen Unterfangen.

Das Dilemma: Ein Primate möchte sich selbst erziehen

Als Einstieg in das Problem eignet sich eine kleine Geschichte, die der Präsident des Wiener Jugendgerichtshofs, Udo Jesionek, bei Vorträgen wiederholt erzählt hat. Ich möchte diese (wahre) Geschichte hier mit meinen eigenen Worten nacherzählen.

Eine österreichische „Durchschnittsfamilie" – Mann, Frau, fünfzehnjähriger Sohn – sitzt beim Sonntagsfrühstück. Der Mann erzählt seiner Frau: „Ich bin letzte Nacht mit meinem Auto gegen den Hydranten vor unserem Haus gefahren; es entstand einiger Sachschaden. Aber mach' Dir bitte keine Sorgen. Mit unserem Nachbarn und Freund Hannes habe ich bereits gesprochen. Er ist viel besser versichert als ich, und natürlich ist er bereit, den Behörden und der Versicherung gegenüber zu sagen, dass er den Unfall verursacht hat." [Versicherungsbetrug] Danach geht die Familie in die Kirche, um dem Sonntagsgottesdienst beizuwohnen. Unterwegs stiehlt die Mutter eine Zeitung. [Diebstahl] Nach dem Mittagessen will der Vater testen, ob sein Auto trotz der Panne letzte Nacht noch „gut fährt". Was ist dabei naheliegender, als auf einer Autobahn Gas zu geben und den Wagen – jeder Geschwindigkeitsbeschränkung zum Trotz – auf 180 Stundenkilometer zu beschleunigen? [Geschwindigkeitsübertretung; Gefährdung der eigenen und der Sicherheit anderer] Der Sohn ist immer dabei, hört mit und sieht zu. Einige Wochen später ruft sein Vater verzweifelt den Präsidenten des Jugendgerichtshofs an: „Bitte, helfen Sie mir; mein Sohn wurde soeben verhaftet. Er soll ein Moped gestohlen haben. Aber ich versichere Ihnen, mein Sohn ist kein Dieb!"

Die Moral von der Geschichte: Erwachsene leben ihren Kindern vor, was man so alles tun, wie man sich's, auf gut Österreichisch gesagt, „richten" kann, wollen ihren Sprösslingen aber gleichzeitig grundsätzliche Wertvorstellungen und Normen auf den Weg geben: „Du sollst nicht betrügen", „Du sollst nicht stehlen" und so weiter und so fort. Ein Primate, der sich Idealvorstellungen von seiner eigenen Spezies zurechtgezimmert hat und seine Ideale auch an seine Nachkommen weitergeben will, hat's wirklich schwer – vor allem, wenn er selbst nicht in der Lage oder willens ist, diesen Idealen auch wirklich zu folgen.

Gewiss, Versicherungsbetrug schickt sich nicht, außerdem soll man auch zu den eigenen Fehlern stehen. Andererseits spricht doch nichts dagegen, einen Freund um Hilfe zu bitten, wenn man eine Schweinerei verursacht hat und es den Freund obendrein nichts kostet, die Schweinerei auf sich zu nehmen. Man trifft sich dann später zu einem gemütlichen Abendessen, trinkt ein paar Flaschen Wein – es geht ja alles „irgendwie" ...

Seit Urzeiten haben Freunde einander geholfen, unsere Märchen, Balladen und Lieder enthalten in unzähligen Varianten ein Bekenntnis zur Freundschaft. Freundschaft folgt durchaus alten, in unserer Stammesgeschichte entstanden Verhaltensdispositionen. Einem Freund Hilfe zu verweigern oder ihn gar zu verpfeifen, ist ein Verhalten, das in den Augen der meisten Menschen zumindest im Allgemeinen wohl schlimmer ist, als sich der Legalität zu entziehen. Campbell (1975, 1978) hat mit Recht auf den Grundsatzkonflikt zwischen unserer Natur und den Erfordernissen komplexer sozialer Systeme hingewiesen.

Auch der Umstand, dass manche Mutter in ihrem Sohn und mancher Vater in seiner Tochter ein „ideales Geschöpf" sehen, ist aus biologischen Gründen durchaus verständlich, erschwert aber das ohnehin problematische Unterfangen „Erziehung".

Natürlich, der eigene Sohn ist doch kein Dieb, er *kann* gar keiner sein, weil man ihm *gesagt* hat, dass Diebstahl moralisch verwerflich sei. Man vergisst aber darob alles, was man dem Sohn *vorgelebt* hat. Doch da er eben ein ideales Geschöpf ist, dürfte er eben keinen Diebstahl begehen. Aber die ganze Angelegenheit ist noch viel komplizierter. Wie kompliziert, das können wir von Richard Dawkins lernen, der uns dazu rät, uns gegen unser eigenes stammesgeschichtliches Erbe aufzulehnen.

Sein erstmals 1976 erschienenes Buch *The Selfish Gene (Das egoistische Gen)* sorgte bekanntlich für einigen Wirbel. Es führt unser Verhalten – wie das Verhalten anderer Lebewesen – auf den Eigennutz der Gene zurück. Organismen sind nach Dawkins gewissermaßen die Gepäckträger ihrer Gene, von diesen dazu bestimmt, alles – aber auch wirklich alles – zu tun, um sie in die nächste Generation hinüberzuretten. Ich will an dieser Stelle die ganzen Kontroversen, die um Dawkins' Ansatz entstanden sind, nicht wieder aufrollen (siehe aber Kapitel 6). Es sei auch dahingestellt, inwieweit Gene *egoistisch* sein können – Egoismus ist ein Verhalten, das erst auf der Ebene des Gesamtorganismus Sinn hat, sodass der Begriff vom „egoistischen Gen" eigentlich nur eine hübsche Metapher sein kann. An anderer Stelle (Wuketits 1997a) habe ich mich ausführlicher dazu geäußert.

Wie dem auch sei, Dawkins ist ein weitblickender Evolutionstheoretiker, dem nicht nur die Soziobiologie entscheidende Impulse verdankt, sondern der auch unermüdlich für ein richtiges Verständnis der Theorie Darwins und ihrer Konsequenzen kämpft. Er vernachlässigt keineswegs, wie ihm viele Kritiker vorwerfen, die Bedeutung der menschlichen Kultur und der kulturellen Evolution. Für diese nimmt er sogar besondere „Replikatoren" an, *Meme*, Einheiten zur Weitergabe intellektueller Information (Ideen). Ein Erziehungswissenschaftler müsste also einverstanden und völlig zufrieden sein, wenn er folgende Zeilen liest:

Wir haben die Macht, den egoistischen Genen unserer Geburt und, wenn nötig, auch den egoistischen Memen unserer Erziehung zu trotzen. Wir können sogar erörtern, auf welche Weise sich bewußt ein reiner, selbstloser Altruismus kultivieren und pflegen läßt – etwas, für das es in der Natur keinen Raum gibt, etwas, das es in der gesamten Geschichte der Welt nie zuvor gegeben hat. Wir sind als Genmaschinen gebaut und werden als Memmaschinen erzogen, aber wir haben die Macht, uns unseren Schöpfern entgegenzustellen. Als einzige Lebewesen auf der Erde können wir uns gegen die Tyrannei der egoistischen Replikatoren auflehnen (Dawkins 1994, S. 322).

Das ist eine interessante Wendung. Wenn wir bloß Gen- und Mem-Maschinen sind, dann können wir uns doch nicht gegen unsere eigene Maschinerie auflehnen (!). Ein Computer kann ja auch nicht gegen sein Programm protestieren. Und ein Löwe kann sich nicht gegen seinen Jagdtrieb auflehnen (was obendrein, falls er doch damit Erfolg hätte, seine Überlebensfähigkeit drastisch einschränken würde). Wie sollen *wir* überhaupt in die Lage kommen, gegen eine uns *bestimmende* Natur erfolgreich anzukämpfen? Das kann wohl nur funktionieren, *wenn dieser Kampf selbst* zu unserer durch die natürliche Auslese entwickelten und stabilisierten Natur gehört (Heschl 1998), was freilich die von Philosophen aus vielen Jahrhunderten vermutete These unterstützen würde, dass der Mensch ein doppelgesichtiges Wesen sei. Aber von wegen „doppeltes Antlitz"! Wir haben nur ein Antlitz, nämlich jenes, das unsere Evolution geformt hat, das uns aber (ein Trick der Evolution?) vorgaukelt, dass wir ein „zweites Gesicht" besitzen (und daher auch ganz anders sein könnten als wir sind).

In evolutionstheoretischer Perspektive kann die Frage nicht lauten, ob der Mensch erziehbar sei, sondern: „Wie viel Erziehbarkeit entwarf die Evolution für ihre Kinder?“ (Verbeek 1997). Erziehung, so wird allgemein vermutet, ist ein Problem unserer Kultur und nicht unserer Natur; wie ein Kind erzogen wird, welche Werte ihm vermittelt werden, hängt von den jeweiligen kulturellen Rahmenbedingungen ab und von den darin enthaltenen Erwartungen. Vielleicht veranschaulicht der folgende Witz die Erwartungen besser als jede weitschweifende Erörterung.

Zwei Bayern sitzen in einem Gasthaus beim Bier. Da fragt der eine den anderen: „Wie geht es denn mit deinen drei Söhnen, bist du mit ihnen zufrieden?“ Antwort: „Ja, also mein Ältester hat sich hervorragend entwickelt, ich habe gestern mit ihm ein Fass Bier aufgemacht. Auch mein zweiter Sohn war dabei. Mein Jüngster allerdings bereitet mir einige Sorgen. Vor ein paar Tagen habe ich ihn mit einer Coca-Cola erwischt.“

Sicher gibt es keine angeborene Neigung zum Biertrinken. Genauso wenig kommt ein Mensch als Moslem oder Katholik zur Welt, und niemandem ist die Fähigkeit in die Wiege gelegt, altägyptische Schriften zu entziffern oder Autos zu reparieren. Allerdings entwickeln manche früh solche Fähigkeiten, und die kulturellen Rahmenbedingungen, unter denen ein Bayer heranwächst, helfen ihm, früh auf den Geschmack zu kommen. Aber ein Schimpanse wird auch nicht mit der Fertigkeit geboren, Termitennester zu „plündern“. Durch Zuschauen und Imitation und durch eigene Kreativität kann er jedoch bald in die Lage kommen, auf besonders geschickte Weise Termiten aus ihrem Bau zu „angeln“. (Und, wer weiß: Würde man einen Schimpansen in Bayern „integrieren“, würde er vielleicht auch lernen, Bier zu trinken.)

Die alte Frage „angeboren *oder* erlernt?“ ist natürlich, was viele noch nicht bemerkt zu haben scheinen, längst abgehakt. Um bei unserer eigenen Spezies zu bleiben, ist nur darauf hinzuweisen, dass Humanethologen eine Fülle von Material zusammengetragen haben, welches beweist, dass wir bei unserer Geburt kein unbeschriebenes Blatt sind, sondern über eine Reihe von angeborenen Verhaltensdispositionen verfügen, die sich ihrerseits in der Evolution durch natürliche Auslese entwickelt haben (vgl. Eibl-Eibesfeldt 1984). Das Lächeln des Säuglings, seine Saugfähigkeit und seine Fähigkeit, sich festzuklammern, sind nur drei Beispiele für angeborene Dispositionen, die im unmittelbaren Zusammenhang mit dem Überleben stehen. Kein Humanethologe oder Soziobiologe aber leugnet, dass das Lernen im Leben des Menschen eine hervorragende Rolle spielt. Ebenso wenig wird bezweifelt, dass angeborene Dispositionen kulturell unterschiedlich „umgesetzt“ werden können und sich Menschen jeder Kultur darum bemühen, ihr erworbenes Wissen in der Generationenfolge weiterzugeben. Es ist wohl richtig, dass jenes Merkmal, das in der Evolution des Menschen besonders gefördert wurde, in der Fähigkeit besteht, aus Erfahrung zu profitieren, wovon auch die Erziehbarkeit abhängt (Dunn und Dobzhansky 1952). Selbstverständlich kann der individuelle Mensch durch Erziehung stark beeinflusst, sein Verhalten in die eine oder andere Richtung gelenkt werden. Aber eine „Erziehung des Menschengeschlechtes“ bleibt aus unterschiedlichen Gründen bloße Illusion.

Jede Kultur hat ihr Idealbild vom Menschen und versucht, dieses zu verwirklichen. Der Primate, der sich selbst erziehen, seine Ideale verwirklichen möchte, hat dazu also kein einheitliches Strickmuster, sondern findet sich im Wettbewerb seiner Kulturen. Der Kulturphilosoph Alois Dempf (1891–1982) fand in seiner *Theoretischen Anthropologie* dafür salbungsvolle Worte:

So kämpfen die archetypischen Menschenbilder der Religionen und Kulturen, unsterblich wie die Geister der Gefallenen auf den katalaunischen Feldern, in der dunklen Kammer eines jeden Herzens weiterhin darum, daß eins von ihnen zum bestimmenden Vorbild des eigenen Lebens genommen werde. Sie sind ja alle aus dem gleichgebliebenen menschlichen Herzen aufgestiegen, und jeder könnte genug Selbstironie haben, um die allzu großartige Übermenschlichkeit abzuweisen, jedem zeigt das Gewissen, wie weit er im Untermenschlichen stecken bleibt (Dempf 1950, S. 247).

In meine Sprache übersetzt: Der Primate, der sich als Gattung selbst zu etwas Höherem erziehen möchte, zeigt gerade durch diesen Versuch, dass er mehr sein will, als er sein kann. Und das, was er ist – bloß ein nackter Affe oder ein mit Vernunft begabtes Tier (welch großen Unterschied macht das schon, das eine schließt ja das andere nicht aus!) –, ist ihm zugleich Programm dafür, was er alles sein könnte. Das Problem, sich selbst – als Gattung, als Spezies – erziehen zu wollen, ist fürwahr ein großes, ein, wie mir scheint, unbezwingliches. „Der Mensch", schreibt Bartley (1974, S. 64), „ist von Natur aus ein verwirrtes Lebewesen. Seine Rationalität, seine Politik, seine Wissenschaft, seine Überzeugungen, seine Engagements sind verwirrte Versuche, seiner Verwirrung Herr zu werden".

Bei so viel Verwirrung müssen wir uns eigentlich fragen, warum wir überhaupt noch existieren, warum unsere Spezies nicht längst ausgestorben ist. Ihrer Verwirrung zum Trotz, leben heute etwa sechs Milliarden Exemplare auf der Erde – und die Tendenz ist steigend. Das Verwirrende für ein zum kritischen Denken fähiges Wesen ist, dass die enorme Individuenzahl seiner

Spezies einerseits großen evolutiven Erfolg signalisiert, andererseits aber ein gewaltiges Problem geworden ist. Die Verwirrung des *Homo sapiens* rührt, im vorliegenden Kontext, aber wohl daher, dass einerseits sein Verhalten (einschließlich seines Moralverhaltens) von uralten biosozialen Determinanten abhängt (siehe auch Wuketits 1999b), andererseits genau viele dieser Determinanten von ihm im Allgemeinen nicht gewünscht werden, beispielsweise die Disposition zu aggressivem Verhalten. Wenn dieser Antagonismus selbst Teil unseres „Evolutionsprogramms" ist, dann wiederum müssen wir uns ernsthaft fragen, wohin uns unsere Evolution wohl noch bringen wird.

Es ist nicht bekannt, dass irgendeine andere der vielen Millionen Spezies auf diesem Planeten gegen ihre eigene stammesgeschichtliche Mitgift rebelliert. Diese „Rebellion" ist in der Tat spezifisch menschlich. Dennoch: Wenn sich zwar nicht alle, aber zumindest viele von uns gegen die phylogenetisch erworbenen Verhaltensdispositionen ihrer Spezies auflehnen oder aufzulehnen versuchen – warum haben sie dann meist nicht die Stirn, diese Dispositionen überhaupt anzuerkennen? Warum sind sie bereit, ausschließlich *soziale* und *kulturelle* Determinanten für unser Verhalten und Handeln anzunehmen? Wohl deshalb, weil ihnen alles „Natürliche" unabänderlich und daher irgendwie unheimlich erscheint (was die Gentechnik bringen wird, bleibt abzuwarten ...). Ich komme darauf im nächsten Kapitel noch zurück. Wenn der Mensch aber seine eigene Natur zwar anerkennt, sich indes gezwungen sieht, dagegen anzukämpfen, dann begegnet er Problemen grundsätzlicher Art – selbst wenn, wie gesagt, dieser „Kampf" selbst zu seiner Natur gehören sollte. Kein Wunder, dass auch Johann Heinrich Pestalozzi (1746–1827), der große Pädagoge und Sozialreformer, mit Widersprüchen kämpfte:

Der Mensch ist nur insoweit fähig, die Widersprüche, die in seiner Natur zu liegen scheinen, in sich selbst aufzuheben und die Folgen derselben, die ihn im gesellschaftlichen Zustand so vielseitig drücken, zu mildern, als er einsieht, daß dieser Zustand selbst seiner innern Veredlung wesentlich entgegen steht, und als er seine Ansprüche als bloße Ansprüche seiner tierischen Natur erkennt und selbige insoweit verdammt gegen sich selbst und gegen sein ganzes Geschlecht (vgl. Pestalozzi 1970, S. 87).

Soweit mir bekannt, ist Pestalozzi mit den meisten seiner Unternehmungen gescheitert – das würde nicht gegen ihn sprechen, sondern bloß wieder dafür, dass sich ein Primate, der sich selbst (und andere) erziehen will, ein Dilemma aufhalst, aus dem er, wenn überhaupt, nur schwer herausfinden kann. Viele Erziehungstheoretiker demonstrieren dieses Dilemma – unfreiwillig – mit ihrer eigenen Biographie. Seine Forderung, bei Kindern durch Erziehung alle Hemmungen einer naturgemäßen Entfaltung zu beseitigen und ihr die besten Bedingungen zu liefern, hinderte Rousseau nicht daran, seine eigenen Kinder im Findelhaus abzugeben. Spencer (1910, S. 170) betonte die Bedeutung der „physischen Erziehung“ und bemerkte, „dass alle Überschreitungen der Gesetze der Gesundheit physische Sünden sind“. Was aber nichts daran änderte, dass er durch intensive Arbeit an seinem umfassenden philosophischen Werk seine eigene Gesundheit strapazierte.

Vielleicht haben wir uns tatsächlich zu viel vorgenommen (?). Jedenfalls sind, wie nun kaum noch geleugnet werden kann, alle „Erziehungsprojekte“, die an unserer Natur vorbeigehen oder zu wenig Rücksicht darauf nehmen, grundsätzlich zum Scheitern verurteilt. Schließlich haben weder die alte Prügelpädagogik noch alle Erziehungsmodelle, die dem heranwachsenden Menschen jede Freiheit zugestehen, die Menschheit verbessert. Die längste Zeit wurde verabsäumt, Erziehung auf eine Basis zu stellen, die mit den in der Evolution entstandenen biosozialen Grundbedürfnissen unserer Spezies übereinstimmt.

Hier ist nur etwa an jenen Unfug zu erinnern, der im christlichen Abendland im Bereich der „Sexualerziehung“ getrieben wurde (und, obwohl sich die Situation in unseren Breiten verbessert hat, zum Teil immer noch getrieben wird). Bedarf die Sexualität überhaupt einer Erziehung? Sie ist eine so elementare Komponente unseres Lebens, dass wir an ihr nicht herumzubasteln brauchen. Aus biologischer Sicht ist heute nur die Meinung vertretbar, dass jede Unterdrückung der Sexualität grundsätzlich falsch ist und Verbote fehl am Platz sind. Sexuellen Lustgewinn verbieten zu wollen, entspricht etwa dem Versuch, uns davon abzuhalten, verschiedene Speisen als schmackhaft zu empfinden. Wir können uns „freuen, dass es die evolutionären Gesetze und der kreative Zufall waren, die uns intelligente Säugetiere mit einem solchen freudespendenden Vermehrungssystem ausgestattet haben“ (Kanitscheider 1998, S. 57).

Selbstverständlich war eine rigorose Sexualmoral nicht zuletzt auch die Folge von Unkenntnis. Heute wissen wir mehr. Was uns aus der Biologie (und anderen Disziplinen, vor allem Psychologie) über Sexualität und sexuelles Lustempfinden bekannt ist, lässt einen moralischen Rigorismus nicht mehr zu. (Es sollte überflüssig sein, zu betonen, dass damit nicht gemeint ist, jeder dürfe seine Sexualität auch gegen den Willen anderer beliebig ausleben und Frauen vergewaltigen oder Kinder schänden.)

Eine Erziehung, die die menschliche Natur grundsätzlich verändern soll, ist eine Utopie. Der Hinweis, dass der Mensch ein mit Vernunft begabtes Wesen sei, kann heute, 120 Jahre nach Darwin, nicht mehr so verstanden werden, dass sich der

Mensch *primär* als Vernunftwesen definiert. Wie wir im letzten Kapitel gesehen haben, ist die Vernunft nur eine dünne Schicht in einem langen Kontinuum unserer kognitiven Mechanismen. Und wie diese, ist auch sie bloß Teil unserer Anlagen. Aufgabe der Vernunft kann also nicht sein, ihren eigenen stammesgeschichtlichen „Unterbau" völlig umzumodeln (was ohnedies nicht gelingen würde). Die Vernunft kann uns nur dazu anleiten, mit den älteren der in unserer Stammesgeschichte entstandenen Verhaltensdispositionen sinnvoll umzugehen, sie in den Dienst des Lebens und Überlebens unserer Spezies unter ihren heutigen, neuen Lebensbedingungen zu stellen.

Bisher haben wir dazu von unserer Vernunft allerdings nicht sehr viel Hilfe erfahren. „Sei vernünftig!" ist eine Aufforderung, die wir nicht selten von unseren lieben Mitmenschen zu hören bekommen; sie wollen damit aber kaum je an unsere Rationalität appellieren, sondern meistens bloß ihre eigenen Interessen durchsetzen. Keine Frage, Erziehung hat immer auch etwas mit Manipulation zu tun. Eine List der Gene? Nun, es ist jedenfalls kaum zu bezweifeln, dass Eltern von ihren Kindern gerade das erwarten, was ihnen selbst angenehm und opportun ist. „Ungezogene Kinder" fallen uns daher unangenehm auf – „Sind ihre Eltern denn nicht in der Lage, ihnen gutes Benehmen beizubringen?". Die Freiheitsidee ist zwar ein Grundelement unserer Kultur, aber das bedeutet selbstverständlich nicht, dass wir jede Freiheit, die sich der einzelne herausnimmt, zu tolerieren bereit sind – selbst wenn das „freie Verhalten" des Individuums keinem anderen Individuum Schaden zufügt.

Aber nicht nur Eltern versuchen, ihre Kinder zu manipulieren. Kinder unternehmen den gleichen Versuch mit ihren Eltern und sind dabei oft durchaus erfolgreich. Man kennt die Szenen an den Kassen von Supermärkten. Am Ende des Einkaufs bemerkt ein Kind die vielen Süßigkeiten, die – von den Betreibern aller Supermärkte geschickt platziert – in der Nähe der Kasse aufgetürmt sind, und will etwas von den verlockend verpackten Schokoladen oder Bonbons haben. Wie schnell kapituliert da so mancher Erziehungsberechtigte. Da das Kind allgemeine Aufmerksamkeit erregt und die Kassiererin angesichts des Eltern-Kind-Konflikts nervös wird, lenken Mütter und Väter meist schnell ein.

Die Interpretation des Verhältnisses zwischen Kindern und Eltern bleibt heute freilich nicht mehr unberührt von den Erkenntnissen der Verhaltensforschung und Soziobiologie (siehe Paul und Voland 1997, Voland 1995). Kinder sind Erzeuger von Interessenskonflikten, und alle Vorstellungen von harmonischen Eltern-Kind-Beziehungen, insbesondere Vorstellungen von einer „vollkommenen" Mutter-Kind-Harmonie, gehören in den Bereich romantischen Wunschdenkens. Aber die evolutionstheoretische Perspektive bestätigt hier eigentlich nur eine Trivialität. Kinder, die keinen eigenen Willen entwickeln, alles über sich ergehen lassen und nur „brav" sind, sind keine guten Kandidaten für das (eigene) Überleben.

Ein Traum von Freiheit

Eins steht fest: Keine andere Gattung vor oder neben uns war oder ist in der Lage, den „Freiheitsgedanken“ zu denken und sich frei zu wähnen oder auch die Idee zu entwickeln, dass sie unfrei ist – aber vielleicht etwas dagegen tun und Freiheit erlangen könnte. Ein Igel rollt sich einfach ein, wenn ihm Gefahr droht, ein Löwe schlägt und frisst seine Beute (beide fühlen sich dabei weder frei noch unfrei), und selbst ein Schimpanse, der Techniken entwickelt, um Termiten aus ihrem Bau zu holen oder einen seiner Gruppengenossen zu täuschen, denkt dabei nicht den Gedanken der Freiheit. Die Idee der Freiheit ist bestimmend für *unsere* Kulturgeschichte, aber es würde hier zu weit führen, diese Idee im Detail (historisch) nachzuvollziehen. Bloß ein (repräsentatives) Zitat aus der Feder eines bedeutenden Philosophen: „Nur über die unermessliche Distanz des Sich-selbst-Gegenstandes kann der Mensch sich ‚haben‘. Aber er hat sich, während kein Tier sich selbst hat“ (Jonas 1973, S. 261 f.). Solche kryptisch anmutenden Aussagen mögen manche Leserin und manchen Leser beeindrucken – andere aber werden sie in Ratlosigkeit stürzen. Was soll es denn bedeuten, dass der Mensch sich „hat“? Inwiefern kann er sich „haben“?

Ich betrachte solche Aussagen als Ausdruck krampfhafter Versuche, in den Menschen mehr hineinzuprojizieren als wirklich in ihm ist, in ihm sein kann (und als ein Beispiel für den Versuch des Menschen, seiner eigenen Verwirrung Herr zu werden). Vielleicht auch übersieht mancher Philosoph die simple Tatsache, dass die meisten Menschen einfach nur leben, mit ihren täglichen Problemen kämpfen und diese irgendwie zu bewältigen suchen. Im übrigen besteht für die heute etwa 800

Millionen Menschen, die an chronischer Unterernährung leiden und von denen viele qualvoll verhungern, das Problem sicher nicht darin, ob sie sich „haben“, sondern bloß darin, wie sie genug Nahrung bekommen könnten, um zu überleben.

Eigentlich müsste man sich dagegen verwehren, außer im Kontext der biologischen Systematik, von *dem* Menschen zu sprechen, weil sich die sechs Milliarden Individuen des *Homo sapiens*, die jetzt die Erde bevölkern, in sehr unterschiedlichen Lebenslagen befinden. Manche wollen nur genug zum Essen haben, andere denken über die Freiheit nach, wieder andere sind mit sich und der Welt zufrieden (sie haben zu essen, es ist ihnen aber gleichgültig, worin das „Wesen“ ihrer Gattung oder Spezies besteht und sie wollen nur ihre Ruhe haben). Was sie *alle* verbindet, sind ihre gemeinsame Abstammung und in der Evolution ihrer Gattung entstandene Verhaltensprogramme – die aber nichts darüber aussagen, wie es jedem einzelnen ihrer „Träger“ geht. In der „Darwin-Welt“, in der die natürliche Auslese regiert, spielt das Leid einzelner Individuen keine Rolle. Daher will auch Dawkins, wie er anlässlich eines Interviews voriges Jahr in Wien sagte, „in einer Darwin-Welt nicht leben“. Vielleicht möchte er sich gerade deshalb Wege zur Befreiung von der Tyrannei unserer Gene und Meme freihalten ...

Das Problem, dass der Mensch zwar nur ein Primate ist und sein Verhalten von stammesgeschichtlich alten Verhaltensanleitungen gesteuert wird, während er zugleich *bewusst* Entscheidungen treffen kann, ist allerdings gravierend. Auch die meisten Biologen sehen sich dadurch herausgefordert und versuchen, dieser „Doppelbödigkeit“ Herr zu werden. Immerhin geht es ja darum, unser Primatenerbe bei gleichzeitigem Appell an Vernunft und Verantwortung zu akzeptieren. So schreibt beispielsweise Hassenstein (1987, S. 16) folgendes:

Der Mensch ist kein reines Geistwesen. Mit seinem Körper gehört er dem Reich der lebenden Natur an. Auch sein Verhalten ist biologisch mitbedingt, besonders deutlich im Bereich von Angst, Wut, Hunger, Durst, Kinderbetreuung und Sexualität ... Trotzdem gehört es unabdingbar zum Selbstverständnis des Menschen, prinzipiell *willensfrei und verantwortlich handeln zu können, in entscheidenden Augenblicken also keinem naturbedingten Antriebsdiktat zu unterliegen.*

Ich erlaube mir, einem verdienstvollen älteren Kollegen die kritische Frage zu stellen: Was, bitte, sind „entscheidende" Augenblicke? Wenn in solchen Augenblicken das Überleben eines Menschen auf dem Spiel steht, dann wird der eben *nur* seinem „naturbedingten Antriebsdiktat" unterliegen. Ein Mensch, der von einem anderen angegriffen und gefährlich bedroht wird, muss seine Situation als „entscheidend" empfinden. Er wird daher versuchen, dem Angreifer zu entgehen, oder er wird ihn in *Notwehr* töten. (Das Recht, sein eigenes Leben zu verteidigen, können auch Juristen einem Menschen nicht absprechen. Daher ist die Tötung aus Notwehr kein strafbares Delikt.)

Bei einem anderen Autor, einem Pädagogen (!), der allerdings der Biologie sehr nahe steht und die Ergebnisse der Evolutions- und Verhaltensbiologie in sein Menschenbild aufnimmt, kann man folgendes lesen:

Der Mensch unterscheidet sich in einem ganz wesentlichen Punkt vom Tier: Er kann auf sich selbst reflektieren, er kann seine Gefühle, seine Beweggründe, seine Verhaltensweisen wahrnehmen und steuern. Der Mensch kann sich, wie die Umgangssprache es treffend ausdrückt, beherrschen; er kann, auch wenn er Hunger hat, die Gabel (für einen Augenblick) weglegen, er kann aber auch, wenn er keinen Hunger hat, der

Lust wegen noch weiteressen. Er kann seine Aggressionen beherrschen, er kann andererseits – der Lust wegen – andere Menschen unterwerfen, erniedrigen oder quälen (Cube 1994, S. 23).

Ob ein wirklich hungriger Mensch die Gabel weglegen kann – oder ob er überhaupt mit Messer und Gabel essen wird –, ist mehr als fraglich (siehe S. 148). Der Mensch kann sich zwar in vielen Situationen *beherrschen*, aber eben nicht in allen; und seine jeweilige Lebenssituation beziehungsweise die jeweiligen Rahmenbedingungen seiner Existenz zwingen ihn meist dazu, ganz bestimmte Verhaltensformen anzunehmen (die er freilich nicht zu erfinden braucht, weil in seiner Stammesgeschichte bereits Programme dafür entwickelt wurden). Aber auch hier sollten wir nicht einfach von *dem* Menschen sprechen. Mancher erträgt schlimme Situationen besser als die meisten seiner Artgenossen. Ein buddhistischer Mönch kann sich wahrscheinlich besser „beherrschen" als ein Spekulant an der New Yorker Börse (hat aber auch weniger zu verlieren als dieser). Bestimmte Verhaltensgrundlagen sind allerdings uneingeschränkt allen Menschen eigen.

Wie schon gesagt wurde, ist die Erbanlage-Umwelt-Debatte längst obsolet (vgl. S. 185). Die Entwicklung bestimmter Merkmale eines Organismus – gleich, ob es sich dabei um anatomische Merkmale oder Verhaltensmerkmale handelt – erfolgt in einem Prozess der *Wechselwirkung* zwischen Genen und Umwelt. Lumsden und Wilson (1981) bezeichnen diesen Prozess als *Epigenese* und argumentieren, dass *epigenetische Regeln* die Entwicklung eines Merkmals in eine bestimmte Richtung sozusagen kanalisieren. Solche Regeln gelten auch für die „Kanalisierung" kognitiver Strukturen, Emotionen und Entscheidungen. Sie beeinflussen beispielsweise auch die Fähigkeit eines Menschen, sich „beherrschen“ zu können, beziehungsweise sie beeinflussen den Grad seiner „Beherrschtheit“. Unter bestimmten Rahmenbedingungen wird ein Mensch daher ohne weiteres beim Essen für kurze Zeit Gabel und Messer weglegen (um etwa einer Tischrede zu lauschen). Unter anderen Umständen, wenn Nahrungsaufnahme zur Frage des Überlebens geworden ist, wird derselbe Mensch seine Mahlzeit wahrscheinlich für keine Sekunde zu unterbrechen bereit sein. Man muss sich stets vergegenwärtigen, dass das Verhalten eines Menschen – keineswegs nur während einer Mahlzeit! – maßgeblich von seinem jeweiligen „inneren Zustand“, seinen momentanen Bedürfnissen, Ängsten und so weiter, maßgeblich beeinflusst wird (Wimmer und Ciompi 1996). Der Finanzjongleur an der Frankfurter oder New Yorker Börse würde in der Wüste, wenn er dem Verdursten nahe ist, sein ganzes Vermögen für eine Flasche Mineralwasser opfern und die Flasche Wasser natürlich jedem noch so großen Geldgeschenk vorziehen.

Die Vermutung, der Mensch könne sich *rational* entscheiden, ist leicht ausgesprochen. Was aber eine rationale Entscheidung konkret bedeutet, ist nicht so einfach zu sagen. In jede unserer „rationalen“ Entscheidungen können sich „vorrationale“, ratiomorphe Mechanismen (vgl. S. 155) quasi einmischen. Wir bemerken's nur nicht. Vielleicht kommt Wilson (1998, S. 242) der Sache am nächsten, wenn er folgendes schreibt: „Wir entscheiden uns rational, indem wir uns aus allen alternativen geistigen Szenarien auf diejenigen festlegen, die in einem bestimmten Kontext den wichtigsten epigenetischen Regeln entgegenkommen.“ Eine Entscheidung unabhängig von diesen Regeln erscheint nicht möglich. Dabei haben sich einige solcher Regeln in der Stammesgeschichte früher als andere entwickelt. Eine der ältesten dieser Regeln führt den Menschen wohl dazu, knapp verfügbare Ressourcen optimal zu nutzen, sich also – im Klartext – voll zu fressen, solang etwas da ist (siehe S. 172). Denn wie Wilson an gleicher Stelle weiter ausführt, brachten die epigenetischen Regeln „und ihre Hierarchisierung entsprechend ihrer relativen Wirkungsmacht" den Menschen dazu, Hunderttausende von Jahren zu überleben und sich reproduzieren zu können.

Der Traum von Freiheit, den auch heute noch viele Philosophen, Sozialwissenschaftler und Pädagogen träumen, ist damit zumindest insoweit ausgeträumt, als der Mensch in ein komplexes Regelsystem von Wechselwirkungen zwischen seinen Genen und seiner Umwelt eingebunden ist, aus dem er sich eben nicht befreien kann. Man mag einwenden, dass ja ohnedies niemand ernsthaft daran glaubt, ein Mensch könne unabgängig von seinen genetischen Dispositionen und/oder seiner Umwelt existieren. Gut, dann aber ist ernsthaft zu überlegen, ob wir bestimmte Idealvorstellungen vom Menschen und bestimmte Erziehungsideale nicht lieber gleich aufgeben sollten. Um dabei etwas konkreter zu werden, darf ich – wie schon an anderer Stelle (Wuketits 2001) – hier einige Normen (Imperative) formulieren, die einen idealen Menschentypus anvisieren, deren Umsetzung aber unrealistisch ist:

- „Bevorzuge keinen Menschen (auch nicht die eigenen Verwandten und enge Freunde), sondern stehe zu allen Menschen gleich gut!"
- „Verhalte dich selbstlos und leiste stets Hilfe, ohne eine Gegenleistung zu erwarten!"
- „Sei bereit, deine Interessen stets den Interessen der Gemeinschaft (des Staates, der Kirche, der Partei und so weiter) unterzuordnen!"
- „Begnüge dich mit dem Nötigsten und verzichte auf jegliche Form von Eigentum und Besitz!"

- „Strebe nicht nach unmittelbarer Lustbefriedigung, sondern halte dich an ‘ewige Werte’!“
- „Hege nie bösartige Absichten gegen Menschen, die dir Böses getan haben!“
- „Sei enthaltsam, treibe Sex ausschließlich im Dienste der Fortpflanzung um deine Art zu erhalten!“

Ich habe diese Imperative, wie leicht zu erkennen sein wird, keineswegs frei erfunden. Sie sind (oder waren) in der einen oder anderen Form Bestandteile politischer beziehungsweise religiöser Ideologien. Zum Teil enthalten sie gefährliche Forderungen. Der Imperativ, die eigenen Interessen dem Staat oder der Kirche oder irgendeiner politischen Partei unterzuordnen, hat schon viel menschliches Leid verursacht. Wir kennen jene ergebenen Parteisoldaten, die bereit sind, unter allen Umständen ihre „Pflicht“ zu tun, jeden zu verpfeifen, der eine kritische Meinung äußert, Andersdenkende zu verfolgen und sie dem Henker auszuliefern. Die Geschichte gibt uns dafür bis in die jüngste Zeit genug an erschreckenden Beispielen.

Aber hier möchte ich nur den zweiten Imperativ etwas genauer unter eine kritische Lupe nehmen. Er enthält ja eine noble Forderung. Selbstlosigkeit, „reiner Altruismus“, kommt allerdings im realen Leben des Menschen, wenn überhaupt, äußerst selten vor (Wilson 1978). Selbstverständlich erwarte ich von jemandem, dem ich einen kleinen Gefallen tue, keine unmittelbare Gegenleistung. Ich erwarte auch nicht, dass sich *alle* Menschen, denen ich irgendwann meine Hilfe angedeihen ließ, ihr ganzes Leben lang daran erinnern und mich mit ihrem Dank verfolgen werden. Habe ich aber ein Leben lang nur anderen Menschen geholfen, ohne je zumindest ein Wort des Dankes zu empfangen, und war es mir das alleinige Bedürfnis meines Lebens, andere glücklich zu machen, dann hätte ich ein

Anrecht darauf, als Heiliger betrachtet und verehrt zu werden – womit ich allerdings die denkbar größte Belohnung für meine guten Taten einfordern würde.

Langfristiges selbstloses Handeln ohne jegliche Aussicht auf Gegenleistung oder Belohnung können vom Menschen, der – wie alle anderen Arten – zum Überleben programmiert ist, nicht ernsthaft erwartet werden. Natürlich sind wir im Allgemeinen bereit, anderen zu helfen, mit anderen zu kooperieren – wenn daraus für uns ein *soziales Plus* resultiert, das unser Handeln zumindest indirekt belohnt (Leinfellner 1993). Einem kleinen Kind (das nicht mit uns verwandt zu sein braucht), von dem wir keine Gegenleistung erwarten können, ein Geschenk zu machen, dem Kind etwa ein Stofftier zu schenken, erfüllt uns mit einer gewissen Freude, wenn wir sehen, dass das Kind selbst sich freut. Auch ein Hundewelpe, der erfreut mit dem Schwanz wedelt, wenn wir ihn streicheln, verschafft uns ein freudiges Erlebnis. Wir gewinnen aus solchen „altruistischen" Handlungen ein emotionales Plus. Unsere „trickreiche" Evolution hat uns mit einem kognitiven System ausgestattet, welches in seiner Verbindung von Wahrnehmung und (positiven) Empfindungen zwar unseren Egoismus fördert, unsere egoistischen Handlungen aber auch so gestalten kann, dass andere etwas davon haben können. Umgekehrt wurde uns von der Evolution sozusagen die Anleitung mitgegeben, zu kooperieren, damit wir selbst auch Gewinne verzeichnen können.

Also, kurz gesagt: *Der wahre Egoist kooperiert* (Vogel 1992). Dafür hat er gute Gründe; er weiß, dass er durch das Zusammenarbeiten mit anderen letztlich Gewinne einheimsen kann. Kinder, die sich artig benehmen, wissen das ebenso. Daher produzieren sie nicht nur Konflikte mit ihren Eltern, sondern erfreuen diese auch ab und an zum Beispiel dadurch, dass sie ihnen gute Schulnoten apportieren, wofür sie dann meist nicht nur lobende Worte, sondern auch kleine Geschenke bekommen.

Nachdem der Egoismus damit rehabilitiert ist – zumindest in Kreisen, die weniger an Idealbildern vom Menschen festhalten, sondern an den realistischen Möglichkeiten unserer Spezies interessiert sind –, bleibt zu fragen, ob wir dadurch für die Gestaltung unseres sozialen Lebens auch tatsächlich etwas gewonnen haben. In der Tat: Während wir allmählich einsehen müssen, dass jeder Versuch, den „egoistischen Affen" in uns zu unterdrücken, zum Scheitern verurteilt ist, könnten wir dessen Potential auch positiv nutzen. Anstatt den „edlen Altruisten" anzustreben, der, wie gesagt, nicht der Realität entspricht, könnten wir doch den „klugen Egoisten" fördern, der eben weiß, dass er kooperieren muss, um seine Ziele zu erreichen (wobei von seinen Handlungen auch andere profitieren).

Ein Erziehungswissenschaftler, der sich – wie Treml (1999) – auf dieser Grundlage zu der Forderung versteigt, moralisches Verhalten müsse über den Umweg der Kultivierung von Eigennutz angestrebt werden, mag in seinen eigenen Reihen wenig Zustimmung finden; er kann sich aber der Sympathie von Evolutionstheoretikern gewiss sein. Denn die haben, sofern sie die Evolution konsequent zu Ende denken, ein auf Idealen gegründetes Menschenbild längst aufgegeben. Auf den egoistischen Neigungen des Menschen aber ein Weltbürgertum begründen zu wollen, geht doch etwas zu weit. *Menschheit* ist ein abstrakter Begriff und, wie Mohr (1987, S. 57) lapidar feststellt, „in der politischen Realität existiert die Menschheit nicht". Gewiss weilen so manche Weltbürger unter uns, aber auf ein *Weltbürgertum* werden wir lange warten müssen.

Die Wahrnehmungs- und Denkmuster, die wir von unseren prähistorischen Ahnen ererbt haben (siehe letztes Kapitel), finden auch in einem *dichotomen* oder *dualen Weltbild* ihren Niederschlag. Auf sozialer Ebene bedeutet das die Neigung, dass „wir“ uns von den „anderen“ abheben, im Allgemeinen unsere soziale Innensphäre positiv, die soziale Außensphäre aber negativ bewerten. Diese Neigung ist von verschiedensten Völkern und Sozietäten gut bekannt. Nach welchen Aspekten dabei die Außen- von der Innensphäre getrennt wird, lässt sich anhand folgender Beispiele zeigen (Näheres dazu bei Antweiler 1994):

Dieses dichotome Denken widerspricht selbstverständlich manchem Ideal vom Menschen und von der Menschheit. Ich bin durchaus davon überzeugt, dass es durch Erziehung zwar nicht völlig abgebaut, aber abgeschwächt werden kann. Allerdings wirken politische Propaganda und religiöser Fundamentalismus *in seine Richtung*. Es ist also zu wenig, die Denkmuster des Affen in uns zu erkennen. Genau so wichtig – wenn nicht,

Innensphäre	*Außensphäre*
Menschen, echte Menschen, Voll-Menschen	Nicht-Menschen, Un-Menschen, Halbmenschen
eigentliche, wahrhaftige, komplette, auserwählte Menschen	uneigentliche, unwesentliche, unfertige Menschen; Mängelwesen
zivilisierte Menschen	wilde Menschen
Kultur, Kulturland	Natur, Wildnis
Ordnung	Chaos
verlässlich	unverlässlich
Gesundheit, Friede	Krankheit, Krieg
rein	unrein
gut, schön	böse, hässlich
wahr, richtig, rechtens	falsch, unrichtig, nicht rechtens
vernünftig	komisch, lächerlich

zumindest im vorliegenden Zusammenhang, noch wichtiger – ist es zu sehen, was Kulturen daraus machen und auf welch verheerende Weise sie diese Denkmuster für ihre Politik einsetzen.

Unsere „Steinzeitmoral“ ist an sich natürlich nicht schlecht; sie gebietet uns sogar, anderen zu helfen und andere glücklich zu machen. Wir müssen also Hobbes erneut widersprechen. Und es darf angenommen werden, dass sich früh in unserer Evolution das Phänomen der *Solidarität* entwickelt hat (Voland 1999), die Fähigkeit, sich mit den Belangen anderer sozusagen zu identifizieren und mit anderen „gemeinsame Sache“ zu machen. Aber, wie Ruse (1986) bemerkt: Unsere moralischen Pflichten empfinden wir als um so geringer, je größer der Kreis derer wird, auf die wir sie ausdehnen sollen. Man stelle sich zum Beispiel einen Menschen vor, der einen großen Gewinn im Lotto gemacht hat und das ganze Geld dem Finanzamt schenken will. Egal, ob das rechtlich möglich ist oder nicht, dieser Mensch wäre allein durch sein Ansinnen höchst suspekt. Warum schenkt er das Geld, wenn er es schon nicht braucht, nicht seinen Kindern oder, falls er keine Kinder hat, seinen sonstigen Verwandten und Freunden!? Das jedenfalls würde unserer Erwartung entsprechen. (Und üblicherweise handeln Lottogewinner auch dieser Erwartung gemäß.)

Entgegen allen idealistischen Vorstellungen müssen wir zugeben, dass unser moralisches Verhalten seine evolutiven Wurzeln nicht transzendieren kann – rationale Überlegungen können bloß zu seiner Verbesserung beitragen (Waller 1997). Für eine Realisierung des *Projekts Weltethos* (Küng 1992) sehe ich jedoch keine berechtigte Hoffnung. Auch hierfür mache ich nicht allein die in unserer Stammesgeschichte stabilisierten Verhaltensdispositionen verantwortlich, sondern abermals auch eine Kultur, deren (politische) Vertreter ja gar kein Interesse an einem Weltethos haben, sondern jene Dispositionen bloß ihren eigenen Absichten unterordnen. Darwins Utopien (siehe Kapitel 2) wurden von den Politikern (und nicht nur ihnen) längst zu Grabe getragen.

Unser Traum von Freiheit lebte aber – seit dem 19. Jahrhundert – nicht zuletzt auch von der Hoffnung, dass uns die Technik von unserer Naturgeschichte und damit von den Unwägbarkeiten und Zufällen des Lebens entlassen würde. Max Frisch (1911–1991) gibt in seinem *Homo faber* (1982) einen meisterhaften „Bericht" über einen Ingenieur, der durch und durch die „technische Existenz" verkörpert, voll auf Rationalität und Technik setzt und nichts dem Zufall überlässt. Der Ingenieur Walter Faber wird jedoch mit der außertechnischen, irrationalen Welt konfrontiert, die seinen Glauben zunächst zwar nicht zu erschüttern vermag, sein Weltbild aber nach und nach durcheinanderbringt. Und das ziemlich heftig. Schließlich muss er einsehen, dass seine Vorstellungen nicht auf die Welt „passen". Er erkennt, dass er in seinem Leben gescheitert sei und muss sich letztlich mit seinem bevorstehenden Tod abfinden:

Morgen werden sie mich aufmachen, um festzustellen, was sie schon wissen: daß nichts mehr zu retten ist. Sie werden mich wieder zunähen, und wenn ich wieder zum Bewußtsein komme, wird es heißen, ich sei operiert. Ich werde es glauben, obschon ich alles weiß. Ich werde nicht zugeben, dass die Schmerzen wieder kommen, stärker denn je. Das sagt man so: Wenn ich wüßte, daß ich Magenkrebs habe, dann würde ich mir eine Kugel in den Kopf schießen! Ich hänge an diesem Leben wie noch nie, und wenn es nur noch ein Jahr ist, ein elendes, ein Vierteljahr, zwei Monate ..., ich würde hoffen, obschon ich weiß, daß ich verloren bin (Frisch 1982, S. 198).

Ein tragischer Fall, der Ingenieur Faber. Aber er ist nur der Stellvertreter eines Menschentyps, der unter den Rahmenbedingungen seiner technischen Zivilisation jeden Bezug zur Wirklichkeit des Lebens, zur Natur (auch zu seiner eigenen Natur) verloren hat – und mithin scheitern *muss*. Er ist ein abschreckendes Beispiel. Ein Beispiel für die „Schematisierung des Verhaltens“ (Gehlen 1957), das einen Menschen zu einer Maschine degradiert. Walter Faber kann uns hier auch als Hinweis auf all die Planer und Macher dienen, die heute unsere Welt gestalten, mit atemberaubendem Tempo ihre Pläne „durchziehen“ wollen und keine Rücksicht nehmen auf die dem Menschen von der Evolution mitgegebenen Neigungen und Dispositionen. Wovor freilich auch sie selbst (trivialerweise) keineswegs gefeit sind. Sie agieren mit der Neigung zur *Dominanz* (einem alten Primatenerbe), die als solche durchaus nicht gefährlich oder schlecht ist, aber unter den Rahmenbedingungen unserer Zivilisation verheerende Auswirkungen haben kann. Wenn der Anführer einer Horde von Neandertalern mit seinen Gruppengenossen irrtümlich eine falsche Fährte verfolgte, dann mag sich der Schaden – vor allem, wenn der Irrtum rechtzeitig bemerkt wurde – noch in Grenzen gehalten haben. Wenn sich heute die Manager eines Konzerns verspekulieren und eine Millardenpleite bauen, dann sitzen Hunderte oder Tausende Menschen auf der Straße und sind in ihrer Existenz gefährdet. Von Freiheit bleibt da nichts mehr übrig.

Mag sein, dass Erzieher – Eltern, Lehrer – in früheren Zeiten glauben konnten, in Freiheit zu handeln. Dieser Traum ist heute jedoch ausgeträumt, und zwar nicht nur deshalb, weil uns Erkenntnisse aus der Verhaltensforschung und Soziobiologie allgemein zeigen, dass Erzieher von ihren Zöglingen manipuliert werden. Unter den Rahmenbedingungen unserer heutigen Zivilisation verlieren wir allmählich jedes Augenmaß für „angemessene“ Belohnung von Kindern. Wurde ein Kind noch vor kurzem für gute Leistungen in der Schule mit einer müden Mark belohnt (die es auch freudig annahm) oder in einen Eissalon mitgenommen (was ihm ebenso Freude bereitete), so muss es heute, bitte schön, ein Handy oder ein teures modisches Kleidungsstück sein. Aber Eltern konnten es sich noch vor ein paar Jahrzehnten leisten, ihre Kinder recht billig zu belohnen. Heute stehen sie meist unter „pädagogischem Erfolgszwang“, sind verunsichert, wissen nicht mehr, was angemessen ist und fühlen – mit Recht (!) –, dass sie ihren Kindern nicht genug Aufmerksamkeit schenken. Dieses Gefühl gilt es zu kompensieren, und zwar so, dass beide, Eltern und Kinder, zufrieden sind. Nichts kann Quälgeister wirkungsvoller aus dem eigenen Gesichtskreis verbannen, als großzügige Gaben, mit denen sich jene dann länger beschäftigen.

Um hier nicht falsch verstanden zu werden, möchte ich betonen, dass so manches Kind auch in früheren Zeiten unerwünscht war. Kindestötung war (und ist in manchen Gesellschaften heute noch) oft das Mittel, sich – aus welchen Gründen auch immer – unerwünschter Kinder zu entledigen. So „primitiv“ sind *wir* freilich nicht. Daher pflegen wir jenen Wahnsinn unserer Zivilisation, der darin besteht, Kinder so reichlich zu beschenken, dass die keine Ahnung mehr davon haben, was ihnen zusteht, und auch nicht mehr wissen, ob sie belohnt oder bloß abgeschoben werden. Unfreie Erwachsene erziehen auf diese Weise Kinder zur Unfreiheit. So neu ist dieses Phänomen allerdings auch wieder nicht. Bloß die Vorzeichen haben sich geändert. In früheren Jahrhunderten wurden Kinder rigoros bestraft, heute werden sie „rigoros belohnt“. Das Ergebnis ist das gleiche: verunsicherte, verwirrte Menschen, denen jede soziale Kompetenz abgeht, die aber selbst wieder erziehen wollen.

Zwischen Anarchie und Tyrannei

Was Erziehung meint, ist aus vielen Jahrhunderten unserer Kulturgeschichte in verschiedenen Facetten überliefert. Die späten 60er-Jahre propagierten die *antiautoritäre* Erziehung – einen Widerspruch in sich. Erziehung setzt immer einen Erzieher voraus, also kann dieses Projekt nicht wirklich als antiautoritär bezeichnet werden. Oder es handelt sich um überhaupt keine Erziehung. Viel blieb denn auch von dieser Propaganda nicht übrig. Aus früheren Zeiten kennt man Formen der Behandlung von Kindern und Jugendlichen, die wiederum weniger mit Erziehung als mit Brutalität zu tun hatten. Da waren Zucht und Ordnung angesagt. Ich zitiere aus einem zeitgenössischen Bericht über die Zustände in einer deutschen Klosterschule im 18. Jahrhundert:

Winters noch in der Nacht gingen wir zum öffentlichen Gebet, holten dann, zitternd vor Kälte, Wasser aus einem Brunnen im Hof und reinigten uns, worauf die Lektionen den Anfang nahmen ... Nach dem Ende der letzten Kollegien eilte man sogleich ins Schlafzimmer, feuchte Kammern, so kalt, dass häufig das Bettuch ins Gesicht hinfror. In den Betten nisteten Mäuse, deren Töne man fortwährend vernahm (zitiert in Martens 2000, S. 20).

Man wird sich heute fragen, was damals in den Köpfen von Menschen vorging, denen die Erziehung von Kindern und Jugendlichen überantwortet war. Wir werden die Zustände in einer Klosterschule, die hier knapp beschrieben sind, natürlich verabscheuen, und ich kann mir nicht vorstellen, dass in unserem Kulturkreis jetzt noch irgendjemand solche Zustände als Rahmenbedingungen für Erziehung akzeptieren würde. Gleichzeitig macht die gerade in jüngster Zeit etwa und

Deutschland und Österreich erneut recht heftig geführte Debatte über Erziehung und Schulwesen doch recht deutlich, dass – in breiten Kreisen – wieder mehr Disziplin gefordert wird. Aber so recht scheint man nicht zu wissen, was eine Disziplinierung bedeuten soll, welche Zielvorgaben dabei zu berücksichtigen sind und so weiter.

Der Mensch hat einen freien Willen – diese Behauptung ist von so vielen Philosophen, Theologen, Pädagogen und Juristen so oft hinausposaunt worden, dass sie zum Bestandteil unseres Selbstverständnisses geworden ist. Sicher ist der Aktionsradius eines Menschen im Allgemeinen wesentlich weiter als selbst der von Schimpansen. Seine Zivilisation stellt dem Menschen aber auch sehr viele Wahlmöglichkeiten zur Verfügung. In einem guten Restaurant kann ich aus einer Reihe von Speisen eine auswählen oder auch mehrere miteinander kombinieren. Ich kann mich *frei* entscheiden etwa für Schweinslungenbraten, Kalbsschnitzel, Seelachs, Bratwürste oder Gemüseeintopf. Allerdings weiß ich in dem Augenblick, in dem ich die Entscheidung treffe, oft nicht, was mich nun eigentlich dazu veranlasst, zum Beispiel den Fisch zu bestellen. Da mögen viele (unbewusste) Präferenzen und Vorlieben ihre Rolle spielen. Manche Menschen sind sehr wählerisch; fragt man sie, warum sie beispielsweise kein Hühnerfleisch essen, für ein Pilzgericht jedoch sterben würden, können sie meist keine klare Antwort finden. Da mag vieles mitspielen. Prägende Erlebnisse in der Kindheit, die (unbewusste) Verknüpfung bestimmter Speisen mit angenehmen oder unangenehmen Erlebnissen und so weiter.

Treffen wir also, wenn wir die Speisekarte in einem Restaurant durchgehen, wirklich eine *freie* Entscheidung? Glücklicherweise plagt uns diese Frage in der Regel nicht; wir bestellen einfach, wonach uns gelüstet, und haben dann unsere Freude am Seelachs, am Kalbsschnitzel oder an den Bratwürsten. Würden wir unsere Entscheidungen in solchen Fällen stets rational rechtfertigen müssen – nein, es wäre nicht auszuhalten. Epigenetische Regeln (vgl. S. 195) nehmen uns solche Entscheidungen ab und erleichtern damit wesentlich unser Leben.

Unser Erziehungssystem krankt scheinbar gerade daran, dass Pädagogen die Bedeutung dieser Regeln nicht erkennen oder nicht erkennen wollen – und ihre eigenen Vorstellungen davon haben, wie sich der heranwachsende Mensch entwickeln soll. Natürlich hängen diese Vorstellungen von kulturellen Vorgaben ab. Ob fünfzehnjährige Mädchen ihr Gesicht verschleiern müssen oder hautenge Jeans tragen und ihre Lippen färben dürfen, wurde in der Evolution nicht festgelegt. Allerdings entspricht das (unbewusste) Aussenden von sexuellen Signalen unserer Natur, während alle Gebote dagegen nur ideologisch motiviert sind und nicht mit unserer Natur konform gehen. (Was nicht bedeutet, dass die betreffende Ideologie jenseits von allen biologischen „Normen“ angesiedelt sein muss. Sie kann auf einzelne Aspekte unserer Natur rekurrieren und diese Aspekte einseitig verstärken.) Erziehung schwankt immer zwischen Anarchie und Tyrannei. Sie kann im Extremfall alles erlauben (womit sie sich selbst aufhebt) oder das Individuum brutal vergewaltigen (womit gewährleistet ist, dass sie früher oder später massive Widerstände zu spüren bekommt).

Fordern statt Verwöhnen ist die Devise zweier Autoren, die die Erkenntnisse der Verhaltensbiologie in der Erziehung umsetzen wollen (Cube und Alshuth 1986). Wir müssen uns nicht in Askese und Verzicht üben, aber Erziehung soll zur Selbstforderung befähigen: Aktivität statt Apathie, lustvoller Einsatz unserer natürlichen Energien statt Schonung und Bewegungslosigkeit. Ich stimme den Autoren grundsätzlich zu, wenn sie abschließend feststellen: „Wir sollten so souverän werden, dass wir nicht mehr vor lauter Begeisterung alles Machbare tatsächlich machen, wir sollten vielmehr die natürlichen Grenzen erkennen und uns in den verbleibenden Freiräumen menschlich einrichten“ (Cube und Alshuth 1986, S. 288). Aber zwei Fragen bleiben hier offen:

- Was sind eigentlich unsere „Freiräume“? (Menschen, die Bomben werfen, um auf ihre Anliegen aufmerksam zu machen, mögen sich ebenso frei wähnen wie Menschen, die für karitative Zwecke Geld spenden.)
- Was bedeutet, sich „menschlich einzurichten“? (Ein hungernder Äthiopier hat nur ein Ziel, nämlich etwas Essbares zu finden, während ein saudiarabischer Ölscheich womöglich daran verzweifelt, dass seine Garage nicht groß genug ist, um auch seinem vierzehnten Mercedes Platz zu bieten.)

Die „Freiheit“ jedes Menschen wird durch seine eigenen Bedürfnisse eingeschränkt. Die wichtigsten dieser Bedürfnisse wurden bei der Entstehung des Lebens auf der Erde schon vor knapp vier Milliarden Jahren ein für allemal festgelegt: Sie bestehen darin, Nahrung zu finden und aufzunehmen. Womit wir schon wieder beim Essen wären.

Kinder, die im Überfluss aufwachsen, denen ihre Eltern jeden Wunsch von den Lippen ablesen, werden in eine Richtung „erzogen“, die sich fatal auswirkt. Schulärzte klagen heute immer wieder über übergewichtige Kinder und kritisieren, dass sich viele Kinder zu wenig bewegen. Beides hängt natürlich zusammen. Kinder hocken stundenlang vor dem Fernseh- oder Videogerät und stopfen sich dabei den Mund voll. Sie verlieren damit jeden Bezug dazu, was Nahrung eigentlich bedeutet, wissen freilich auch nicht mehr, wer die Nahrung produziert, woher sie stammt und so weiter. Das alles ist ihnen auch nicht wichtig, weil sie eben von allem, was sie begehren, genug zur Verfügung haben. Damit wird die auf S. 172 erwähnte Neigung des Menschen, sich der Ressourcen *an Ort und Stelle* zu bedienen, bereits in frühen Entwicklungsphasen des Individuums verstärkt und wirkt sich daher besonders fatal aus. Was aber auch wollen wir von Kindern erwarten, denen verhaltensgestörte Erwachsene als Vorbild dienen?

Nachahmung und Imitation sind Fähigkeiten, die an den Wurzeln der Kultur stehen (siehe Kapitel 3). Ohne diese Fähigkeiten wäre Erziehung grundsätzlich nicht denkbar. Die Frage ist nun, wie wir diese Fähigkeiten unter den Rahmenbedingungen unserer Zivilisation gezielt in den Dienst der Erziehung stellen können. Kindern werden heute zu viele Vorbilder serviert. Angesichts all der Helden, Pseudohelden und Antihelden, die die heutige Filmwelt bevölkern, kann sich das Kind letztlich nur in Ratlosigkeit stürzen. Das in dem Zusammenhang bekannte Phänomen der *Reizüberflutung* wird inzwischen bereits so häufig diskutiert, dass ich nicht näher darauf einzugehen brauche. Physiologie und Verhaltensforschung freilich sollten uns längst gelehrt haben, dass das Einwirken zu vieler Reize auf unser Wahrnehmungssystem unsere Aufmerksamkeit stark beeinträchtigt und der Orientierungslosigkeit dient. Kinder, denen noch jede „Primär"-Orientierung in der Welt fehlt, tragen aus der Überfülle von sie umgebenden Reizen Schäden davon, die sich natürlich negativ auf ihr weiteres Verhalten auswirken. Aber da unsere moderne Medienwelt nicht auf der Grundlage von biologischen Erkenntnissen aufgebaut ist und sich dabei niemand fragt, was dem Menschen von Natur aus gut tut, müssen wir mit diesem Phänomen leben.

Damit müssen sich besonders Pädagogen, Lehrer, die täglich vor Schulklassen stehen, herumschlagen. Wenn ich mit Lehrern diskutiere, dann beklagen diese sich über die ständig nachlassende Aufmerksamkeit der Schüler, über deren Unfähigkeit, sich (wenn überhaupt) länger als zehn Minuten auf einen Gegenstand zu konzentrieren. Noch mit einem anderen – schwerwiegenden – Problem sind heute alle, die es mit Erziehung von Kindern ernst meinen, konfrontiert. Wie bringt man Kindern den Unterschied zwischen Dichtung und Wahrheit bei? Das mag noch vor einigen Jahrzehnten nicht besonders schwer gewesen sein, doch in unserer heutigen Medienwelt verschwinden allmählich die Grenzen zwischen Realität und Virtualität. Was ist wahr und was gelogen? Welche Orientierungshilfen kann man einem heranwachsenden Menschen geben?

Umberto Eco erzählt dazu eine schöne Episode mit seiner kleinen Tochter. Als die sich einmal im Fernsehen die Werbung ansah, welche behauptete, ein bestimmtes Waschmittel sei besser als die anderen, klärte sie ihr Vater darüber auf, dass im Fernsehen gelogen wird. Als wenig später die Abendnachrichten die Meldung brachten, in Turin habe es geschneit, sagte die Kleine: „Das ist gelogen, stimmt's?"

Das eben ist das Problem: „Das arme Kind wusste nicht mehr, wann es dem Fernsehen glauben durfte und wann nicht ... Dies, glaube ich, ist das Drama jeder auch nur minimalen Erziehung zum richtigen Umgang mit den Massenmedien" (Eco 1990, S. 10). Hinzufügen muss man hier nichts mehr. Kehren wir aber noch kurz zur Imitation zurück.

Wie gesagt, die Imitation spielt eine sehr wichtige Rolle. Die Fähigkeit, zu imitieren, ist dem Menschenkind angeboren. Nicht programmiert ist aber, wer oder was imitiert werden soll. Eine Zivilisation, die Kinder und Jugendliche mit zu vielen „Vorbildern" versorgt, aber keine klaren Linien für die

Imitation vorgibt, fördert eben bei Heranwachsenden all jene Erscheinungen, die inzwischen so oft beklagt werden: Unaufmerksamkeit, Frustration, Desinteresse, soziale Inkompetenz und so weiter. An dieser Stelle ist es nicht unwesentlich, darauf hinzuweisen, dass die Entwicklung eines jungen Menschenlebens maßgeblich von zwei tief in unserer Natur verwurzelten, antagonistisch wirkenden Antrieben abhängt, den Antrieben zum *Gehorsam* und zum *Ungehorsam*. Beide haben eine wichtige biologische Funktion. Erwachsenen zu gehorchen, kann im Extremfall bedeuten, die eigene Haut zu retten.

Das Anerkennen von Grenzen ist für das Kind aber nicht nur aus strikt biologischen, sondern auch aus sozialen Gründen wichtig. Um Teil einer Gemeinschaft werden zu können, muss es lernen, Rechte der anderen zu akzeptieren (vgl. Hassenstein 1987). Hat ein Kind das nie gelernt, dann bekommt es im späteren Leben größte Probleme mit den anderen (und mit sich selbst). Ungehorsam wiederum hat für das Kind den Zweck, „sein Ich, sein Ego, sein Naturrecht – und wie immer wir es auch nennen mögen – zu erkämpfen, sich selbst von den anderen zu unterscheiden, sich selbst zu verteidigen“ (Meves 1983, S. 87). Das entspricht der bereits erwähnten soziobiologischen Erwartung. Hier eine Balance zu finden, mag für unsere steinzeitlichen Ahnen noch ziemlich leicht gewesen sein. In einer Zivilisation aber, die die *Infantilität von Erwachsenen* fördert, stoßen wir dabei auf grundsätzliche Probleme.

Aus evolutionstheoretischer Sicht und in der Perspektive der darauf aufbauenden Verhaltensforschung und Soziobiologie sind Unterdrückung und Demütigung von Kindern wie in der oben erwähnten Klosterschule völlig falsch. Genauso falsch ist aber auch der Verzicht auf jegliche Anleitung und „Disziplinierung“ von Kindern. Beides ist der individuellen Entfaltung eines Primaten nicht angemessen. Tyrannei und Anarchie sind keine geeigneten Antworten auf die stammesgeschichtlichen Vorgaben für die Entwicklung eines Menschen. Man kann verstehen, wenn in früheren Jahrhunderten Kinder ohne Rücksicht auf Biologie und Evolution erzogen wurden. Dass aber die Erkenntnisse der Evolutionsbiologie, der Soziobiologie und Verhaltensforschung auch heute noch von Erziehungstheoretikern so oft und gern ignoriert werden, ist unverzeihlich.

Ebenso unverzeihlich ist die Ignoranz des Gesetzgebers, der ja auch in gewissem Sinn erziehen möchte. Ihrer eigenen Natur gemäß wollen Vertreter gesetzgebender Instanzen die „Freiheit" einzelner Menschen nicht fördern, sondern einschränken. Sie stehen in der Rangordnung ihrer Gesellschaften sehr hoch oben, ganz gleich, wie sie dorthin gekommen sind (durch gewaltsame Machtergreifung oder durch demokratische Wahlen). Die Art und Weise, wie sie dabei vorgehen, entbehrt mitunter nicht einer komischen Note (vgl. S. 163). Aber man unterschätze die daraus entstehenden Gefahren nicht! Ich meine sowohl Gefahren für das Individuum (dessen Belange zunehmend von Behörden geregelt werden, die jeden individuellen Antrieb im Keim ersticken und den einzelnen gefügig machen wollen), als auch für das Rechtssystem (das unter seiner eigenen Wucht zusammenzubrechen droht). Helmut Helsper, einer der wenigen Juristen im deutschsprachigen Raum, die die Evolution ernst nehmen, schreibt dazu folgendes:

Moderne, gesellschaftsgestaltende Gesetzgebung stößt offensichtlich an die Grenzen des Machbaren. Im Steuer-, Subventions-, Renten- und Krankenversicherungsrecht ... ist die Regelungsdichte am größten, die Kontrolle am perfektesten. Dennoch verfehlt die Gesetzgebung gerade hier immer wieder ihre Ziele, was zu ständiger Hektik in der Gesetzgebung, zu

Gesetzesflut und zur Verschlechterung der Gesetzesqualität führt. Mit dieser Enttarnung der Rechtskultur geht eine Ausbreitung von Lobbyismus und bürokratischen Organisationen einher, was die negativen Tendenzen noch verstärkt (Helsper 1989, S. 239).

Aber was anderes wäre unter den gegebenen Umständen zu erwarten!? Ein bedenkliches Beispiel in diesem Zusammenhang liefert die derzeitige österreichische Regierung. Ohne den Atem anzuhalten, mit gewaltigem Tempo beschließen die beiden Regierungsparteien (meist gegen alle Bedenken und Einsprüche der Opposition und anderer kritischer Stimmen) ein neues Gesetz nach dem anderen – Pensions- und Mietrecht, Universitätsdienstrecht, Medienrecht, man nehme, was man will, alles wird schnell abgehakt, möglichst so schnell, dass der so genannte einfache Bürger (und jeder Betroffene) gar nicht bemerkt, dass er sich plötzlich einer neuen Gesetzeslage gegenübersieht. Da diese Regierung bekanntlich einen denkbar schlechten Start hinlegte, stand sie von vornherein unter großem Erfolgszwang.

Der Verhaltensforscher weiß, dass Zwang bei Menschen (wie bei anderen Primaten) zu Hektik und unüberlegtem Handeln führt und vor allem Anführer von Gruppen dazu verleitet, das Tempo ihrer Aktivitäten zu beschleunigen, um andere (Gegner, Nichtsahnende, ergebene Tölpel) zu überrollen und vor vollendete Tatsachen zu stellen. Er weiß aber auch, dass Geschwindigkeit kein Garant für die Stabilität eines Systems ist, sondern – sehr rasch! – dessen Selbstzerstörung herbeiführen kann. Das allerdings brauchen Mitglieder einer Regierung nicht zu wissen. Solang sie im Amt sind, trübt kein Desaster, das sie mittel- bis langfristig anrichten könnten, ihre momentanen Erfolgserlebnisse. Sie dürfen von den Kurzzeitperspektiven der

Gegenwart zehren, die ihnen – wie allen anderen Angehörigen unserer Spezies – von der Evolution in die Wiege gelegt wurden.

So gesehen hat es natürlich keinen Sinn, sich über die österreichische oder irgendeine andere Regierung aufzuregen. Wie häufig Politiker aller Parteien, überall auf der Welt, ihre Meinung ändern, ein Versprechen zurücknehmen und so weiter, ist hinlänglich bekannt und braucht hier weder belegt noch kommentiert zu werden. Auch Politiker sind nur zum Überleben und nicht auf absolute Wahrheiten programmiert (siehe letztes Kapitel). Für sie selbst ist es sogar besser, wenn sie mancher „Wahrheit“ nicht ins Auge sehen, sondern sich und andere darüber hinwegtäuschen.

Erziehung ist die Gesamtheit der Einflüsse, die auf einen heranwachsenden Menschen von anderen Menschen ausgeübt werden. Insoweit ist sie nicht spezifisch menschlich. Denn auch junge Wölfe werden von den älteren ihres Rudels auf vielfältige Weise beeinflusst, und eine Iltis-Mutter „zeigt“ ihren Jungen, wie man ein Beutetier tötet. Unter Schimpansen findet man sowieso schon höchst bemerkenswerte Erzieher. Zu einem „echten Problem“ wurde Erziehung allerdings erst beim modernen Menschen. Die Einflussnahme auf ein Individuum kann grundsätzlich durch bloße Anleitungen und Anweisungen erfolgen oder durch das brutale Mittel von Gewaltanwendung. Dass die Prügelpädagogik keine Pädagogik ist, wurde in unserem Kulturkreis inzwischen glücklicherweise auf breiter Front erkannt. (Ihre Anwendung in einzelnen Familien bleibt eine traurige Tatsache.) Dem Anachronismus von Prügeln steht aber heute meist eine Hilflosigkeit gegenüber, wenn es darum geht, *wohin*, in welche Richtung, Kinder erzogen werden sollen. Diese Frage wird jedoch immer häufiger von einer aggressiven Werbung beantwortet. Erzieher – das sind ja längst nicht mehr nur Eltern und Lehrer. Als „Erzieher“ fungieren ebenso Wirtschaft und Industrie, das Werbefernsehen und andere Institutionen, deren Vertreter sich scheinbar Sorgen um die Fortentwicklung der Menschheit machen, in Wahrheit aber selbstverständlich nur ihre eigenen Interessen wahrnehmen und den Konsumenten zum Konsumtrottel erziehen. Dieser Umstand wurde freilich schon oft beklagt, nicht erst in den letzten zwei oder drei Jahren, sondern bereits früher:

Unsere wirkungsvollste Erziehung im Hinblick auf menschliche Werte wird vom kommerziellen Fernsehen vermittelt, welches absichtsvoll eine Philosophie des auffallenden Konsums verstärkt. So wird ein Bedürfnis für den Verbrauch immer größerer Mengen unwichtiger Produkte geschaffen. Aufgrund ihrer Versäumnisse ist unsere Werteerziehung in die Hände kommerzieller Interessen geraten, deren einziger Zweck darin liegt, unnötige Bedürfnisse zu schaffen. Auf diese Weise zeigt uns das ökonomische System eine verzerrte Perspektive menschlicher Werte, die menschliches Wohlergehen und natürliche Ressourcen kommerziellem Profit und dem beschleunigten „Wirtschaftswachstum“ opfern (Pugh 1978, S. 443).[11]

Geändert hat sich daran in den letzten zwei Jahrzehnten nichts, im Gegenteil, immer mehr natürliche Ressourcen und menschliche Werte (zum Beispiel Mußestunden, das Pflegen freundschaftlicher Beziehungen und so weiter) werden dem

---

11 „Our most effective education with regard to human values is provided by commercial television, which very deliberately and effectively reinforces a philosophy of conspicuous consumption. Thus demand is created for the consumption of a larger volume of irrelevant products. By default, the economic system teaches a distorted view of human values which sacrifices human welfare and natural resources to the false objectives of commercial profit and accelerating ‚economic growth‘.“

Wirtschaftswachstum geopfert. Die ungeheure Rolle, die die „goldene Kuh“ Wirtschaft heute im öffentlichen Leben einnimmt, wird allein dadurch deutlich, dass Zeitungen und Fernsehen täglich über die aktuellen Börsenkurse berichten. Über die Situation einzelner Biotope oder vom Aussterben bedrohter Pflanzen- und Tierarten, ja, selbst über untergehende menschliche Kulturen, wird in den Medien nur gelegentlich berichtet. Aber man stelle sich das vor: Die Massenmedien informieren jeden Tag nicht nur über die Börsenkurse, sondern bringen auch – mit gleicher Wertigkeit – Informationen über die jeweils verbliebene Zahl der Individuen des Bambusbären, des Sibirischen Tigers und einer südamerikanischen Papageienart. Zeitungsleser und Fernsehzuschauer wären darüber, das kann man mit Sicherheit annehmen, in höchstem Grade erstaunt und irritiert. Aktien sind etwas „für den Tag“, jemand, der sich mit ihnen versorgt hat, kann kurzfristig gewinnen (oder auch verlieren). Was aber, bitte, geht's uns an, ob es vom Sibirischen Tiger noch tausend oder nur hundert Exemplare gibt? Wirtschaft und Industrie haben uns, mit Hilfe der Massenmedien, ganz gut „erzogen“. Sie haben die meisten von uns jener Welt entfremdet, die uns hervorgebracht hat und noch immer trägt. Die Kurzzeitperspektive des Neandertalers erlaubt uns, sorglos auf einem „ökologischen Minenfeld“ zu wandern, uns aber ernsthafte Sorgen um unsere Aktien zu machen, dem nächsten Börsentag entgegenzufiebern und uns in Diskussionen um die jeweils angekündigte Renten- und Pensionsreform zu ereifern (vgl. Ditfurth 1985). Unseren Mesokosmos (siehe S. 153) können wir nun einmal nicht übersteigen.

Wenn der Schein nicht trügt, befinden wir uns heute in einer bisher einmaligen, paradoxen Situation (in die wir uns allerdings, ohne Absicht, selbst hineinmanövriert haben). Jene tyrannischen Erziehungsmethoden, die Pädagogen früherer Jahrzehnte und Jahrhunderte angewandt hatten, um aus Kindern „nützliche Glieder“ der Gesellschaft zu machen, haben wir (Gott sei Dank) verabschiedet. Wir, in unserem Kulturkreis, sind „freier“ geworden, der Herr am Katheder, in Schwarz gekleidet und mit dem Rohrstock in der Hand, wurde zu einer lächerlichen Figur aus vergangenen Zeiten, den finsteren Zeiten der Pädagogik. (Lehrer Lämpel bei Wilhelm Busch trägt die klassischen Züge dieser Figur. Ihm haben zwar Max und Moritz übel mitgespielt, aber am Ende überlebt er auch diesen Anschlag, während die beiden Missetäter in einer Mühle zermalmt werden. Ein gutes Lehrstück aus der „Steinzeit-Pädagogik“.) Aber was freuen wir uns! An seine Stelle sind ebenso dunkle und undurchsichtige Gestalten getreten, die bloß das Werbefernsehen in grellen Farben auftreten lässt und die nun unsere Kinder (und alle, die Kinder geblieben sind) mit lockerer Miene, ohne Rohrstock, aber mit wesentlich wirkungsvolleren Mitteln (zum Beispiel mit breitem Grinsen) „verführen“ und unter ihre tyrannischen Gesetze stellen. Die Freiheit, die wir meinen, haben wir uns also teuer erkauft – die meisten von uns wissen allerdings nicht, wie hoch der Preis ist, den sie zahlen müssen.

Unsere Zivilisation war angetreten, uns von der Tyrannis der Natur zu befreien, edle und freie Menschen aus uns zu machen – ohne dass je irgendwer wirklich wusste, was „edle“ und „freie“ Menschen sind (!). Und nun finden wir uns wieder in den Fesseln einer Zivilisation, die sich nicht nur der Fessel unserer Natur bedient, sondern auf dieser Grundlage zusätzlich noch ihre eigenen Zwänge geschaffen hat, damit sich der Strick um den Hals jedes menschlichen Individuums immer fester zieht. Die Alternative dazu wäre die „vollkommene

Auflehnung“ *gegen alles*, die Anarchie, die jede „herrschaftliche Struktur“ ablehnt und das Individuum von jeglicher Einflussnahme von außen entbindet. Anarchistischen Denkern kann man Weitblick nicht absprechen (vgl. Diefenbacher 1996), aber auch sie sind an der menschlichen Natur gescheitert, daran gescheitert, was ich als den „Schulklasseneffekt“ bezeichne. Eine Schulklasse entscheidet sich – ich weiß, wovon ich rede, ich war auch einmal in einer solchen Schulklasse –, die nächste Schularbeit in Mathematik zu boykottieren. Alle Schüler und Schülerinnen sind sich einig. Sie werden es diesem miesen Typen von Lehrer schon zeigen. Dann kommt dieser „miese Typ“ in die Klasse, schreibt die Prüfungsaufgaben an die Tafel und sagt mit ernster Miene, dass für die Lösung der Aufgaben bloß genau fünfzig Minuten zur Verfügung stehen; nebenbei macht er noch die eine oder andere drohende Bemerkung. Was geschieht? Einige – verunsicherte – Schüler und Schülerinnen beginnen zu arbeiten, andere – durch diesen „Vertragsbruch“ verunsichert – machen es ihnen nach. Ganz wenige, zwei oder drei, bleiben standhaft und geben das Schularbeitsheft unbeschrieben ab. Doch sie bleiben die Dummen. Sie bekommen schlechte Zensuren, der Lehrer hat vielleicht gar nicht verstanden, dass sie sich gegen etwas (gegen ihn) auflehnen wollten, sondern sieht nur, dass sie keine der Aufgaben gelöst haben.

Ein starker Antrieb im Menschen – kaum einer will das sprichwörtliche fünfte Rad am Wagen sein – wirkt jeder anarchischen Gesellschaftsform entgegen. Dieser Antrieb ist so stark wie das Bedürfnis des Individuums nach Freiheit. Doch da wir nun einmal soziale Wesen sind, regt sich in fast jedem von uns in entsprechenden Situationen das schlechte „soziale Gewissen“, das freilich begleitet wird vom Interesse am eigenen Überleben: „Wäre es nicht vielleicht doch besser, diese Schularbeit mitzumachen?" „Wenn ich sie nicht mitmache, dann gewinne ich möglicherweise die Sympathie einiger meiner Mitschüler, aber wäre es für mich und mein eigenes Fortkommen nicht wichtiger, die Sympathien meines Lehrers und meiner Eltern zu gewinnen!?" In der Tat: Unsere Natur ist nicht zu beschwindeln.

So wirkt sich der „Schulklasseneffekt" immer weiter aus, nicht nur in Schulklassen, sondern auch unter erwachsenen Menschen in der Wirtschaft, in der Industrie, in der Politik. Wir dachten, den Menschen verändern, ja, einen neuen Menschentypus schaffen zu können. In Wahrheit ist der Mensch geblieben, was er stets war. In der zivilisierten Welt befriedigt er zwar seine Bedürfnisse anders (vor allem schneller) als unter den Rahmenbedingungen der „Wildnis", aber an seinen Bedürfnissen selbst hat sich nichts grundlegend geändert.

Der Behaviorismus, dem zufolge der Mensch – jeder einzelne Mensch – beliebig geformt und also erzogen werden kann, ist eine Ideologie der Vergangenheit. Was seine Vertreter immer geflissentlich übersehen haben, ist der Umstand, dass Erziehung „irgendwo" ansetzen muss. Sie ignorierten alle Verhaltensdispositionen des Menschen (und anderer Lebewesen) und vergaßen, dass sogar ihre Ideologie nur dann wirksam umgesetzt werden könnte, wenn sie an bereits Vorhandenem ansetzt. Gesellschaftsromantiker unter den Kulturanthropologen, wie etwa Margaret Mead, mussten sich die Belehrung gefallen lassen, dass zwar verschiedene unserer Verhaltensdispositionen in einzelnen Kulturen auf unterschiedliche Weise zum Tragen kommen, aber nie und nirgendwo eliminiert worden sind. Derek Freeman konnte überzeugend darlegen, dass Meads Studien auf Samoa grundlegende methodologische und begriffliche Mängel aufwiesen, und kam zu dem fundamentalen Schluss, dass jeder Versuch, menschliches Verhalten in rein gesellschaftlichen beziehungsweise kulturellen Begriffen zu erklären, durchaus unzureichend sei (Freeman 1983).

Keine Gesellschaft oder Kultur kann die dunklen Seiten unserer aus der Tiefe der Stammesgeschichte kommenden Verhaltensantriebe verstecken. Die Mordrate beispielsweise variiert zwar von einer Gesellschaft zur anderen, von einem Land zum anderen, aber keine Gesellschaft ist bekannt, in der Mord und Totschlag grundsätzlich nicht vorkommen. Vielmehr haben viele Gesellschaften für das Töten von Menschen sogar Entschuldigungen und moralische Rechtfertigungen gefunden. Sie verhängen die Todesstrafe – und demonstrieren damit, dass ihnen beziehungsweise ihren Führern auch nichts anderes einfällt, als Täter für ihre Taten mit denselben Mitteln zu bestrafen, die die an ihren Opfern anwandten. Mord und Totschlag sind also angesagt (nach wie vor, wie seinerzeit in der Steinzeit), und zwar auch in manchen der so genannten zivilisierten, demokratischen Gesellschaften. Als bestes Beispiel können die Vereinigten Staaten von Amerika dienen. Unsere Zivilisation ist auch angetreten, den Gedanken der *Humanität* durchzusetzen – und hat auch dafür als probate Mittel nichts anderes gefunden als Bomben, die Unterdrückung Andersdenkender, Gefängnisse, polizeistaatliche Methoden (siehe Wuketits und Wuketits 2001). Damit aber wird Moral zur Doppelmoral und Erziehung als Ganzes zu einem paradoxen Unternehmen.

Was versprach Watson? Er könne aus jedem Kind machen, was er will. Vergessen wir's. Die Wirklichkeit heute sieht ganz anders aus:

Bettler, Diebe und Schlimmeres hat man genug produziert. Aber wo bleiben die Wunschmenschen, die Watson nach Belieben zu erziehen versprach? Wie erklärt sich bei solch unbegrenzten Möglichkeiten die erschreckende Zunahme der

Kriminalität zunächst ausgerechnet im behaviorgläubigen Amerika, mit etwas Verzögerung auch bei uns und noch schlimmer in der staatlich erzogenen ehemaligen Sowjetunion? Woher die zahlreichen, immer brutaler ausgetragenen Konflikte in aller Welt? Wenn die Theorie von der beliebigen Erziehbarkeit vielleicht auch richtig ist, die Menschen passen offenbar nicht dazu (Verbeek 1997, S. 12).

Ja, warum ist in Israel, trotz zahlreicher Friedensgespräche und Verhandlungen, der Friede nicht möglich? Warum werfen Vertreter der baskischen Separatistenorganisation immer noch ihre Bomben? Warum wurde der Nordirland-Konflikt nie beigelegt? Warum haben sich in den ehemals kommunistischen Ländern in Osteuropa binnen kürzester Zeit, nach der „Wende", mafiaähnliche Organisationen formiert? Schlüssige Antworten darauf können Sozialwissenschaftler, Pädagogen und Politiker nicht geben, solang sie nur gesellschaftliche Bedingungen ins Treffen führen. Der Evolutionstheoretiker maßt sich nicht an, für jedes konkrete gesellschaftliche Phänomen plausible Erklärungen zu haben. Er hat aber allgemeine Erklärungen des menschlichen Verhaltens zur Hand, in die sich die konkreten Exzesse einordnen lassen. Ich konnte in Bulgarien – einem Land, das ich aus persönlichen Gründen einigermaßen kenne – sehen, wie nach der Wende Zeitungskioske wie Pilze aus dem Boden schossen und pornographische Magazine zu verkaufen begannen – ein Zeichen der „Befreiung". Wenn der Mensch das wäre, wofür ihn manche Philosophen nach wie vor halten, dann bleibt hier die Frage offen, warum eine plötzlich „befreite" Gesellschaft ihrer „Freiheit" zuerst mit pornographischem Material (und Alkohol, und Drogen und so weiter) Ausdruck verleiht. Warum macht sich eine solche Gesellschaft nicht mit (zuvor verbotenen) schöngeistigen Werken und philosophischen Reflexionen Luft? Menschen, die über längere Zeit einem tyrannischen Regime unterworfen waren, vergessen dieses offenbar am besten, indem sie zuerst ihren „niederen Instinkten“ freien Lauf lassen – was der evolutionstheoretischen und soziobiologischen Erwartung durchaus entspricht.

Der Affe, der sich selbst erziehen will, schwankt seiner eigenen Natur gemäß zwischen Anarchie und Tyrannei. Sein Steinzeitgehirn will sich allgemeinen, ihm zwangsweise verordneten Normen und Regeln nicht anpassen (weil es in den Jahrmillionen seiner Evolution nicht darauf programmiert wurde). Dasselbe Gehirn aber gebietet seinem „Träger“, in seinem eigenen Interesse ein soziales Plus zu suchen, mit anderen zu kooperieren (weil er dadurch bessere Lebens- und Überlebenschancen hat). Leicht also kann Tyrannei in Anarchie umschlagen – und umgekehrt. Seine widersprüchlichen Verhaltensanleitungen unter einen Hut zu bringen, fällt einem Primaten, der erst seit kurzer Zeit in einer Zivilisation lebt, entsetzlich schwer.

Möglicherweise wird er gerade an diesem Widerspruch scheitern. Er meint, Schöpfer dieser Zivilisation zu sein und sie kontrollieren zu können. In Wahrheit entgleitet sie allmählich seinen Händen. Es ist ein alter Irrglaube, dass *Homo sapiens* seine Zivilisation in planender Absicht geschaffen habe. Die ersten Ackerbauern und Viehzüchter vor etwa 10 000 Jahren hatten keine Ahnung, welche Konsequenzen ihre neue Lebensform mit sich bringen würde. Und die Erfinder des Schießpulvers konnten sich die moderne Schusswaffenindustrie nicht in ihren kühnsten Träumen ausmalen. Ebenso wenig konnten die Erfinder des Automobils verstopfte Straßen, Massenkarambolagen, eine enorme Luftverschmutzung durch Autoabgase und die ungezählten jährlichen Opfer des Straßenverkehrs gedanklich vorwegnehmen.

Worauf also wäre noch Verlass? Wenn sich die Entwicklung unserer Zivilisation genauso planlos abspielt wie die organische Evolution (siehe Kapitel 1), aber viel schneller verläuft als diese, dann haben wir damit ein ernstes Problem. Was wir in dieser Zivilisation planen, planen wir in der Tat nur für den Tag, wir bleiben in unserer Kurzzeitperspektive gefangen. Oder hätte jemand vor nur zwanzig Jahren den Zusammenbruch der kommunistischen Systeme in Osteuropa und die Wiedervereinigung Deutschlands wirklich voraussagen können? Können wir heute voraussagen, wohin das geopolitische Experiment „Europäische Union“ in zehn oder zwanzig Jahren führen wird? Natürlich nicht. Uns bleibt, dass wir *staunen*, uns *wundern können* – über die Konsequenzen unseres Handelns, welches eben für den Tag konzipiert ist, aber stets auch über diesen hinausweist. Wir wissen nur nicht, wohin. Mit unserem Planen und Handeln nehmen wir gedanklich nicht viel vorweg, vergessen aber immer, dass die Konsequenzen einer Handlung in der Handlung selbst beschlossen sind. Dieser „Beschluss“ jedoch bleibt einem Primaten im Allgemeinen verborgen.

6. Regeln für den „Menschenpark“?

Wir haben ... dem Menschen einen Stammbaum von wunderbarer Länge gegeben, aber nicht gerade, wie man meinen könnte, einen Stammbaum von edler Beschaffenheit.

CHARLES DARWIN

Was also bleibt als Konsequenz, wenn man die Evolutionstheorie konsequent zu Ende denkt? Eine mögliche Antwort darauf gab jüngst ein Philosoph, der nicht gerade dafür bekannt ist, die Evolutionstheorie zu fördern, nämlich Peter Sloterdijk, der in einem Vortrag im Juli 1999 das Projekt der „Zähmung des Menschen" als gescheitert erklärte und neue Regeln für den „Menschenpark" forderte: Es werde in Zukunft vonnöten sein, das Spiel der natürlichen Selektion und Steuerung aktiv aufzugreifen und Regeln für „Anthropotechniken" zu formulieren. Der Vortrag löste einen Skandal aus und die Frage wurde in den Raum gestellt, ob hier ein Faschist das Wort ergriffen habe.[12] Zu dieser Kontroverse sage ich hier weiter nichts. Aber die Frage, die Sloterdijk zur Diskussion gestellt hat, bleibt: Ist das „Projekt Menschheit" zu verwirklichen? (*Menschheit* verstanden als *humane* Menschheit.) Die Zähmung des Menschen durch die von ihm selbst entwickelte Zivilisation ist bislang in der Tat gescheitert. Wenn nicht politische Korrektheit ein derartiges Ansinnen verbieten würde, dann müsste man glatt sagen, dass es innerhalb jeder Kultur zivilisierte und weniger zivilisierte Menschen gibt, gebildete und weniger gebildete, gelehrte und dumme. Aber *im Ganzen* hat sich das „rohe Tier" Mensch nicht von seiner Natur befreit. Wer darauf gehofft hat, hat eben die Rechnung ohne die Evolution gemacht.

---

[12] Sloterdijk hielt seinen Vortrag unter dem Titel „Regeln für den Menschenpark" anlässlich eines internationalen Symposiums auf Schloss Elmau und gab damit Anlass für grundsätzliche Diskussionen. Er verwies auf die stets lauernde Gefahr der „Bestialisierung des Menschen", auf das kulturelle Gegengift (Humanismus) und auf den Umstand, dass dieses Gegengift durch die Ausbreitung von Rundfunk, Fernsehen und Internet eben zur „Verwilderung" des Menschen beitrage. (Siehe hierzu Schmidt-Salomon 2000.)

Ich möchte in diesem Kapitel verdeutlichen, dass zwar ein biologischer Fatalismus nicht angebracht ist, dass aber für einen auf unsere Kultur beziehungsweise Zivilisation gegründeten Optimismus auch kein Grund besteht. Kultur und Zivilisation haben den Affen in uns nicht abgelöst, sondern ihm erst zu seiner vollen Entfaltung verholfen. Kein Wunder, sie sind ja selbst Erzeugnisse dieses Affen und seiner in der Evolution entstandenen Verhaltensprogramme. Meine „praktische" Forderung an alle, die sich in irgendeiner Form mit der Gestaltung unserer Zukunft beschäftigen (oder zumindest vorgeben, das zu tun), lautet daher: Bei allen unseren ehrgeizigen Projekten in Politik und Wirtschaft, bei allen Reformbemühungen in den Bereichen Erziehung, Justiz und so weiter muss unsere (evolutive) Vergangenheit stets berücksichtigt und mitgedacht werden. Die vielen kläglich gescheiterten sozialen beziehungsweise politischen Utopien, die schon unzählige Menschenopfer gefordert haben, sollten uns eine Warnung sein.

Wir brauchen keine Utopien mehr, sondern benötigen nur noch Antworten auf die Frage, was der Mensch als biologische Spezies kraft der ihm eigenen Fähigkeiten – auf der Basis seiner biosozialen Grundausstattung – zu leisten imstande ist. Das ist nicht so wenig wie diejenigen befürchten, die keine Ahnung von Evolution haben, aber auch nicht so viel, wie all jene glauben, die unserer Evolution den Kampf angesagt haben.

Unsere Zivilisation droht zu scheitern; aber nicht deshalb, weil sie sich von der organischen Evolution abgekoppelt hat (was ihr nicht möglich ist), sondern weil sie viele der in der biologischen Evolution durch natürliche Auslese entstandene „lebensfördernde" Mechanismen mit ungeheurer Geschwindigkeit ins Gegenteil ihres ursprünglichen biologischen Zwecks verkehrt. Es geht längst nicht mehr um die Kontroverse „Natur *versus* Kultur“, sondern um ein Begreifen der Konsequenzen, die aus den Potenzialen des kulturschaffenden Naturwesens Mensch diesem selbst erwachsen und ihn möglicherweise ins Verderben treiben.

Kulturoptimismus versus Naturfatalismus

„Natur ist schlecht" – „Kultur ist gut"; wenn wir unserer Natur ihren freien Lauf lassen, dann sind wir verloren, wenn wir unserer Natur aber die Fesseln unserer Kultur anlegen, dann besteht Hoffnung. Gewiss, bei Rousseau beispielsweise klang es anders. Egal, die abendländische Perspektive führte zu der Überzeugung, dass die Position des Menschen in der Welt durch den Gegensatz von Natur und Kultur bestimmt werde, und es ist immer noch schwer, diese Perspektive aufzugeben und einen Standpunkt einzunehmen, der sozusagen jenseits des Natur-Kultur-Dualismus liegt (Haila 2000). Unsere Neigung zum dualen/dichotomen Denken (vgl. S. 201) macht sich auch hier überdeutlich bemerkbar. Abhängig zu sein von einer (unberechenbaren) Natur, einsehen zu müssen, dass er selbst in diese Natur eingebunden ist, macht einem Primaten, der sich frei wähnt und meint, sich von der Natur emanzipieren zu können, grundsätzliche Schwierigkeiten. Zumal er nicht willens ist zu erkennen, dass alles, was er schafft – eben auch seine Kultur – Produkte seiner Natur sind.

Als Darwin seine düstere Theorie formulierte und veröffentlichte, fühlten sich viele seiner Zeitgenossen gerade deswegen verunsichert, weil sie gerade begriffen zu haben glaubten, dass des Menschen Möglichkeiten durch seine Technik und Industrie praktisch unbegrenzt sind. Etwas später demonstrierte der – inzwischen unzählige Male verfilmte – Untergang der *Titanic*, eines Wunderwerks der Technik und eines vermeintlich unsinkbaren Schiffs, die Zerbrechlichkeit aller menschlichen Konstrukte. Aber ein auf kurzfristigen Erfolg bedachter Primate hat daraus nichts gelernt. Er transportiert hochgiftiges Material, lässt seine Öltanker auf den Ozeanen herumschwimmen und lagert radioaktiven Müll. Wenn ein Öltanker sinkt, was nur zu häufig passiert, dann verursacht er eine Umweltkatastrophe. Von einigen wenigen ökologisch engagierten Leuten *(Greenpeace)* abgesehen, ist in solchen Fällen offenbar niemand wirklich beunruhigt. (Scheinbar am wenigsten beunruhigt sind Ölfirmen und Schiffseigner, sofern ihre Ladungen und Schiffe gut versichert sind.)

Dumme Menschen machen immer die gleichen Fehler, klugen Menschen unterlaufen immer neue Fehler. Wir haben im letzten Kapitel gesehen, dass der Mensch fehleranfällig ist – und dass uns dieser Umstand auch nicht verwundern darf. Sicher, der Mensch ist ein besonders experimentierfreudiges Lebewesen, er spielt gern und erfindet wiederholt neue Strategien, die sein Leben erleichtern, bereichern oder zumindest interessanter gestalten sollen. Der *Homo ludens* (Huizinga 1956), also der spielende Mensch, sollte eigentlich als große Chance wahrgenommen werden. Spielen entspannt, es fördert soziale Beziehungen, und im Spiel können auch effektive Strategien für die Lösung realer Probleme entwickelt werden. Allerdings fällt es dem Menschen schwer, zwischen Spiel und Ernst zu unterscheiden und – vor allem – die oft ernsten Konsequenzen seiner „Spiele" abzusehen. Der Mensch wurde wiederholt als lernwilliges und lebenslang neugieriges Wesen charakterisiert und dadurch von allen anderen Säugetieren unterschieden. Was aber ist aus seiner „jugendlichen Frische" geworden?

Die ganze Erwachsenenwelt gleicht heute ... einer Horde griesgrämiger, alter Affen, die ihr gesamtes Wissen hauptsächlich dazu gebrauchen, aus der Natur Energie und Nahrungsmittel herauszuholen, die gar nicht verbraucht werden können, Reichtümer anzusammeln, die man nicht ins Grab nehmen kann, Waffen zu erzeugen, um anderen etwas wegzunehmen, die weniger besitzen oder gar Not leiden (Oeser 1987, S. 74).

Die naive Annahme, der Mensch könne durch seine Kultur seine Natur – und die Natur überhaupt – überwinden, ist höchst gefährlich. In sozialpolitische Programme umgesetzt, bedeutet diese Annahme zugleich die Legitimation für ein gewalttätiges Vorgehen gegen den Menschen – und die ihn umgebende Natur. Dem Menschen sollen Zwänge auferlegt werden, rigorose Gesetze sollen die natürlichen Antriebe seines Verhaltens im Zaum halten. Am besten, man unterbindet jede seiner spontanen Regungen und stellt ihn vollständig unter die Kontrolle staatlicher Organe. Da die freilich auch wieder nur Menschen mit natürlichen Antrieben sind (was könnten sie sonst sein!?), muss die totale Beherrschung des Menschen und seiner Natur notgedrungenermaßen scheitern. Doch bevor sie scheitert, fordert sie – totalitäre Systeme haben es uns auf erschreckende Weise vorexerziert – unzählige Menschenopfer. Allerdings ist der „gläserne Mensch" ein Wunschbild vieler Politiker und politischer Parteien auch in den heutigen Demokratien. Die moderne Informations- und Kommunikationstechnologie bietet verlockende Möglichkeiten, dieses Wunschbild Wirklichkeit werden zu lassen. Eine Kultur, die in diese Richtung weist, braucht uns allerdings nicht optimistisch zu stimmen. Wir sollten alles tun, damit einige unserer Artgenossen nicht zu viel Macht akkumulieren und uns mit ihrer vermeintlichen „Kultur" überrollen.

Unsere Kultur ist auch angetreten, um gegen die uns umgebende Natur anzukämpfen. Spätestens seit der industriellen Revolution im 19. Jahrhundert wähnt sich der Mensch – der Europäer – über die Natur erhaben, unverwundbar. Der Untergang der *Titanic* hat ihn zwar zunächst sozusagen etwas zurückgeworfen (siehe oben), aber seinen Kulturoptimismus hat er sich im wesentlichen bewahrt. *Keine* Katastrophe seiner

Kulturgeschichte – einschließlich des Zweiten Weltkriegs (!) – vermochte den nackten Affen „umzustimmen". Sein Kulturoptimismus ist mächtig, er glaubt, auf Natur grundsätzlich verzichten zu können. So ganz kann er sich von der Natur zwar nicht befreien – daher seine Ausflüge „ins Grüne" (das sind meistens *Kulturlandschaften*, denn in der Wildnis zu überleben ist eine andere Sache) und seine Vorliebe für Haustiere (von denen nicht wenige unter seiner Hand degenerieren). Aber „Natur pur" fordert ihre Opfer, die dem „Kulturwesen Mensch" naturgemäß nicht angenehm sind. Jährlich werden viele Menschen von Lawinen getötet, Erdbeben zerstören innerhalb weniger Sekunden, was Menschen aufgebaut haben (und fordern mitunter unzählige Menschenopfer), ein Vulkan fragt nicht, ob er ausbrechen darf, sondern bricht einfach aus (und richtet Verwüstungen an, die vielen Menschen das Leben kosten). *Homo sapiens* meint, die ihn umgebende Natur beherrschen zu können – was selbstverständlich ein irriger Glaube ist. Würde er die Evolution – seine eigene Evolution – wirklich ernst nehmen, dann wüsste er, dass seine Auflehnung gegen die ihn umgebende Natur nur ein Schuss ist, der nach hinten losgeht. Heißt das, wir sollten nichts tun, um uns vor den Unbilden der Natur zu schützen?

Natürlich nicht. Seit prähistorischen Zeiten wurde nicht nur der Mensch von der Natur sozusagen attackiert, sondern verübte auch seinerseits Anschläge auf seine Umgebung mit Feuer und Werkzeugen (Arvill 1967). Schließlich kann man es keinem Lebewesen verwehren, die Ressourcen seiner Umgebung zu nutzen und sich gegen Gefahren zur Wehr zu setzen. Aber das Schalten und Walten des *Homo sapiens* in der Biosphäre hat mit Selbstschutz nichts mehr zu tun. Er rodet Wälder, legt Sümpfe trocken, leitet Flüsse um und zerstört mit ungeheurer

Geschwindigkeit den Lebensraum unzähliger anderer Arten. Damit freilich zieht er sich den Teppich unter den eigenen Füßen weg. Die natürliche Auslese aber belohnt selbstmörderisches Verhalten nicht.

Im Vergleich zu den anderen Lebewesen sei der Mensch, so wurde von Philosophen, Anthropologen und Biologen vielfach betont, weltoffen und entscheidungsfrei; er habe jedoch seine Instinkte und mithin die Sicherheiten der tierischen Umweltbindungen verloren (siehe beispielsweise Portmann 1969). Ich denke, dass man – auf der Basis unserer heutigen Erkenntnisse aus der Verhaltensforschung und Soziobiologie – ganz im Gegenteil behaupten darf, dass dem Menschen seine „Instinkte" durchaus geblieben sind, dass sie ihn aber unter den Rahmenbedingungen seiner Zivilisation in die falsche Richtung tragen.

Es sind nicht allein die Gene

Die Soziobiologie erklärt das soziale Verhalten der Lebewesen, einschließlich des Menschen auf evolutionsbiologischer und genetischer Grundlage. (Neueste umfassende Darstellungen dazu in deutscher Sprache sind Voland 2000 und Wuketits 1997a.) Einer der herausragenden Begründer der Soziobiologie, der amerikanische Zoologe Edward O. Wilson, wurde anlässlich einer Tagung der *American Association for the Advancement of Science* im Februar 1978 in Washington von seinen Gegnern mit Wasser übergossen. Er selbst schildert diese (tragikomische) Episode seines Forscherlebens in seiner lesenswerten Autobiographie (Wilson 1999). Wenn in wissenschaftlichen Diskussionen Menschen, die auf ihre eigene Intelligenz zählen und meinen, durch Kultur geformt worden zu sein, zu solchen Mitteln greifen, um einen Vertreter von ihnen unliebsamen Theorien zum Schweigen zu bringen oder jedenfalls in hohem Maße zu irritieren, dann ist es freilich mit *ihrer* Kultur nicht weit her. Sie zeigen mit solchen Handlungen – unfreiwillig –, dass Gegner am besten durch physische Gewalt zu bezwingen sind; was uns aber die ganze Tierwelt hinreichend demonstriert – und gerade von dieser wollten sich die radikalen Gegner der Soziobiologie doch unterscheiden (!).

In den 80er-Jahren wurde die Soziobiologie insbesondere aus politischen Gründen heftig angegriffen. Eines der bemerkenswertesten Zeugnisse für diese Angriffe ist ein Buch, das von drei Autoren geschrieben wurde, Richard C. Lewontin, Steven Rose und Leon J. Kamin (siehe Lewontin et al. 1984), deren deklariertes Ziel darin bestand, die Soziobiologie als eine Ideologie zu entlarven, die Rassismus, Diskriminierung und die Verteidigung der „herrschenden Klasse“ fördert. Einer der drei

Autoren hat jüngst wieder ein Buch herausgebracht, in dem er die Soziobiologen als Darwins gefährliche Erben kritisiert (Rose 2000). Es ist nicht uninteressant zu wissen, dass die Autoren, von denen die Rede ist, Biologen oder in der Biologie ausgebildete Gelehrte sind. Was können sie denn dagegen haben, wenn menschliches Sozialverhalten auf evolutionstheoretischer Grundlage erklärt wird?

Natürlich sind auch Biologen vor ideologischen Vorurteilen nicht gefeit – da ließe sich gar manche Geschichte erzählen (Lewontin ist Marxist) –, aber im Falle der Soziobiologie beziehungsweise ihrer Kritiker ging es anscheinend um mehr. Da gerieten „Kollegen" miteinander in Konflikt, weil sie zum einen verschiedene Menschenbilder hegten, zum anderen aber auch darüber uneins waren, was als *wissenschaftliche Methode* sozusagen durchgehen kann.[13] Der Neandertaler in uns mag auch hier seine Hand im Spiel haben. An der Universität Wien wird folgender Witz kolportiert: Zwei Professoren treffen einander am Hauptportal der Alma Mater, wo gerade die schwarze Fahne gehisst wird. Der eine Professor wendet sich fragend an den anderen: „Da ist offenbar einer unserer Kollegen gestorben. Wissen Sie, wer es ist?" Der andere antwortet: „Nein das weiß ich nicht, aber mir ist jeder recht." So viel also zur Kollegialität unter Professoren (in Wien und anderswo).

Der Vorwurf, dem Soziobiologen von vornherein ausgesetzt waren, lässt sich folgendermaßen zusammenfassen: Die genetische Erklärung des menschlichen Verhaltens ignoriert alle Umwelteinflüsse, degradiert den Menschen zu einer Gen-

---

[13] Für die an Details interessierten Leserinnen und Leser sind dazu die Arbeiten von Segerstrale (1986, 2000) aufschlussreich.

Maschine, womit gesellschaftliche Zustände und Missstände als *naturgegeben* akzeptiert werden müssten.

Dagegen muss festgehalten werden, dass die Soziobiologie zwar eine genetische, aber keine deterministische Theorie ist. Kein Soziobiologe hat je ernsthaft behauptet, der Mensch sei eine Marionette seiner Gene. Vielmehr ist allen ernst zu nehmenden Biologen klar, dass eine Dichotomie „Gen/Organismus" unsinnig ist; Gene sind keine selbstständigen Einheiten, die, wie kleine böse (oder gute) Geister, ein Lebewesen zu diesem oder jenem Verhalten beflügeln. Ferner weiß jeder Soziobiologe, dass die Merkmale eines Organismus, einschließlich seiner Verhaltensmerkmale, immer aus einer *Wechselwirkung* zwischen den Genen und seiner Umgebung entstehen, wobei die Gene bloß die Reaktionsnorm auf die äußeren Entwicklungsbedingungen definieren (Voland 2000). Insbesondere beim Menschen, einem sehr flexiblen und lernfähigen Lebewesen, spielen in der Individualentwicklung nicht-genetische Faktoren (zum Beispiel prägende Erlebnisse der Kindheit) eine wichtige Rolle. Also, keine Angst vor den Genen!

Tomasello (1999) argumentiert, dass ein genetisches Ereignis in unserer Evolution – vor zwei Millionen Jahren oder später – zu neuen kognitiven Fähigkeiten geführt habe, ohne aber im Detail alle seine Ergebnisse vorwegzunehmen, die wir heute an unserem kognitiven Apparat beobachten können. Dieses genetische Ereignis wird wohl den Weg geebnet haben zur Entwicklung neuer sozialer und kultureller Prozesse, ohne diese Prozesse aber im einzelnen zu bestimmen. Gemeint ist dabei unter anderem die spezifisch menschliche Sprache mit ihrem hohen Symbolgehalt (siehe S. 112). Kein genetisches Ereignis, zu welchem Zeitpunkt unserer Evolution auch immer, kann wohl die Syntax und Grammatik irgendeiner der heute gesprochenen

Sprachen vorweggenommen oder das Vokabular einer Sprache bestimmt haben.

Leider hat im Zusammenhang mit Genetik und Soziobiologie die Sensationspresse viel zur Verwirrung der Öffentlichkeit beigetragen. Mit Biologie wenig vertraute Leute werden durch Meldungen verunsichert (oder auch begeistert), wonach *das* Gen für Aggression, für Trunksucht, für eine Neigung zum Diebstahl oder für Prostitution gefunden worden sei. In Wirklichkeit hat natürlich niemand ein Gen für eine dieser Verhaltensweisen gefunden. Das genetische System des Menschen (wie das anderer Säugetiere) ist sehr komplex. Ein Gen kann an der Entwicklung mehrerer Merkmale beteiligt sein und umgekehrt kann die Ausbildung eines Merkmals von mehreren Genen abhängen. Um sagen zu können, ein Gen sei *für* dieses oder jenes Merkmal verantwortlich, bedarf es umfangreicher biochemischer, evolutionsbiologischer und ökologischer Daten (Kaplan und Pigliucci 2001). Überdies müsste uns der gesunde Menschenverstand sagen, dass komplexe Merkmale eines Säugetieres kaum von einem einzelnen Gen für immer geformt werden können. Das gilt insbesondere für Verhaltensmerkmale und Aktivitäten individueller Menschen. So ist die Tochter einer Prostituierten keineswegs genetisch für die Prostitution determiniert. Falls sie diesem alten Gewerbe nachgeht, dann sicher in erster Linie aus finanziellen Gründen oder aufgrund der Vorbildwirkung ihrer Mutter und des Milieus, das sie früh beeinflusst haben mag. Allerdings werden viele Mädchen und Frauen zur Prostitution gezwungen – nicht eben von ihren Genen, sondern von Verbrecherorganisationen, die in diesem „Geschäftszweig" eine äußerst profitable ökonomische Nische gefunden haben.

Die Befürchtung oder auch – je nachdem – Hoffnung, wir seien vollständig in der Gewalt unserer Gene, ist somit unbegründet. Mit Befremden muss man daher die Bemühungen der amerikanischen *Federal Violence Initiative* registrieren (siehe hierzu Rose 2000). Diese Organisation zielt darauf ab, Stadtkinder aufzuspüren, die ein vermeintliches genetisches Risiko in sich tragen, im späteren Leben gewalttätig zu werden. Zwar stieß sie ursprünglich auf Kritik und Ablehnung, aber Teile ihres Programms werden in den USA (vor allem in Chicago) weiterhin ausgeführt. Wären tatsächlich alle Verhaltensmerkmale individueller Menschen von einzelnen Genen so vollständig abhängig, dass sie umgekehrt aus der Kenntnis einzelner Gene auch voraussagbar wären, dann freilich würden diejenigen triumphieren, die den „planbaren Menschen" anstreben (siehe auch Wuketits 1993c). Aber hier sind nur die Vorzeichen vertauscht. An die Stelle des Glaubens, Gene würden überhaupt keine Rolle spielen und der Mensch sei durch Erziehung beliebig formbar, tritt die Überzeugung, dass wir das genetische System selbst verändern könnten. So oder anders – der fatale Traum vom „neuen Menschen" scheint viele nicht loszulassen, und es ist an der Zeit, mit dem „alten Menschen" Frieden zu schließen.

... aber die Gene spielen (natürlich) immer mit

Einzelne unserer (Verhaltens-)Merkmale werden also nicht von einzelnen Genen determiniert, aber der Umkehrschluss, dass Gene für unser Verhalten irrelevant seien, ist freilich nicht zulässig. Selbstverständlich beeinflussen unsere genetischen Replikatoren unser Verhalten ganz erheblich, aber nicht auf die von der Sensationspresse kolportierte Weise: „Ein bestimmtes Gen *zwingt* einen bestimmten Menschen dazu, sich gewalttätig zu verhalten" oder „Ein Gen für Kleptomanie gibt einem bestimmten Menschen keine andere Möglichkeit, er *muss* stehlen". Unsere Gene wirken auf unser Verhalten anders ein, sozusagen auf eine etwas unbestimmte Weise. Der genetische Imperativ lautet: „Verhalte dich so, dass deine Gene beziehungsweise ihre Kopien eine größtmögliche Chance erhalten, in den nachfolgenden Generationen gegenüber den Genen deiner unmittelbaren Konkurrenten überproportional vertreten zu sein" (Vogel 2000, S. 77). Dieser Imperativ lässt einiges offen. Er ermöglicht einem Individuum, je nach ökologischer Situation (Verfügbarkeit von Ressourcen), verschiedene Strategien, zum Beispiel

- sich aggressiv gegen Artgenossen zu verhalten,
- mit Artgenossen zu kooperieren,
- sich dem eigenen Nachwuchs mit größerer oder geringerer Intensität zu widmen,
- den eigenen Nachwuchs teilweise zu töten,
- auf eigene Nachkommen zu verzichten und Verwandte zu unterstützen.

Es muss sich nur in der Gesamtbilanz „genetisch rechnen". Das genetische Kalkül ist den Lebewesen, einschließlich des Menschen, nicht bewusst.

„Ja aber", so lautet ein häufiger Einwand gegen die Soziobiologie, „woher wollen dann zum Beispiel Bienen, Ameisen, Mäuse oder Wölfe ‚wissen', wie sie sich zu verhalten haben, welche Strategie für sie die günstigste ist?" Dieser Einwand ist leicht zu entkräften: Sie brauchen das nämlich gar nicht zu wissen! Ein Haifisch ist torpedoförmig konstruiert – die optimale Körperkonstruktion für einen wasserbewohnenden Räuber –, aber er „weiß" nicht, wie er aussieht. Die Hauptsache ist, dass ihm genau diese Körperform Erfolg bringt. Hat man die Selektionstheorie richtig verstanden (siehe nochmals Kapitel 1), dann braucht man für die Erklärung einer Körperkonstruktion oder einer Verhaltensstrategie kein wie auch immer geartetes Bewusstsein anzunehmen. Die natürliche Auslese fördert alles, was sich – zumindest vorübergehend und unter bestimmten Randbedingungen – bewährt.

Daher ist es auch für den Erfolg verschiedener Verhaltensregeln beim Menschen unerheblich, ob sie „und ihre Effekte bewußt verstanden, ob mit richtiger oder falscher Begründung tradiert, oder ob sie das Ergebnis unverstandener Zufälle, Einfälle oder Entdeckungen, ob sie rational geplant sind oder Ergebnis irrationaler Ahnungen" (Vogel 1986).

Was unser soziales Verhalten betrifft, haben wir Menschen von unseren stammesgeschichtlichen Vorfahren im Wesentlichen zwei Verhaltensregeln übernommen (vgl. Mohr 1999):

- „Unterstütze Verwandte" (sie tragen deinc eigenen Gene mit);
- „Hilf demjenigen, der (mit hoher Wahrscheinlichkeit) irgendwann etwas für dich tun wird".

Wie wir diese Verhaltensregeln im einzelnen umsetzen, ist genetisch nicht festgelegt. Im Extremfall kann sich ein Individuum sogar ausdrücklich gegen seine Verwandten wenden, was durch „Familientragödien" belegt wird. Allerdings sind

Brudermord, Vatermord und so weiter relativ seltene Ereignisse. Dass, wie der Volksmund sagt, Blut dicker als Wasser sei, ist in evolutionstheoretischer und soziobiologischer Perspektive verständlich.

Um es nochmals zu betonen: Es geht nicht darum, *einzelnen* Genen gleichsam die Verantwortung für unser Tun und Handeln zuzuschreiben. Wir müssen uns aber verdeutlichen, dass die Gesamtheit der genetischen Anlagen, die wir als Spezies mit uns tragen, einen großen Einfluss auf unser Verhalten ausübt. Unser genetisches System legt den Rahmen für unsere physiologische Leistungsfähigkeit ebenso fest wie die Bandbreite unserer Verhaltensmerkmale und kognitiven Leistungen (vgl. S. 162). Jedes unserer Kinder kommt mit seiner Spezies entsprechenden, genetisch festgelegten Verhaltensdispositionen zur Welt und bleibt genetisch mit seinen steinzeitlichen Ahnen verbunden.

Gene sind aber nichts Statisches (sie können sich durch Mutationen ändern), und selbstverständlich findet sich bei unserer Spezies eine beträchtliche (genetische) Variationsbreite. So sind beispielsweise die Lappen genetisch zwar Europäer, haben aber Gene, die sich von denen der übrigen Europäer unterscheiden. Neben dem für seine Spezies allgemein charakteristischen genetischen System besitzen die Populationen beziehungsweise Völker des *Homo sapiens* also noch jeweils ihre eigenen Gene und haben zueinander eine gewisse genetische Distanz aufgebaut (Cavalli-Sforza 2001). Schließlich ist, wie in Kapitel 1 bereits betont wurde, jedes seiner Individuen genetisch einmalig – anders wäre der neuerdings von Kriminalisten genutzte „genetische Fingerabdruck“ wertlos.

Die Gene spielen also tatsächlich immer in unserem Leben mit; sie definieren jeden von uns als Angehörigen der Spezies *Homo sapiens*, als Angehörigen einer bestimmten Population und schließlich als (genetisch einmaliges) Individuum. Der von einigen Soziobiologen und Anthropologen vertretenen These, dass Gene und Kultur sozusagen an einem Strang ziehen, bringe ich viel Sympathie entgegen. Es ist mir klar, dass wir noch zu wenig darüber wissen, wie im einzelnen „Information“ über genetische Umwelt in kulturelle Phänomene mündet (Harms 1996), sodass jene These nicht unumstritten bleibt. Aber auf jeden Fall definieren Gene die Grenzen der Verhaltensplastizität, und für sie gilt uneingeschränkt Darwins Prinzip: „Die genetischen Grundlagen jener beispielsweise über Nerven und Hormone gesteuerten Lernvorgänge, die zu einer überdurchschnittlichen Reproduktion führen, breiten sich aus“ (Sommer 2000, S. 26).

Warum unsere Zivilisation zu scheitern droht

Die These, dass unsere Zivilisation zum Scheitern verurteilt sei, ist nicht neu und auch nicht besonders originell. „Kulturpessimisten“ aus praktisch allen Zeitaltern haben sie wortgewandt vertreten und verteidigt, mitunter gerade so, als wollten sie einer morbiden Sehnsucht nach Untergängen Luft machen. Was an solchen Sehnsüchten tatsächlich dran ist, sollte einmal aus der Perspektive der modernen Evolutionsbiologie eingehend untersucht werden. Hier will ich nicht darauf eingehen. Unter den Biologen des 20. Jahrhunderts ist insbesondere Konrad Lorenz (1903–1989) mit vielen kulturkritischen Schriften hervorgetreten. Er bezeichnete sich selbst gern als „pathologischen Optimisten“, sparte aber nicht mit deutlichen Worten der Kritik an der Zivilisation. In seinem Spätwerk *Der Abbau des Menschlichen* können wir beispielsweise folgendes lesen:

Die Kulturentwicklung scheint sich merkwürdig wenig um das Wohlbefinden des Individuums zu kümmern. Menschenrechte, d. h. Bedürfnisse, die aus der angeborenen Veranlagung des Einzelmenschen entspringen und befriedigt werden müssen, scheinen auf die Entwicklungsrichtungen von Kulturen wenig Einfluß zu haben (Lorenz 1983, S. 153).

Es ist bemerkenswert, dass Lorenz Menschenrechte aus angeborenen Neigungen des Einzelmenschen ableitet – ein Begründungsversuch für Menschenrechte, über den einmal ernsthaft nachgedacht werden sollte. Interessant ist auch, dass Lorenz beklagt, wie wenig sich die Entwicklung unserer Kultur beziehungsweise Zivilisation um das Individuum kümmert. Damit hat er gewiss recht. Wenn aber die Evolution grundsätzlich zu einem Verschleiß von Individuen führt – die natürliche Auslese nimmt keine Rücksicht auf Einzelschicksale –, dann darf er sich nicht wundern, wenn es in der kulturellen Evolution genauso ist. Nun hat man Lorenz einen kruden Biologismus vorgeworfen und viele seiner Schriften wurden wiederholt in die Schublade des Sozialdarwinismus eingeordnet. Ich möchte zu dieser endlosen Debatte hier nichts mehr sagen. Obiges Zitat habe ich aber deshalb ausgewählt, weil es die Enttäuschung einer verbreiteten Erwartung zum Ausdruck bringt: der Erwartung, dass Kultur auf das Individuum Rücksicht nimmt (und ganz anders organisiert sein müsste als die Natur).

Nachdem aber, wie in diesem Buch eindringlich dargelegt wurde, Kultur nicht nur kein Gegensatz zur Natur ist, sondern bloß das *Ergebnis unserer Natur* darstellt, muss eine solche Erwartung gleichsam naturgemäß enttäuscht werden. Unsere Politik, unsere Wirtschaft, unsere Erziehungssysteme, unsere Justiz – man nehme jede beliebige Institution – sind Schöpfungen von Gehirnen, die in der Steinzeit entstanden sind und sich seit einigen Jahrzehntausenden nicht nennenswert verändert haben. Wenn ich daher sage, dass unsere Zivilisation zu scheitern droht, dann nicht, um einen weiteren Kassandraruf auszustoßen, sondern weil es dafür einige Indikatoren gibt:

- Die zivilisatorischen Prozesse verlaufen inzwischen mit einer Geschwindigkeit, die wir nicht mehr unter Kontrolle haben.
- Die Zivilisation wirkt sich dermaßen katastrophal auf die natürliche Umwelt des Menschen aus, dass wir keine Vorstellungen von den möglichen Dimensionen und Konsequenzen dieser katastrophalen Entwicklung (und ihrer Rückwirkungen auf uns selbst!) haben.
- Unser begrenztes Wahrnehmungs- und Denkvermögen und unsere begrenzte Moral sind der Komplexität und Eigendynamik der von uns selbst geschaffenen technischen,

wirtschaftlichen, politischen und sozialen Strukturen nicht mehr gewachsen.

Keine Frage: Der Mensch ist biologisch an Kultur angepasst, und zwar auf eine Art, die die Kulturfähigkeit anderer Primaten maßgeblich übersteigt (Tomasello 1999). Aber diese biologische Anpassung gab und gibt nicht vor, *wie viel* Kultur der Mensch verkraftet.

Man könnte sagen: Wenn die Entstehung von Massengesellschaften, die Entwicklung komplexer Technologien und so weiter für den Menschen grundsätzlich schlecht wären, dann wären sie nie entstanden; also kann es um unsere Zivilisation nicht so schlecht bestellt sein. Doch dieses „Argument" geht an zwei Tatsachen vorbei. Zum einen gibt es in der Evolution, wann immer etwas Neues entsteht, grundsätzlich nie die Garantie, dass sich das Neue auch bewähren wird (siehe nochmals Kapitel 1). Zum zweiten bremst die natürliche Auslese Fehlentwicklungen keineswegs sofort. Wenn wir auch nicht mit Sicherheit sagen können, dass unsere Zivilisation scheitern *wird*, so mehren sich jedenfalls die Anzeichen dafür, dass sie zu scheitern droht. (Ein Dauergast auf der Erde wird unsere Spezies ohnehin nicht bleiben. Sie ist ebenso wenig wie eine andere Organismenart „für die Ewigkeit" geschaffen.)

Wir benötigen also, so meinte Sloterdijk, neue Regeln für den „Menschenpark". Unser Domestikationsversuch, der Versuch, uns selbst zu zähmen, müsse scheitern, weil er auf falschen Annahmen über die Natur des Menschen beruht. Nach allem, was ich in diesem Buch sagte, kann ich Sloterdijk dabei natürlich nicht widersprechen. Mit den Regeln für den Menschenpark habe ich indes gravierende Probleme. Wenn Sloterdijk empfiehlt, nun die Gentechnik zu nutzen und anzuwenden, um neue, bessere Lebensverhältnisse zu schaffen, dann ist er sich der möglichen (unerwünschten) Resultate wohl nicht bewusst. Ich bin kein Gegner der Gentechnik, möchte aber hier etwas Grundsätzliches zu bedenken geben. Gerade die rasante Entwicklung unserer Technologie bedroht uns ganz ernsthaft – und da sollen wir auf eine sehr junge Technologie, deren mögliche Auswirkungen niemand abzusehen vermag, schon unsere großen Hoffnungen bauen?! Nach welchen genetischen Maßstäben wollen wir den „neuen Menschen" entwerfen?

Jeder, der Evolution und die Theorie Darwins richtig verstanden hat, weiß, dass *genetische Vielfalt* der Schlüssel für erfolgreiche Anpassung ist. Unsere Umwelt – ob durch unser eigenes Zutun oder auch von selbst – ändert sich ständig und wird sich in Zukunft ebenso ändern, sodass die genetische Variabilität des Menschen eine wesentliche Ressource bleiben muss (Carson 1993). Die genetische Veränderung des Menschen, die uns – manchen von uns – im Augenblick opportun erscheinen mag, kann sich bei nächster Gelegenheit schon als fataler Fehler erweisen. Es wäre ja vielleicht schön, würden alle Menschen zu „Humanisten" mutieren beziehungsweise durch gentechnische Eingriffe so werden, wie wir uns – wie sich manche von uns – den humanen Menschen vorstellen. Doch wer weiß, vielleicht wird unsere Spezies eines Tages dringend ein paar „raue Typen" benötigen, die dem Rest ihrer Angehörigen vorführen, wie man mit bloßen Händen einen Feldhasen erschlägt, diesem das Fell abzieht und ihn am offenen Feuer brät; die wissen, wie man eine Steinschleuder gezielt einsetzt und eine Falle stellt – und die nicht davon überzeugt sind, dass man jedem Menschen trauen könne...

Sehr kurz, nachdem wir uns in einer Zivilisation eingerichtet haben, die uns elektrischen Strom, schnelle Fortbewegungsmittel, im Winter warme Betten, im Sommer Ventilatoren und das ganze Jahr über täglich ein umfangreiches Fernsehprogramm beschert, glauben wir auch schon, dass dies immer so bleiben wird, so bleiben *muss*. Und da jetzt gentechnische Methoden verfügbar sind, die uns ermöglichen, buchstäblich den Kern (Zellkern!) unserer Existenz anzugreifen, um unsere „fehlerhafte Natur" zu korrigieren, sind bereits viele von uns voll von neuen Hoffnungen.

Unsere Kultur, unsere Zivilisation droht nicht zuletzt an den vielen falschen und überzogenen Hoffnungen zu scheitern, die ein von seiner Kurzzeitperspektive geblendeter Primate stets sehr schnell zu fassen beginnt. Der wohl größte Fehler, der diesem Primaten in seiner bisherigen Geschichte passiert ist, ist der Versuch, seine Kultur seiner Natur entgegenzustellen, statt die Kultur als Ausdruck seiner Natur zu sehen. Diesem Fehler entspringen viele Verwirrungen und Verirrungen, die alles andere als harmlos sind. Die Gentechnik jedenfalls wird *den* Fehler nicht korrigieren können.

Lehnen wir uns doch einmal – unserer hektischen Welt zum Trotz – zurück, überlegen wir, woher wir gekommen sind, was uns mit dem Rest der Welt verbindet und was uns *diese* Welt wert ist. Vielleicht erkennen wir dann, dass unser hektisches Treiben nicht die Lösung für irgendeines unserer Probleme ist, sondern das eigentliche Problem unserer Zivilisation darstellt. Der Erwerb des aufrechten Ganges vor einigen Jahrmillionen war das große Wagnis eines ursprünglich baumbewohnenden Primaten. Er bot diesem aber auch ungeahnte neue Möglichkeiten: geschickte Hände und ein überaus leistungsfähiges Gehirn. Diese Organe standen ursprünglich freilich auch nur im Dienste des Überlebens. Nun scheint *Homo sapiens* aber nicht mehr zu wissen, wie er sie weiterhin in den Dienst seines Überlebens stellen soll ...

Nachwort: Die Vergangenheit entscheidet über die Zukunft

Wie der Planet noch um seinen Zentralkörper kreist, außer daß er um die eigene Achse rotiert, so nimmt auch der einzelne Mensch am Entwicklungsgang der Menschheit teil, während er seinen eigenen Lebensweg geht. Aber unserem blöden Auge scheint das Kräftespiel am Himmel zu ewig gleicher Ordnung erstarrt; im organischen Geschehen sehen wir noch, wie die Kräfte miteinander ringen und die Ergebnisse des Konflikts sich beständig verändern.

SIGMUND FREUD

Geschichte sei wichtig, um aus ihr zu lernen – das hat ja wohl jeder von uns im Geschichtsunterricht in der Schule zu hören bekommen. Damit wurde (und wird) die Bedeutung dieses Unterrichtsfaches hervorgehoben. Niemand kann auch die Wichtigkeit von Geschichtskenntnissen ernsthaft leugnen. Doch was wird im allgemeinen, heute nach wie vor, unter *Geschichte* verstanden? Die paar vor dem evolutionshistorischen Hintergrund lächerlichen Jahrtausende menschlicher Hochkulturen. Schüler und Schülerinnen erfahren dabei viel über die unzähligen Schlachten und Kriege, die sich einzelne Völker lieferten, über Friedensabkommen, über die Ablösung eines Herrschers durch einen anderen, über monumentale Bauwerke, die Kaiser und Könige für sich errichten ließen, über Sozialreformen, die Einführung der allgemeinen Schulpflicht – und so weiter und so fort. Eine Frage müsste aber im Vordergrund stehen: Welche allgemeinen Eigenschaften einer Spezies sind für all das verantwortlich? Woher kommt diese Spezies? Was sind die ihr Verhalten bestimmenden Triebkräfte? Ja, das sind nun eigentlich drei Fragen, aber sie hängen natürlich eng zusammen. „Die Vergangenheit ist nicht tote Geschichte; sie ist das lebende Material, aus dem sich der Mensch selbst macht und seine Zukunft gestaltet" (Dubos 1968, S. 270).[14]

Unsere Vergangenheit sind nicht bloß die letzten fünftausend Jahre (siehe S. 141). Unsere Vergangenheit beginnt vor Jahrmillionen, dort, wo sich der Menschen- vom Menschenaffen-Ast trennte. Nein, sie reicht noch weiter zurück und verliert sich in der Dunkelheit des Primaten-Ursprungs. Nachdem Darwins Theorie in ihrer ganzen Tragweite zumindest von einigen weitblickenden Denkern begriffen worden war, wurde auch deutlich, dass Evolution nicht der Vergangenheit angehört, sondern unsere Gegenwart und Zukunft entscheidend mitbestimmt (Newman 1921). Diese Einsicht ist inzwischen weitgehend vergessen.

Nicht von Evolutionstheoretikern natürlich, nicht von Verhaltensforschern und Soziobiologen, aber von vielen Philosophen und Sozialwissenschaftlern, von allen „postmodernen" Denkern, die sich in ihren „Erklärungen" der Situation des Menschen der Beliebigkeit hingeben: Alles ist wahr und nichts ist wahr. Die Zeitgenossen Darwins zeigten sich – und waren tatsächlich – noch erschüttert wegen der „niederen Abkunft" des Menschen. Postmoderne Denker sind darob nicht mehr erschüttert; sie müssen die Evolution nicht nur nicht ernst nehmen, sondern brauchen davon nichts zu wissen. Überdies ersetzen im Fernsehen neuerdings so genannte *Reality Shows* ohnehin jede ernsthafte Diskussion über die Herkunft des Menschen. Sie *demonstrieren* diese Herkunft einfach – aller-

14 „The past is not dead history; it is the living material out of which man makes himself and builds the future."

dings unfreiwillig und unbeabsichtigt –, indem sie Primaten zu Wort kommen lassen, denen ihre eigene Herkunft gleichgültig ist.

Aber was wundern wir uns! Schimpansen, Gorillas und Orang-Utans haben mit ihrer Herkunft und Vergangenheit auch keine Probleme. Sie wissen nichts davon – und damit basta. Es scheint, dass die Beschäftigung mit Vergangenheit auch menschlichen Primaten nur lästig ist; dass sie sich lieber nur in der Gegenwart suhlen, vor allem natürlich dann, wenn diese Gegenwart einigermaßen angenehm und erträglich ist. Sie wissen im allgemeinen nicht, dass ihre Vergangenheit über ihre Gegenwart und Zukunft mitentscheidet. Das ist wohl auch der Grund dafür, dass Evolution und Evolutionstheorie von so vielen Leuten nicht ernst genommen werden, nach dem Motto: Was kümmert uns unsere eigene Herkunft, wir ziehen jetzt einfach dieses oder jenes durch, wir machen dies oder das ... Politiker und Wirtschaftsbosse leben es uns vor.

Aber was leben sie uns eigentlich vor? Was demonstrieren besagte *Reality Shows* im Fernsehen? *Den Affen in uns!* Sie merken das nicht, sie müssen das nicht merken – der Haifisch weiß ja auch nichts über seine Körperkonstruktion (siehe S. 240). Hauptsache, dass sich das Ganze – kurzfristig (!) – irgendwie bewährt. Es muss sich ja nicht lange bewähren – langfristiges Planen ist des Menschen Sache nicht –, wichtig ist nur, dass im Augenblick möglichst viele Affen etwas davon haben (und dass die Einschaltquote stimmt).

Philosophen, Sozialwissenschaftler und auch viele Biologen waren stets bemüht, den Menschen zu verherrlichen, seine Sonderstellung in der Natur, sein „Geistwesen" zu demonstrieren, ihn von allen anderen Lebewesen klar zu unterscheiden. Diese Bemühungen sind missglückt. Die Wirklichkeit des menschlichen Lebens stand und steht ihnen entgegen. Den verherrlichten spezifisch menschlichen Eigenschaften zum Trotz gleicht unsere heutige Menschenwelt einer unüberschaubar groß gewordenen Affenhorde, die unkontrollierbar geworden ist, sich aber gleichzeitig in der Lage wähnt, ihre heutige Situation kontrollieren und ihre Zukunft positiv gestalten zu können. Wie ich im letzten Kapitel sagte, muss diese Affenhorde allerdings davor gewarnt werden, nun ihre eigenen genetischen Dispositionen zu verändern. Denn auch diese Veränderung würde unkontrolliert geschehen, niemand würde ihre Konsequenzen bedenken – und am Ende würden dann, wie schon so oft in der Geschichte, alle ratlos dastehen und murmeln: „Das haben wir nicht gewollt."

Nimmt man die Evolution wirklich ernst, dann sieht man unmittelbar ein, dass sich kein Lebewesen seiner eigenen Geschichte entziehen kann, dass jede Organismenart – und so auch der Mensch – die, wie Darwin (1871) meinte, unauslöschlichen Spuren ihrer Vergangenheit mit sich trägt. In der Regel ergeben sich daraus auch keine Probleme – soll sich etwa ein Braunbär darüber aufregen, dass er anatomische Strukturen und Verhaltensmerkmale aufweist, die auf seine Vorfahren zurückgehen? Natürlich kann er sich gar nicht darüber aufregen, weil er nichts von seinen Vorfahren weiß. Wir Menschen suchen nun – seit über einem Jahrhundert – intensiv nach unseren Vorfahren und haben unzählige Überreste von Hominiden gefunden, die unsere eigene Herkunft und Entwicklung begründen. Wir stehen mit dieser Suche allein da. Nicht nur der Braunbär, auch unsere nächsten Verwandten in der Tierwelt, die Schimpansen, scheinen kein Interesse an ihrer eigenen Herkunft zu haben (womit ihnen ja auch einiges erspart bleibt).

Weder Schimpansen noch Braunbären sind dazu angetreten, ihre Zukunft planend zu gestalten. Sie maßen sich nicht an (wie auch!?), die diesen Planeten beherrschenden Spezies zu sein oder dereinst zu werden, sondern leben hier und jetzt. So wie sie keine Ahnung von ihrer Vergangenheit haben, so schreiten sie auch ahnungslos in die Zukunft – die für sie freilich gar keine *Zukunft* ist. Wir Menschen denken die Zukunft, leben stets im Morgen, kommen aber bemerkenswerterweise nicht weit über die Gegenwart hinaus. Wir sind Gefangene der Gegenwart, die ihrerseits von unserer Vergangenheit bestimmt wird. Unsere Vergangenheit wird aber auch über unsere Zukunft entscheiden. Es wird einen großen Unterschied machen, ob wir einsehen, dass die in unserer Stammesgeschichte entstandenen Verhaltensdispositionen die Rahmenbedingungen für unsere weitere Existenz darstellen, oder ob wir uns der postmodernen und anderen Illusionen hingeben, wonach unsere Evolution nichts zählt, letztlich alles gleichgültig ist und wir – auf gut Wienerisch gesagt – „weiterwurschteln" können, egal, was kommt und was früher war.

Es ist aus psychologischen Gründen verständlich, dass jeder einzelne Mensch unangenehme Erlebnisse und Erfahrungen aus seiner Vergangenheit verdrängen, ignorieren will. Und selbstverständlich soll auch jedem ein Neuanfang gegönnt sein. Der siebzehnjährige Fahrraddieb soll unter seiner Tat nicht sein Leben lang leiden müssen. Darüber, denke ich, sind wir uns alle einig. Mit unserer Spezies allerdings verhält es sich nicht so einfach. Hier geht es nicht darum, ob die Vorfahren des *Homo sapiens* Fahrräder – respektive Steinwerkzeuge – gestohlen haben. Es geht um die einfache, aber nichtsdestoweniger gravierende Tatsache, dass jeder von uns die Verhaltensdispositionen seiner steinzeitlichen Ahnen mit sich trägt. Der Konzernchef, der morgen eine „entscheidende“ Sitzung leitet, sollte sich diese Tatsache besonders zu Herzen nehmen – es könnte sein, dass von seinem Votum die Existenz vieler anderer Menschen abhängt. Die aber sind ihm wahrscheinlich vollkommen gleichgültig. Doch er möge bedenken, dass er unter diesen Umständen anderen Menschen ebenso gleichgültig ist – und irgendwann als fünftes Rad am Wagen nur noch hoffen kann, wieder in eine Gemeinschaft aufgenommen zu werden.

Unsere Kultur und Zivilisation, unsere Politik, Wirtschaft und Justiz sind zerbrechliche Strukturen. Unsere Natur aber ist nicht zu beschwindeln.

Glossar

Hier werden einige Schlüsselbegriffe dieses Buches sowie im Text nicht näher erläuterte Begriffe kurz definiert.

Affen. (Simiae, Simii) Unterordnung der → Primaten, zu der unter anderem die → Hominoidea zählen. Sie werden von den Halbaffen (Prosimiae, Prosimii), zu denen zum Beispiel die Lemuren gehören, unterschieden. Die A. präsentieren sich als Gruppe einheitlicher als die Halbaffen. Ihr Gehirn ist viel größer und spezialisierter. Fast alle A. sind tagaktiv.

Aggression. Verhaltensweise, die eines von zwei oder mehreren Individuen dazu zwingt, seine Ziele zu ändern. Dabei ist zwischen intraspezifischer A. (= A. gegen Artgenossen, beispielsweise bei der Revierverteidigung) und interspezifischer A. (= A. zwischen Individuen verschiedener Arten, vor allem beim Beutefang) zu unterscheiden.

Aggressivität. Bereitschaft zu aggressivem Verhalten beziehungsweise zur → Aggression. Diese Bereitschaft steht im Zusammenhang mit verschiedenen anderen → Verhaltensdispositionen und kommt beispielsweise bei der Partnersuche, bei der Verteidigung der eigenen Nachkommen oder bei der Suche nach Nahrungsressourcen zum Vorschein.

Altruismus. Uneigennütziges Verhalten. Verhalten eines Lebewesens, das auf eigene Kosten die Eignung eines oder mehrerer anderer Individuen erhöht. In der → Soziobiologie von zentraler Bedeutung ist der Begriff des reziproken A., der auf Gegenseitigkeit beruhende Uneigennützigkeit beziehungsweise gegenseitige Hilfeleistung meint. (→ Egoismus; Kooperation)

Anarchie. Herrschaftsloser Zustand; Zustand, in dem alle Herrschaft von Menschen über Menschen aufgehoben ist.

Anthropologie. Lehre vom Menschen. Gesamtheit der Disziplinen, die sich aus unterschiedlicher Perspektive mit dem Menschen beschäftigen.

Behaviorismus. Eine psychologische Richtung, deren Vertreter Lebewesen als alleinige Resultate der Umwelt betrachten und angeborene Dispositionen leugnen. Der Mensch ist demnach bei seiner Geburt ein unbeschriebenes Blatt; er kann durch → Erziehung geformt werden.

Bewusstsein. Fähigkeit eines Lebewesens, über sich selbst zu reflektieren, zu sich selbst sozusagen in Distanz zu gehen. Als Ich-Erkenntnis kommt diese Fähigkeit auch Menschenaffen zu. Das menschliche B. enthält darüber hinaus so spezifische Elemente wie einen ausgeprägten Zeitsinn, ein B. von der eigenen Sterblichkeit und so weiter.

Biologismus. Jene Auffassung, wonach gesellschaftliche beziehungsweise kulturelle Phänomene restlos auf biologische Determinanten zurückgeführt werden können (→ Determinismus). Als Ideologie die Auffassung, dass biologische Theorien und Modelle normativ auf die menschliche Gesellschaft angewendet werden (→ Sozialdarwinismus).

Biosphäre. Der gesamte von Organismen bewohnte Teil der Erde, die belebte Sphäre.

Bipedie. Aufrechter Gang. Fortbewegung auf nur zwei (den hinteren) Extremitäten.

Darwinismus. Meint einerseits die Theorie Darwins (→ Selektion), andererseits aber auch alle philosophischen und gesellschaftlichen Implikationen dieser Theorie.

Determinismus. (Philosophische) Richtung, wonach alle Ereignisse in der Welt nach vorgegebenen Gesetzlichkeiten geschehen. Demnach hat der Mensch keinen freien Willen. (→ Freiheit)

Dominanz. Bei sozial lebenden Arten Überlegenheit eines Individuums gegenüber anderen; hoher Rang eines Individuums in der Gruppe.

Egoismus. Eigennütziges Verhalten. Verhalten eines Individuums, das seine Eignung auf Kosten eines oder mehrerer anderer Individuen erhöht.

Epigenetische Regeln. Nach Lumsden und Wilson (1981) alle Regeln, die die Entwicklung von Strukturen, Funktionen, Verhaltensmerkmalen oder kognitiven Eigenschaften eines Lebewesens im Prozess der Interaktion zwischen Genen und Umwelt kanalisieren.

Erziehung. Gesamtheit der planmäßig entwickelten Einflüsse auf die Bildung eines heranwachsenden Menschen durch andere Menschen. Zur E. werden eine Reihe von Komponenten gezählt, wie Wissensvermittlung, Vermittlung von Normen und Wertvorstellungen, Gewissensbildung und so weiter.

Ethik. Auch Moralphilosophie. Teilgebiet der praktischen Philosophie, das sich mit Wertvorstellungen und Normen, mit moralisch richtigem Handeln beschäftigt. Sie enthält auch grundlegende Überlegungen darüber, was unter „gut“ und „böse“ zu verstehen sei, wie Normen und Werte begründet werden können und so weiter. (→ Moral)

Evolution. Allgemein Entwicklung. In der Biologie (organische E.) die Veränderung von Arten im Laufe der Zeit. Ihr wichtigster Motor ist die → Selektion. Der Begriff der E. wird aber auch auf Entwicklungsvorgänge in anderen Bereichen bezogen. Mit kultureller E. sind Veränderungen in menschlichen Kulturen gemeint (→ Kultur; Kulturgeschichte).

Evolutionäre Erkenntnistheorie. Evolutionäre Theorie kognitiver Mechanismen und Leistungen. Aus der Perspektive der e. E. sind auch spezifisch menschliche Formen des Erkennens und Denkens auf der Grundlage der organischen → Evolution (Gehirnentwicklung) entstanden. Auch menschliche → Rationalität ist ein Ergebnis der Stammesgeschichte und stellt in einem Kontinuum kognitiver Mechanismen und Leistungen nur die jüngste Erkenntnisform dar.

Evolutionstheorie. Allgemein jede Theorie, die den Wandel, die Veränderung von Strukturen beschreibt und erklärt, sei es im biologischen, im sozialen oder im kulturellen Bereich.

Exzessivbildungen. Stark hervortretende Merkmale, überproportional große Bildungen bei einer Spezies, zum Beispiel das Geweih des eiszeitlichen Riesenhirschen. Beim Menschen wird oft das Gehirn als eine E. betrachtet (vgl. S. 21).

Freiheit. Willensfreiheit. Die Möglichkeit, so zu handeln, wie man will. Diese Möglichkeit kann durch verschiedene Faktoren eingeschränkt werden. In der Philosophiegeschichte wurde F. zur Voraussetzung für sittliches Handeln. Da → Moral den Menschen in die Pflicht nimmt, hebt sie die Möglichkeit, so zu handeln wie man will, allerdings auf oder schränkt die F. zumindest ein. Die Vorstellung von F. ist problematisch, weil selbst ein scheinbar freies Handeln von unbewussten Motiven geleitet werden kann.

Funktionaler Realismus. Damit kann jener Umstand bezeichnet werden, dass wir – wie auch andere Lebewesen – Gegenstände der Außenwelt über deren Eigenschaften und Funktionen wahrnehmen.

Gehirnvolumen. Der (in Kubikzentimetern gemessene) Rauminhalt eines Gehirns. Das G. ist nicht unbedingt mit einer größeren beziehungsweise kleineren Gehirnleistung verbunden. Das G. des heutigen Menschen beträgt etwa 1500 Kubikzentimeter und ist damit etwa dreimal so groß wie das der Menschenaffen.

Gene. Im gewöhnlichen Sprachgebrauch „Erbfaktoren". Abschnitte auf der DNS (Desoxyribonukleinsäure), die erblich bestimmte Strukturen/Funktionen von Lebewesen kodiert.

Hominiden. Menschenartige. Traditionellerweise eine Familie der → Primaten, die die Gattungen *Australopithecus* (fossil) und *Homo* (fossil und rezent) umfasst. Nach modernerer Auffassung Familie der Menschenaffen (→ Pongiden) und Menschenartigen.

Hominoidea. „Menschenähnliche". Im System der → Primaten Überfamilie der → Affen mit Gibbons, Menschenaffen und Menschenartigen (siehe Übersicht S. 99 f.).

Imitation. Nachahmung. Übernahme wahrgenommenen Verhaltens in das eigene Verhalten. Die I. spielt im → Lernen viele Tiere eine bedeutende Rolle.

Instinkt. Der I.-Begriff charakterisiert im wesentlichen „angeborene Programme" im Verhalten, die jedem Lebewesen eine zweckdienliche Verhaltensreaktion auf verschiedene Situationen ermöglichen. Wegen seiner Unschärfe ist dieser Begriff jedoch nicht unproblematisch.

Inzest. Inzucht. Geschlechtliche Beziehung zwischen engen Verwandten (Mutter – Sohn, Vater – Tochter, Bruder – Schwester).

Kooperation. Das „Zusammenarbeiten" von zwei oder mehreren Individuen im Dienste gemeinsamer Interessen, zum Beispiel kollektives Jagen oder gemeinsame Verteidigung vor Feinden.

Kultur. Gesamtheit aller Fertigkeiten und außerkörperlichen Strukturen, die ein Lebewesen entwickelt und an andere Lebewesen weitergibt. Im weiteren Sinn ist K. nicht auf den Menschen beschränkt, sondern ist insbesondere auch bei den Menschenaffen anzutreffen (→ Werkzeuggebrauch; Werkzeugherstellung). K. im engeren Sinn ist einspezifisches Merkmal des Menschen, der Ideen, Werte, Normen, religiöse Überzeugungen, Sprachen, Kunstwerke und so weiter tradiert. Menschliche K. ist ganz besonders durch eine Vielzahl von Kulturen charakterisiert.

Kulturanthropologie. Teilgebiet der Wissenschaft vom Menschen. Studium menschlicher → Kultur, ihrer Merkmale und vielfältigen Ausprägungen.

Kulturgeschichte. Im weitesten Sinn Entwicklungsgeschichte aller kulturellen Aktivitäten der Menschenartigen von der Herstellung einfacher Werkzeuge bis zur gegenwärtigen Ausprägung menschlicher → Kultur. Oft wird darunter aber nur die kulturelle Entwicklung des Menschen seit Beginn der schriftlichen Überlieferung verstanden („Hochkultur").

Lernen. Veränderung des Verhaltens beziehungsweise der Verhaltenssteuerung aufgrund individueller Erfahrung. Lernen besteht in der selektiven Aufnahme von Information und äußert sich in der Reaktion eines Lebewesen auf neue Situationen.

Meme. Von Richard Dawkins verwendeter Begriff zur Kennzeichnung der grundlegenden Einheiten der Kulturevolution, vor allem Ideen.

Moral. Gesamtheit der Normen und Wertvorstellungen innerhalb einer bestimmten Sozietät. Summe der Verhaltensregeln, die in einer Gesellschaft im Dienste der Stabilität und Erhaltung derselben allgemeine Gültigkeit haben.

Natur. Gesamtheit der unabhängig von menschlichen Einflüssen existierenden Phänomene. Gleichzeitig ist auch der Mensch als N. zu sehen. Er ist in der → Evolution durch natürliche Auslese entstanden. Seine Fähigkeit, → Kultur zu erzeugen, verdankt er seiner N. Die traditionelle Trennung von N. und Kultur ist heute nicht mehr aufrecht zu erhalten.

Naturgeschichte. Allgemein Entwicklung aller Naturphänomene. In diesem Buch liegt die besondere Bedeutung des Ausdrucks N. auf der Tatsache, dass sich der Mensch in der → Natur entwickelt hat und seine Existenz von natürlichen Rahmenbedingungen abhängt.

Neandertaler. Vor etwa 30 000 Jahren ausgestorbene Form des *Homo sapiens.* Der N. lebte in verschiedenen Regionen Europas, im Vorderen Orient und in Afrika und verfügte über eine komplexe Werkzeugkultur, religiöse Vorstellungen und Sprache. Über sein Verschwinden gibt es immer noch kontroverse Auffassungen. Mit der Entdeckung des N.s begann die Geschichte der → Paläanthropologie.

Paläanthropologie. Auch Paläoanthropologie; Wissenschaft vom fossilen Menschen, seiner Anatomie, Physiologie und seinen ökologischen Lebensbedingungen. Die P. rekonstruiert und beschreibt die verschiedenen Arten und Unterarten der prähistorischen → Hominiden und versucht, deren stammesgeschichtlichen, verwandtschaftlichen Beziehungen zu erhellen.

Paläolithikum. Ältere → Steinzeit. Umfasst die Epoche der kulturellen Entwicklung des Menschen, die vor knapp drei Millionen Jahren (mit den ersten Geröllgeräten) begann und mit der Errichtung erster Siedlungen, mit den Ackerbauern und Viehzüchtern, vor etwa 12 000 Jahren endete. Allerdings fand das P. sein Ende nicht überall zur gleichen Zeit.

Pongiden. Menschanaffen. Traditionellerweise eine Familie der → Primaten, die Orang-Utans, Schimpansen und Gorillas umfasst. Nach modernerer Auffassung werden die P. meist nicht als eigene Familie gewertet, sondern bilden zwei Unterfamilien der Familie Hominidae (siehe Übersicht auf S. 99 f.).

Population. Eine Gruppe von potenziell miteinander kreuzbaren Individuen in einem bestimmten geographischen Raum.

Primaten. Herrentiere. Ordnung der Säugetiere mit etwa zweihundert rezenten Arten, unter ihnen Menschenaffen und Menschen. Vertreter dieser Ordnung sind seit rund sechzig Millionen Jahren fossil nachgewiesen. Üblicherweise werden die P. in zwei Gruppen geteilt, Halbaffen und → Affen. Die meisten P. sind Waldbewohner und leben in wärmeren Regionen.

Primatologie. Primatenforschung. Zoologische Disziplin, die sich mit allen Aspekten des Lebens der → Primaten beschäftigt, mit ihrem Körperbau, ihren Verhaltensweisen, ihrer Stammesgeschichte und so weiter.

Punktualismus. Im Gegensatz zur traditionellen Auffassung, wonach sich → Evolution kontinuierlich, in unzähligen kleinen Schritten abspielt, sind die Vertreter des P. der Auffassung, dass beim evolutiven Wandel Phasen der Stagnation mehr oder weniger regelmäßig von schneller ablaufenden Prozessen („unterbrochenen Gleichgewichten", „Evolutionsschüben") abgelöst werden.

Ratiomorpher Apparat. Gesamtheit vorbewusster, vorrationaler kognitiver Leistungen (beim Menschen und anderen Lebewesen). Der r. A. operiert auf der Basis angeborener „Hypothesen" über bestimmte Strukturen der Welt, die ihrerseits Ergebnisse langfristiger Auseinandersetzungen zwischen Organismen und ihrer Außenwelt sind und sich in der → Evolution herausgebildet und stabilisiert haben.

Rationalität. Bezeichnet alle menschlichen Aktivitäten, die von der Vernunft geleitet werden. R. beziehungsweise rationales Denken und Handeln stehen aber nicht für sich. Die Vernunft selbst beruht auf einem mächtigen Unterbau vorrationaler Leistungen (→ ratiomorpher Apparat).

Replikatoren. Strukturen, die Kopien von sich selbst anfertigen. Grundlegende Einheiten der Übertragung genetischer (→ Gene) oder kultureller (→ Meme) Information.

Selektion. Natürliche Auslese. In Darwins Theorie und auch nach moderner Auffassung der hauptsächliche Triebfaktor der organischen → Evolution. Die S. wirkt auf der Basis ungerichteter, zufällig (durch Neukombination der → Gene und Mutationen) entstandener Varianten, fördert die tauglichen und eliminiert die untauglichen Varianten. Sie verleiht der Evolution ihre „Richtung", enthält jedoch keine Zielvorgaben.

Sex, Sexualität. Geschlechtliche Fortpflanzung. Prozess, der zur Umordnung der → Gene führt (genetische Vielfalt). Dadurch entsteht Variation, die eine unabdingbare Voraussetzung für evolutiven Wandel darstellt. S. wird von einer Fülle von Verhaltensweisen (Balzverhalten, Kampf um Geschlechtspartner und so weiter) begleitet. Insbesondere beim Menschen zielt S. nicht mehr allein auf Fortpflanzung ab, wenngleich diese sein primäres Motiv bleibt.

Sozialdarwinismus. Etwas irreführende Bezeichnung für eine ideologische Umdeutung der Theorie Darwins, die auf ein „Recht des Stärkeren" hinausläuft und die natürliche Auslese als Maßstab für die Gestaltung menschlicher Gesellschaften nimmt. Der S. ist ein Paradebeispiel für den ideologischen Missbrauch naturwissenschaftlicher Erkenntnisse beziehungsweise Theorien und hat in seiner praktischen Anwendung im Dritten Reich zu verheerenden Konsequenzen geführt.

Sozialwissenschaften. Allgemein Bezeichnung für das aus mehreren Teildisziplinen bestehende Gebiet, das sich traditionellerweise mit den Erscheinungsformen und Ursachen des sozialen Verhaltens und Handelns des Menschen beschäftigt.

Soziobiologie. Studium aller Formen sozialen Verhaltens bei Lebewesen (einschließlich des Menschen auf genetischer und evolutionsbiologischer Grundlage. Synonym dazu werden heute auch Ausdrücke wie Verhaltensökologie und Evolutionspsychologie verwendet.

Sprache. Im weitesten Sinn bedeutet S. Kommunikation und ist insoweit in der Tierwelt in verschiedenen Formen ausgeprägt (zum Beispiel optische oder akustische Kommunikation). Die menschliche S. (S. im engeren Sinn) ist als artikulierte Laut-S. mit einem hohen Symbolgehalt (→ Symbolismus) und komplexen Bedeutungsstrukturen definiert und zeigt eine vielfältige Differenzierung in Sprachen.

Steinzeit. Längste Epoche der menschlichen Kulturentwicklung. Der Ausdruck S. bezieht sich darauf, dass in dieser Epoche Steine die hauptsächlichen oder doch sehr häufig verwendeten Materialien für die → Werkzeugherstellung waren.

Stress. Allgemein Belastung, die ein Organismus durch lang andauernde und mitunter schädigende Reize erfährt. Der heutige, zivilisierte Mensch ist besonders vielen S.-Faktoren ausgesetzt (Lärm, vielfach hohe Arbeitsbelastung, „Zeitdruck“ und so weiter).

Suizid. Selbsttötung. Nur beim Menschen nachgewiesen.

Symbolismus. Hier wird unter S. nicht eine Kunstrichtung verstanden, sondern das Phänomen, dass sich der Mensch viele Zeichen geschaffen hat und gewissermaßen in einer Symbolwelt lebt. Seine → Sprache ist eine Symbolsprache, die Schrift, Zahlen, mathematische Formeln, Musiknoten, Verkehrszeichen und so weiter sind konkrete Manifestationen des S.

Technologie. Beschreibung und Erforschung der in der Technik angewendeten Verfahren; aber auch Gesamtheit der überwiegend vom Menschen geschaffenen Werkzeuge und Geräte, vom Faustkeil bis zur Atombombe.

Utopie. „Nirgendwo“. Wunschtraum. Angestrebter, aber nicht realisierbarer gesellschaftlicher beziehungsweise politischer Idealzustand.

Verhaltensdisposition. In der → Evolution durch natürliche Auslese entwickelte und stabilisierte Anlage oder Neigung zu bestimmten Verhaltensweisen bei einer Tierart.

Verhaltensforschung. Allgemein Studium des Verhaltens auf evolutionstheoretischer Grundlage. Die → Soziobiologie unterscheidet sich von der „klassischen“ Verhaltensforschung maßgeblich dadurch, dass sie die Eigeninteressen (und nicht das Artwohl) der Lebewesen als Motor der sozialen Entwicklung betrachtet.

Werkzeuggebrauch. Die Fähigkeit von Lebewesen, Objekte aus ihrer Umgebung in den Dienst biologischer Zwecke, etwa Nahrungsaufnahme, zu stellen. Beispielsweise der Gebrauch von Steinen zum Knacken von Nüssen oder die Verwendung von Zweigen zum Herausholen von Termiten aus deren Bau.

Werkzeugherstellung. Die Fähigkeit von Lebewesen, Objekte aus ihrer Umgebung so zu bearbeiten, dass damit bestimmte Ziele besser erreicht werden können.

Zivilisation. Mit Z. ist in diesem Buch die Gesamtheit der Strukturen (Moral- und Rechtssysteme, Wirtschaft, → Technologie und so weiter) gemeint, die der Mensch geschaffen hat, seit er vom Jagen und Sammeln zu einer produzierenden (und nicht bloß aneignenden) Lebensweise. Viele der in der Z. produzierten Gegenstände gehen weit über den bloßen Lebensbedarf hinaus (Luxusgüter). Seine Z. definiert für das menschliche Leben neue Rahmenbedingungen, wodurch die menschliche → Natur aber nicht verändert wird.

Literatur

Allman, W. F. (1999): Mammutjäger in der Metro. Wie das Erbe der Evolution unser Denken und Verhalten prägt. Heidelberg, Berlin (Spektrum Akademischer Verlag).

Antweiler, Ch. (1988): Kulturevolution als transgenerationaler Wandel. Probleme des neueren Evolutionismus und Lösungsansätze dargestellt unter besonderer Berücksichtigung der anglo-amerikanischen Diskussion um so genannte kulturelle Evolution. Berlin (Reimer).

Antweiler, Ch. (1994): Eigenbilder, Fremdbilder, Naturbilder. Anthropologischer Überblick und Auswahlbibliographie zur kognitiven Dimension interkulturellen Umganges. Anthropos 89: 137–168.

Ardrey, R. (1972): Adam und sein Revier. Der Mensch im Zwang des Territoriums. München (Deutscher Taschenbuch Verlag).

Aristoteles (1977): Hauptwerke (ausgewählt, übersetzt und eingeleitet von Nestle, W.). Stuttgart (Kröner).

Arvill, R. (1967): Man and Environment. Crisis and the Strategy of Choice. Harmondsworth (Penguin Books).

Bartley, W. W. (1975): Wissenschaft und Glaube. Die Notwendigkeit des Engagements. In: Gadamer, H.-G. und Vogler, P. (Hrsg.): Neue Anthropologie. Band 7: Philosophische Anthropologie (Zweiter Teil), S. 64–102. Stuttgart, München (Thieme/Deutscher Taschenbuch Verlag).

Bekoff, M. (2000): Animal Emotions: Exploring Passionate Natures. BioScience 50: 861–870.

Bilz, R. (1973): Wie frei ist der Mensch? Frankfurt/M. (Suhrkamp).

Boesch, Ch. und Tomasello, M. (1998): Chimpanzee and Human Cultures. Current Anthropology 39: 591–614.

Bonner, J. T. (1983): Kultur-Evolution bei Tieren. Berlin, Hamburg (Parey).

Boyd, R. und Richerson, P. J. (1985): Culture and the Evolutionary Process. Chicago, London (University of Chicago Press).

Brehm, A. E. (1926): Brehms Tierleben (herausgegeben von Meyer, A.). Band 1. Säugetiere I. Wien (Gutenberg).

Büchner, L. (1884): Der Fortschritt in Natur und Geschichte im Lichte der Darwin'schen Theorie. Stuttgart (Schweizerbart).

Calvin, W. H. und Ojemann, G. A. (2000): Einsicht ins Gehirn. Wie Denken und Sprache entstehen. München (Deutscher Taschenbuch Verlag).

Campbell, D. T. (1975): On the Conflicts Between Biological and Social Evolution and Between Psychology and Moral Tradition. American Psychologist 30: 1103–1126.

Campbell, D. T. (1978): Social Morality Norms as Evidence of Conflict Between Biological Human Nature and Social System Requirements. In: Stent, G. (Hrsg.): Morality as a Biological Phenomenon, S. 75–92. Berlin, Heidelberg, New York (Springer).

Carson, H. L. (1993) Human Genetic Diversity, a Critical Resource for Man's Future. Biology & Philosophy 8: 33–45.

Cavalli-Sforza, L. L. (2001): Gene, Völker und Sprachen. Die biologischen Grundlagen unserer Zivilisation. München (Deutscher Taschenbuch Verlag).

Corning, P. A. (1997): Holistic Darwinism: „Synergistic Selection" and the Evolutionary Process. Journal of Social and Evolutionary Systems 20: 363–400.

Cube, F. v. (1994): Besiege deinen Nächsten wie dich selbst. Aggression im Alltag. München, Zürich (Piper).

Cube, F. v. und Alshuth, D. (1986): Fordern statt Verwöhnen. Die Erkenntnisse der Verhaltensbiologie in Erziehung und Führung. München, Zürich (Piper).

Dacqué, E. (1948): Vermächtnis der Urzeit. Grundprobleme der Erdgeschichte. München (Leibniz).

Darwin, Ch. ([1859] 1967): Die Entstehung der Arten durch natürliche Zuchtwahl. Stuttgart (Reclam).

Darwin, Ch. ([1868] 1906): Das Variieren der Tiere und Pflanzen im Zustande der Domestikation. Band 2. Stuttgart (Schweizerbart).

Darwin, Ch. ([1871] 1966): Die Abstammung des Menschen. Stuttgart (Kröner).

Darwin, Ch. ([1872] 1986): Der Ausdruck der Gemütsbewegungen bei dem Menschen und den Tieren. Nördlingen (Greno).

Darwin, Ch. (1888): Life and Letters of Charles Darwin (herausgegeben von Darwin, F.). Band 1. London (Murray).

Dawkins, R. (1984): Das egoistische Gen (2. Aufl.) Heidelberg, Berlin, Oxford (Spektrum Akademischer Verlag).

Dawkins, R. (1998): Und es entsprang ein Fluß in Eden. Das Uhrwerk der Evolution. München (Goldmann).

Dempf, A. (1950): Theoretische Anthropologie. Bern (Francke).

Diamond, J. (1998): Der dritte Schimpanse. Evolution und Zukunft des Menschen. Frankfurt/M. (FIscher).

Diefenbacher, H. (Hrsg., 1996): Anarchismus. Zur Geschichte und Idee der herrschaftsfreien Gesellschaft. Darmstadt (Wissenschaftliche Buchgesellschaft).

Ditfurth, H. v. (1976): Der Geist fiel nicht vom Himmel. Die Evolution unseres Bewußtseins. Hamburg (Hoffmann und Campe).

Ditfurth, H. v. (1985): So laßt uns denn ein Apfelbäumchen pflanzen. *Es ist soweit*. Hamburg (Rasch und Röhring).

Dubos, R. (1968): So Human an Animal. New York (Scribner).

Dunn, L. C. und Dobzhansky, T. (1952): Heredity, Race and Society. New York (The New American Library).

Eco, U. (1990): Streichholzbriefe. München, Wien (Hanser).

Ehret, G. (1989): Von Mäusen, Affen und Menschen. Schritte in der Evolution zur Sprache. Universitas 44: 245–254.

Eibl-Eibesfeldt, I. (1984): Die Biologie des menschlichen Verhaltens. Grundriß der Humanethologie. München, Zürich (Piper).

Foley, R. (2000): Menschen vor Homo sapiens. Wie und warum sich unsere Art durchsetzte. Darmstadt (Wissenschaftliche Buchgesellschaft).

Fossey, D. (1999): Gorillas im Nebel. Mein Leben mit den sanften Riesen. München (Knaur).

Fouts, R. (2000): Unsere nächsten Verwandten. Von Schimpansen lernen, was es heißt, ein Mensch zu sein. München (Knaur).

Freeman, D. (1983): Liebe ohne Aggression. Margaret Meads Legende von der Friedfertigkeit der Naturvölker. München (Kindler).

Frisch, M. (1982): Homo faber. Ein Bericht. (14. Aufl.) Frankfurt/M. (Suhrkamp).

Gay, H. (1999): Explaining the Universe: Herbert Spencer's Attempt to Synthesize Political and Evolutionary Ideas. Endeavour 23: 56–59.

Geißler, K. A. (1999): Vom Tempo der Welt. Am Ende der Uhrzeit. Freiburg, Basel, Wien (Herder).

Gehlen, A. (1957): Die Seele im technischen Zeitalter. Sozialpsychologische Probleme in der industriellen Gesellschaft. Hamburg (Rowohlt).

Gould, S. J. (1988): Time's Arrow, Time's Cycle. Myth and Metaphor in the Discovery of the Geological Time. New York, London (Penguin Books).

Gould, S. J. (1989): Puctuated Equilibrium in Fact and Theory. Journal of Social and Biological Structures 12: 117–136.

Gould, S. J. (1996): Full House. The Spread of Excellence from Plato to Darwin. New York (Three Rivers Press).

Grammer, K. (1993): Signale der Liebe. Die biologischen Gesetze der Partnerschaft. Hamburg (Hoffmann und Campe).

Greene, J. C. (1963): Darwin and the Modern World. An Exploration of the Impact of Darwin's Evolutionary Biology on the Religious and Intellectual Thought of the Past Century. New York (The New American Library).

Grinde, B. (1998): The Biology of Religion: A Darwinian Gospel. Journal of Social and Evolutionary Systems 21: 19–28.

Haeckel, E. (1891): Anthropogenie oder Entwicklungsgeschichte des Menschen. Keimes- und Stammesgeschichte. Band 2 (4. Aufl.). Leipzig (Engelmann).

Haila, Y. (2000): Beyond the Nature-Culture Dualism. Biology & Philosophy 15: 155–175.

Harms, W. (1996): Cultural Evolution and the Variable Phenotype. Biology & Philosophy 11: 357–375.

Harris, M. (1997): Menschen. Wie wir wurden, was wir sind. München (Deutscher Taschenbuch Verlag).

Hassenstein, B. (1987): Verhaltensbiologie des Kindes. (4. Aufl.) München, Zürich (Piper).

Hauptmann, W. (1998): Recht als Produkt der kulturellen Evolution. In: Schwind, H.-D., Kube, E. und Kühne, H. H. (Hrsg.): Festschrift für Hans Joachim Schneider, S. 483–509. Berlin, New York (de Gruyter).

Heberer, G. (1968): Homo – unsere Ab- und Zukunft. Stuttgart (Deutsche Verlagsanstalt).

Helsper, H. (1989): Die Vorschriften der Evolution für das Recht. Köln (Schmidt).

Henke, W. und Rothe, H. (1997): Streifzüge durch die Stammesgeschichte des Menschen. Morphologische und ökologische Aspekte der frühen Hominiden-Evolution. In: Bausteine der Evolution. Symposium Übersee-Museum Bremen 1995, S. 115–158. Gelsenkirchen (Edition Archaea).

Henke, W. und Rothe, H. (2001): Entstehung des Genus *Homo*. Ein Quantensprung in der Evolution des Menschen. Praxis der Naturwissenschaften (Biologie) 50 (2): 29–33.

Heschl, A. (1998): Das intelligente Genom. Über die Entstehung des menschlichen Geistes durch Mutation und Selektion. Berlin, Heidelberg, New York (Springer).

Hettlage, R. (1982): Variationen des Darwinismus in der Soziologie. In: Schriftenreihe der Universität Regensburg, Band 7, S. 109–125. Regensburg (Buchverlag der Mittelbayerischen Zeitung).

Heyes, C. M. (1993): Imitation, Culture and Cognition. Animal Behavior 46: 999–1010.

Hölscher, L. (2001): Die Entdeckung der Zukunft. Universitas 56: 6–21.

Huizinga, J. (1956): Homo Ludens. Vom Ursprung der Kultur im Spiel. Hamburg (Rowohlt).

Huxley, J. und Kettlewell, H. B. D. (1965): Charles Darwin and His World. London (Thames and Hudson).

Johanson, D. und Edey, M. (1984): Lucy. Die Anfänge der Menschheit. Frankfurt/M., Berlin, Wien (Ullstein).

Jonas, H. (1973): Organismus und Freiheit. Ansätze zu einer philosophischen Biologie. Göttingen (Vandenhoeck & Ruprecht).

Kahn, F. (1927): Das Leben des Menschen. Eine volkstümliche Anatomie, Biologie, Physiologie und Entwicklungsgeschichte des Menschen. Band 2. Stuttgart (Franckh).

Kanitscheider, B. (1998): Sexualität und Philosophie. Ein vergessenes Kapitel praktischer Ethik. In: Kanitscheider, B. (Hrsg.): Liebe, Lust und Leidenschaft. Sexualität im Spiegel der Wissenschaften, S. 37–60. Stuttgart, Leipzig (Hirzel).

Kaplan, J. M. und Pigliucci, M. (2001): Genes 'for' Phenotypes: A Modern History View. Biology & Philosophy 16: 189–213.

Kiridus-Göller, R. (2000): Die Ware aus der Sicht der Biologie. Forum Ware 28: 4–13.

Kleemann, G. (1966): Die peinlichen Verwandten. Schimpanse – Gorilla – Orang. Stuttgart (Franckh).

Klein, J. (1991): Inzest: Kulturelles Verbot und natürliche Scheu. Opladen (Westdeutscher Verlag).

Koestler, A. (1978): Der Mensch. Irrläufer der Evolution. Die Kluft zwischen unserem Denken und Handeln – eine Anatomie menschlicher Vernunft und Unvernunft. Bern, München (Scherz).

Krause, B. (Hrsg., 1999): Die Neandertaler. Feuer im Eis. Gelsenkirchen (Edition Archaea).

Küng, H. (1992): Projekt Weltethos. München, Zürich (Piper).

Leakey, R. (1999): Die ersten Spuren. Über den Ursprung des Menschen. München (Goldmann).

Leinfellner, W. (1993): Ein Plädoyer für die Evolutionäre und die Sozialethik. In: Lütterfelds, W. (Hrsg.): Evolutionäre Ethik zwischen Naturalismus und Idealismus. Beiträge zu einer modernen Theorie der Moral, S. 32–64. Darmstadt (Wissenschaftliche Buchgesellschaft).

Lewontin, R. C., Rose, S. und Kamin, L. J. (1984): Not in Our Genes. Biology, Ideology, and Human Nature. New York (Pantheon Books).

Löbsack, T. (1990): Unterm Smoking das Bärenfell. Was aus der Urzeit noch in uns steckt. München (Deutscher Taschenbuch Verlag).

Lorenz, K. (1983): Der Abbau des Menschlichen. München (Piper).

Lowenstein, J. und Zihlman, A. (1988): The Invisible Ape. New Scientist, 3. Dezember: 56–59.

Lübbe, H. (1994): Zivilisationsdynamik. Über die Aufdringlichkeit der Zeit im Fortschritt. In: Sandbothe, M. und Zimmerli, W. (Hrsg.): Zeit – Medien – Wahrnehmung, S. 29–35. Darmstadt (Wissenschaftliche Buchgesellschaft).

Lumsden, C. J. und Wilson, E. O. (1981): Genes, Mind, and Culture. The Coevolutionary Process. Cambridge/Mass., London (Harvard University Press).

Martens, G. (2000): Friedrich Hölderlin. (2. Aufl.) Reinbek (Rowohlt).

Martin, R. D. (1996): Hirngröße und menschliche Evolution. In: Sommer, V. (Hrsg.): Biologie des Menschen, S. 2–9. Heidelberg, Berlin, Oxford (Spektrum Akademischer Verlag).

Mayr, E. (1994): ... und Darwin hat doch recht. Charles Darwin, seine Lehre und die moderne Evolutionstheorie. München, Zürich (Piper).

Mayr, E. (2000): Darwin's Influence on Modern Thought. Scientific American 283 (1): 79–83.

Menninger, T. (1994): Die Gene sind es nicht. ÖkoLinx, Nr. 16 (Juli – September): 58–60.

Meves, Ch. (1983): Verhaltensstörungen bei Kindern. (8. Aufl.) München, Zürich (Piper).

Meyer, P. (1982): Soziobiologie und Soziologie. Eine Einführung in die biologischen Voraussetzungen sozialen Handelns. Darmstadt, Neuwied (Luchterhand).

Mohr, H. (1987): Natur und Moral. Ethik in der Biologie. Darmstadt (Wissenschaftliche Buchgesellschaft).

Mohr, H. (1999): Triebkräfte des Verhaltens. In: Neumann, D., Schöppe, A. und Treml, A. K. (Hrsg): Die Natur der Moral. Evolutionäre Ethik und Erziehung, S. 65–73. Stuttgart, Leipzig (Hirzel).

Morris, D. (1968): Der nackte Affe. München, Zürich (Knaur).

Müller-Beck, H. (1998): Die Steinzeit. Der Weg der Menschen in die Geschichte. München (Beck).

Newman, H. H. (1921): Readings in Evolution, Genetics, and Eugenics. Chicago (The University of Chicago Press).

Oeser, E. (1987): Psychozoikum. Evolution und Mechanismus des menschlichen Erkenntnisfähigkeit. Berlin, Hamburg (Parey).

Oldroyd, D. R. (1996): Charles Darwin's Theory of Evolution: A Review of our Present Understanding. Biology & Philosophy 1: 133–168.

Oxnard, Ch. E. (1979): Convention and Controversy in Human Evolution. Homo 30: 225–246.

Paul, A. (1999): Die „Sonderstellung" des Menschen im Lichte neuerer Erkenntnisse der Evolutionsbiologie. Mathematisch naturwissenschaftlicher Unterricht (MNU) 52: 4–9.

Paul, A. und Voland, E. (1997): Eltern-Kind-Beziehungen im evolutionären Kontext. In: Keller, H. (Hrsg.): Handbuch der Kleinkinderforschung, S. 121–147. Bern, Göttingen (Huber).

Pennock, R. T. (1995): Moral Darwinism: Ethical Evidence for the Descent of Man. Biology & Philosophy 10: 287–307.

Pestalozzi, J. H. (1970): Die Erziehung des Menschen. Ausgewählte Schriften. München (Goldmann).

Plessner, H. (1976): Die Frage nach der Conditio humana. Aufsätze zur philosophischen Anthropologie. Frankfurt/M. (Suhrkamp).

Portmann, A. (1969): Biologische Fragmente zu einer Lehre vom Menschen. (3. Aufl.) Basel, Stuttgart (Schwabe).

Potts, R. (1996): Humanity's Desent. The Consequences of Ecological Instability. New York (W. Marrow and Company).

Price, P. W. (1996): Biological Evolution. Fort Worth, Philadelphia, San Diego, New York (Saunders College Publishing).

Pugh, G. E. (1978): The Biological Origins of Human Values. London, Henley (Routledge & Kegan Paul).

Querner, H. (1973): Darwin, sein Werk und der Darwinismus. In: Mann, G. (Hrsg.): Biologismus im 19. Jahrhundert, S. 10–29. Stuttgart (Enke).

Reichholf, J. (1993): Das Rätsel der Menschwerdung. Die Entstehung des Menschen im Wechselspiel mit der Natur. München (Deutscher Taschenbuch Verlag).

Rensch, B. (1970): Homo sapiens. Vom Tier zum Halbgott. (3. Aufl.) Göttingen (Vandenhoeck & Ruprecht).

Rensch, B. (1973): Ästhetische Grundprinzipien bei Mensch und Tier. In: Altner, G. (Hrsg.): Kreatur Mensch. Moderne Wissenschaft auf der Suche nach dem Humanum, S. 265–286. München (Deutscher Taschenbuch Verlag).

Richards, R. A. (1998): Darwin, Domestic Breeding and Artificial Selection. Endeavour 22: 106–109.

Richards, R. J. (1992): The Meaning of Evolution. The Morphological Construction and Ideological Reconstruction of Darwin's Theory. Chicago, London (The University of Chicago Press).

Ridley, M. (1998): Eros und Evolution. Die Naturgeschichte der Sexualität. München (Droemersche Verlagsanstalt).

Riedl, R. (1980): Biologie der Erkenntnis. Die stammesgeschichtlichen Grundlagen der Vernunft. Berlin, Hamburg (Parey).

Riedl, R. (1987): Begriff und Welt. Biologische Grundlagen des Erkennens und Begreifens. Berlin, Hamburg (Parey).

Rieß, J. (1993): Alfred Russel Wallace. Ein viktorianischer Lebenslauf. Natur und Museum 123: 37–44.

Romberg, J. (1996): Menschliches Versagen. Warum wir alle Fehler machen. GEO, Nr. 2: 8–27.

Rose, S. (2000): Darwins gefährliche Erben. Biologie jenseits der egoistischen Gene. München (Beck).

Rothe, H. und Henke, W. (1999): Stammesgeschichte des Menschen: Gedanken zu den Anfängen der Menschwerdung. In: Fasterding, M. (Hrsg.): Auf den Spuren der Evolution. Vom Urknall zum Menschen, S. 135–163. Gelsenkirchen (Edition Archaea).

Ruse, M. (1986): Taking Darwin Seriously. A Naturalistic Approach to Philosophy. Oxford (Basil Blackwell).

Ruse, M. (1998): Darwinism and Atheism: Different Sides of the Same Coin? Endeavour 22: 17–20.

Scheler, M. (1947): Die Stellung des Menschen im Kosmos. München (Nymphenburger Verlagshandlung).

Schmid, P. (1989): Evolution des Menschen 2: Die phylogenetische Entwicklung der Hominiden. Tübingen (Deutsches Institut für Fernstudien).

Schmidt-Salomon, M. (2000): Die Entzauberung des Menschen. Anmerkungen zum Verhältnis von Humanismus und Anthropologie. Aufklärung und Kritik 7 (1): 23–42.

Schmitz, S. (1983): Charles Darwin. Leben – Werk – Wirkung. Düsseldorf (Econ).

Schopenhauer, A. ([1851] 1976): Sämtliche Werke (herausgegeben von Löhneysen, W. F. v.). Band 5. Darmstadt (Wissenschaftliche Buchgesell schaft).

Schrenk, F. (1998): Die Frühzeit des Menschen. (2. Aufl.) München (Beck).

Schwalbe, G. (1910): Über Darwins Werk: „Die Abstammung des Menschen". Stuttgart (Schweizerbart).

Schweitzer, A. (1954): Aus meinem Leben und Denken. Hamburg (Meiner).

Segerstrale, U. (1986): Colleagues in Conflict: An ‚In Vivo' Analysis of the Sociobiology Controvesy. Biology & Philosophy 1: 53–87.

Segerstrale, U. (2000): Defenders of the Truth. The Battle for Science in the Sociobiology Debate and Beyond. Oxford (Oxford University Press).

Shapiro, H. L. (1974): Peking Man. The Discovery, Disappearance and Mystery of a Priceless Scientific Treasure. New York (Simon and Schuster).

Sitte, P. (1993): Evolution. Fakten, Faktoren, Konzepte, Konsequenzen. Biologie in unserer Zeit 23: 38–42.

Sommer, V. (1994): Lob der Lüge. Täuschung und Selbstbetrug bei Tier und Mensch. München (Deutscher Taschenbuch Verlag).

Sommer, V. (2000): Von Menschen und anderen Tieren. Essays zur Evolutionsbiologie. Stuttgart, Leipzig (Hirzel).

Spencer, H. (1910): Die Erziehung in intellektueller, moralischer und physischer Hinsicht. Leipzig (Kröner).

Sturmbauer, Ch. (2000): Modellsysteme der molekularen Evolutionsbiologie. Die Seen Ostafrikas und ihre Buntbarsche. Biologie in unserer Zeit 30: 354–363.

Szent-Györgyi, A. (1971): Der fehlentwickelte Affe oder Die Unfähigkeit des Menschen mit seinen Problemen fertig zu werden. Gütersloh (Bertelsmann).

Tomasello, M. (1999); The Human Adaptation for Culture. Annual Review of Anthropology 28: 509–529.

Treml, A. K. (1999): Die Erziehung zum Weltbürger. In: Neumann, D., Schöppe, A. und Treml, A. K. (Hrsg.): Die Natur der Moral. Evolutionäre Ethik und Erziehung, S. 177–191. Stuttgart, Leipzig (Hirzel).

Verbeek, B. (1997): Wieviel Erziehbarkeit entwarf die Evolution für ihre Kinder? Die Probleme des Neuen Menschen mit dem Alten Adam. In: Lensch, G. (Hrsg.): Erziehung in der pluralistischen Gesellschaft, S. 11–27. Bonn (Die Bauhütte).

Verbeek, B. (1998): Die Anthropologie der Umweltzerstörung. Die Evolution und der Schatten der Zukunft. (3. Aufl.) Darmstadt (Wissenschaftliche Buchgesellschaft).

Verbeek, B. (1999): Wie erziehbar ist der Mensch? Universitas 54: 152–162.

Verbeek, B. (2000): Kultur: Die Fortsetzung der Evolution mit anderen Mitteln. Natur und Kultur 1 (1): 3–16.

Vogel, Ch. (1986): Von der Natur des Menschen in der Kultur. In: Rössner, H. (Hrsg.): Der ganze Mensch. Aspekte einer pragmatischen Anthropologie, S. 47–66. München (Deutscher Taschenbuch Verlag).

Vogel, Ch. (1992): Der wahre Egoist kooperiert. In: Ebbinghaus, H.-D. und Vollmer, G. (Hrsg.): Denken unterwegs. Fünfzehn metawissenschaftliche Aufsätze, S. 169–182. Stuttgart (Hirzel/Wissenschaftliche Verlagsgesellschaft).

Vogel, Ch. (2000): Anthropologische Spuren. Zur Natur des Menschen. Stuttgart, Leipzig (Hirzel).

Voland, E. (1995): Kalkül der Elternliebe – ein soziobiologischer Musterfall. Spektrum der Wissenschaft, Heft 6 (Juni): 70–77.

Voland, E. (1996): Konkurrenz in Evolution und Geschichte. Ethik und Sozialwissenschaften 7: 93–107.

Voland, E. (1999): On the Nature of Solidarity. In: Bayertz, K. (Hrsg.): Solidarity, S. 157–172. Dordrecht, Boston, London (Kluwer Academic Publishers).

Voland, E. (2000): Grundriß der Soziobiologie. (2. Aufl.) Heidelberg, Berlin (Spektrum Akademischer Verlag).

Vollmer, G. (1975): Evolutionäre Erkenntnistheorie. Angeborene Erkenntnisstrukturen im Kontext von Biologie, Psychologie, Linguistik und Wissenschaftstheorie. Stuttgart (Hirzel).

Vollmer, G. (2000): Auswege aus der „evolutionären Falle“. Können wir den sozialen Mesokosmos verlassen? Universitas 55: 871–884.

Waal, F. de (1993): Wilde Diplomaten. Versöhnung und Entspannungspolitik bei Affen und Menschen. München (Deutscher Taschenbuch Verlag).

Waller, B. N. (1997): What Rationality Adds to Animal Morality. Biology & Philosophy 12: 341–356.

Weiner, J. (1996): Der Schnabel des Finken oder Der kurze Atem der Evolution. München (Knaur).

Weis, K. (1998): Nehmen die Kränkungen des modernen Menschen und seines Bildes zu? In: Knoepffler, N. (Hrsg.): Am Ursprung des Lebens, S. 132–157. München (H. Utz Verlag Wissenschaft).

Wendt, H. (1965): Ich suchte Adam. Die Entdeckung des Menschen. Hamburg (Rowohlt).

Weniger, G.-Ch. (2000): Der Mensch aus dem Neandertal. In: Hansch, W. (Hrsg.): Eiszeit Mammut, Urmensch ... und wie weiter?, S. 158–167. Heilbronn (Städtische Museen).

Williams, G. C. (1996): Plan and Purpose in Nature. London (Weidenfeld & Nicolson).

Wilson, E. O. (1978): On Human Nature. Cambridge/Mass., London (Harvard University Press).

Wilson, E. O. (1998): Die Einheit des Wissens. Berlin (Siedler).

Wilson, E. O. (1999): Des Lebens ganze Fülle. Eine Liebeserklärung an die Wunder der Natur. München (Claassen).

Wimmer, M. und Ciompi, L. (1996): Evolutionary Aspects of Affective-Cognitive Interactions in the Light of Ciompi's Concept of „Affect-Logic“. Evolution and Cognition (New Series) 2 (1): 37–58.

Wolpoff, M. H., Hawks, J., Frayer, D. W. und Huntley, K. (2001): Modern Human Ancestry at the Peripheries: A Test of the Replacement Theory. Science 291 (12. Januar): 293–297.

Wright, R. (1996): Diesseits von Gut und Böse. Die biologischen Grundlagen unserer Ethik. München (Limes).

Wuketits, F. M. (1979): Gesetz und Freiheit in der Evolution der Organismen. Umschau 79: 268–275.

Wuketits, F. M. (1981): Biologie und Kausalität. Biologische Ansätze zur Kausalität, Determination und Freiheit. Berlin, Hamburg (Parey).

Wuketits, F. M. (1987): Charles Darwin. Der stille Revolutionär. München, Zürich (Piper).

Wuketits, F. M. (1990): Evolutionary Epistemology and Its Implications for Humankind. Albany, NY (State University of New York Press).

Wuketits, F. M. (1992): Evolution durch Zufall? Zufall und Plan, Freiheit und Gesetz in der Evolution des Lebenden. Universitas 47: 1153–1163.

Wuketits, F. M. (1993a): Verdammt zur Unmoral. Zur Naturgeschichte von Gut und Böse. München, Zürich (Piper).

Wuketits, F. M. (1993b): Moral Systems as Evolutionary Systems: Taking Evolutionary Ethics Seriously. Journal of Social and Evolutionary Systems 16: 251–271.

Wuketits, F. M. (1993c): Der planbare Mensch? Kritische Überlegungen aus der Sicht der Biologie. In: Weinke, K. und Grabner-Haider, A. (Hrsg.): Menschenbilder im Diskurs. Orientierungen für die Zukunft, S. 93–111. Graz (Leykam).

Wuketits, F. M. (1997a): Soziobiologie. Die Macht der Gene und die Evolution sozialen Verhaltens. Heidelberg, Berlin, Oxford (Spektrum Akademischer Verlag).

Wuketits, F. M. (1997b): Evolution, Cognition, and Survival. Evolutionary Epistemology and Derivative Topics. World Futures 51: 47–93.

Wuketits, F. M. (1998a): Naturkatastrophe Mensch. Evolution ohne Fortschritt. Düsseldorf (Patmos). (Taschenbuchausgabe 2001: München [Deutscher Taschenbuch Verlag].)

Wuketits, F. M. (1998b): Eine kurze Kulturgeschichte der Biologie. Mythen, Darwinismus, Gentechnik. Darmstadt (Wissenschaftliche Buchgesellschaft).

Wuketits, F. M. (1999a): Die Selbstzerstörung der Natur. Evolution und die Abgründe des Lebens. Düsseldorf (Patmos).

Wuketits, F. M. (1999b): Warum uns das Böse fasziniert. Die Natur des Bösen und die Illusionen der Moral. Stuttgart, Leipzig (Hirzel).

Wuketits, F. M. (1999c): Functional Realism. In: Carsetti, A. (Hrsg.): Functional Models of Cognition. Self-Organizing Dynamics and Semantic Structures in Cognitive Systems, S. 27–38. Dordrecht, Boston, London (Kluwer Academic Publishers).

Wuketits, F. M. (2000a): Evolution. Die Entwicklung des Lebens. München (Beck).

Wuketits, F. M. (2000b): Biologie und Religion. Warum Biologen ihre Nöte mit Gott haben. Praxis der Naturwissenschaften (Biologie) 49 (6): 2–5.

Wuketits, F. M. (2000c): Zeit, Natur, Mensch. Ein Versuch über die Dimensionen der Zeit. Universitas 55: 1131–1139.

Wuketits, F. M. (2001): Ist Moral überhaupt möglich? In: Huber, J. (Hrsg.): Abschied von der Steinzeitmoral. Chancen der Biomedizin, S. 131–151. Graz, Wien, Köln (Styria).

Wuketits, M. und Wuketits, F. M. (2001): Humanität zwischen Hoffnung und Illusion. Warum uns die Evolution einen Strich durch die Rechnung macht. Stuttgart (Kreuz).

Zimmer, D. E. (1982): Unsere erste Natur. Die biologischen Ursprünge menschlichen Verhaltens. Frankfurt/M., Berlin, Wien (Ullstein).

Personenregister

Sachregister

F

G

H